全国本科院校机械类创新型应用人才培养规划教材

Pro/ENGINEER Wildfire 5.0
实用教程

主　编　黄卫东　　郝用兴

副主编　张克义

参　编　叶建华　　张　娜

北京大学出版社

PEKING UNIVERSITY PRESS

内 容 简 介

本书着重阐述 Pro/ENGINEER Wildfire 5.0 中文版的基本知识和实践应用。全书共分 10 章，涵盖零件、曲面、装配和工程图设计等功能。第 1~2 章介绍 Pro/ENGINEER Wildfire 5.0 的主要功能与模块、工作环境，以及二维草绘的建立方法；第 3~6 章讲解 Pro/ENGINEER Wildfire 5.0 的基本使用方法和基本操作；第 7~8 章演示了 Pro/ENGINEER Wildfire 5.0 的高级建模功能，包括高级实体造型和曲面特征的创建方法；第 9 章讲述了装配的基本知识；第 10 章介绍建立工程图的方法。

本书内容丰富、文字通俗易懂、实用性和可操作性强，可作为高等院校有关专业的教材或教学参考书，也适合工程设计人员阅读参考。

图书在版编目(CIP)数据

Pro/ENGINEER Wildfire 5.0 实用教程/黄卫东，郝用兴主编. —北京：北京大学出版社，2011.10
(全国本科院校机械类创新型应用人才培养规划教材)
ISBN 978 - 7 - 301 - 16841 - 7

Ⅰ. ①P… Ⅱ. ①黄…②郝… Ⅲ. ①机械设计：计算机辅助设计—应用软件，Pro/ENGINEER Wildfire 5.0—高等学校—教材 Ⅳ. ①TH122

中国版本图书馆 CIP 数据核字(2011)第 203627 号

书　　　　名：**Pro/ENGINEER Wildfire 5.0 实用教程**
著作责任者：黄卫东　郝用兴　主编
策 划 编 辑：童君鑫
责 任 编 辑：宋亚玲
标 准 书 号：ISBN 978 - 7 - 301 - 16841 - 7/TH · 0270
出　版　者：北京大学出版社
地　　　　址：北京市海淀区成府路 205 号　100871
网　　　　址：http://www.pup.cn　http://www.pup6.com
电　　　　话：邮购部 62752015　发行部 62750672　编辑部 62750667　出版部 62754962
电 子 邮 箱：pup_6@163.com
印　刷　者：北京鑫海金澳胶印有限公司
发　行　者：北京大学出版社
经　销　者：新华书店
　　　　　　787 毫米×1092 毫米　16 开本　22.75 印张　531 千字
　　　　　　2011 年 10 月第 1 版　2011 年 10 月第 1 次印刷
定　　　　价：43.00 元

前　言

　　Pro/ENGINEER 是美国参数技术公司(Parametric Technology Corporation，PTC)推出的大型工程技术软件，是一套由设计至生产的机械自动化软件，是一个参数化、基于特征的实体造型系统，并且具有单一数据库功能。它的内容涵盖概念设计、工业造型设计、三维模型设计、分析计算、动态模拟与仿真、工程图的输出，以及生产加工的全过程。Pro/ENGINEER 具有强大而完善的功能为专业人士提供了一个理想的设计环境，有力地推动了相关领域企业的技术进步。

　　Pro/ENGINEER Wildfire 5.0 是 PTC 推出的最新版本，具有突破性。该版本在快速装配、快速绘图、快速草绘、快速创建钣金件、快速 CAM 等个人生产力功能增强方面有较大加强，在智能模型、智能共享、智能流程向导、智能互操作性等流程生产力方面也有所增强。

　　本书以 Pro/ENGINEER Wildfire 5.0 版本为基础，介绍 Pro/ENGINEER 零件设计的基础知识，内容包括零件的三维建模、基本曲面特征的创建、其他特征的创建、装配设计及二维工程图的建立等。本书内容深入浅出、通俗易懂，有丰富翔实的图例、重点难点的提示、经验技巧的介绍，读者借助本书能轻松地掌握 Pro/ENGINEER Wildfire 5.0 的零件设计方法。

　　本书由黄卫东、郝用兴担任主编，张克义担任副主编。参与本书编写的有：福建工程学院黄卫东(第 5 章、第 9 章、第 10 章和第 6 章 6.5～6.7 节)、华北水利水电学院郝用兴(第 1 章、第 2 章)、东华理工学院张克义(第 3 章、第 4 章)、福建工程学院叶建华(第 7 章、第 8 章)、华北水利水电学院张娜(第 6 章 6.1～6.4 节、6.8～6.10 节)。

　　由于编者水平有限，书中难免存在疏漏之处，恳请广大读者和同仁批评指正。

编　者
2011 年 8 月

目　　录

第1章

Pro / ENGINEER Wildfire 5.0 入门

教学提示

　　Pro/ENGINEER Wildfire 5.0 版本的基本操作包括文件基本操作、鼠标基本操作、模型浏览等。这些内容是 Pro/ENGINEER Wildfire 5.0 操作中经常遇到的,是熟练使用 Pro/ENGINEER Wildfire 5.0 所必需的。对于初学者而言,最好能够仔细掌握。对于熟悉 Pro/ENGINEER 以前版本的读者,可以通过本章快速了解 Pro/ENGINEER Wildfire 5.0 版本与以前版本的差别,以便快速熟悉 Pro/ENGINEER Wildfire 5.0 的基本操作。

教学要求

　　本章主要介绍 Pro/ENGINEER Wildfire 5.0 的工作环境、主要功能与模块以及系统的基本操作方法。重点让读者掌握文件基本操作、鼠标基本操作和模型浏览等,以便读者在学习后面的章节时能够进行熟练的操作。

1.1　Pro/ENGINEER Wildfire 5.0 简介

Pro/ENGINEER 是美国参数技术公司（Parametric Technology Corporation，PTC）推出的一款功能强大的计算机三维辅助设计软件，它为用户提供了一套从设计到制造的完整 CAD 解决方案。Pro/ENGINEER 采用了模块方式，可以分别进行草图绘制、零件制作、装配设计、钣金设计、加工处理等，保证用户可以按照自己的需要进行选择使用，并且新增了人体工程学模块。

Pro/ENGINEER Wildfire 5.0 版本较以前的版本有了很多改进，其安装更加简单，界面更加友好，操作更加方便、实用、高效，功能更加强大。具体体现在以下几个方面：工程图菜单图标化，意外退出自动保存，打印预览，在机构中创建蜗轮与斜齿轮等连接，曲面质量的计算，同一个窗口设置单位、精度与材料等。

1.2　Pro/ENGINEER Wildfire 5.0 的启动、退出与关闭

新版的操作界面更符合 Windows 风格，更加友好和易于使用。本节将简单介绍 Pro/ENGINEER Wildfire 5.0 的启动、退出与关闭方法。

1.2.1　Pro/ENGINEER Wildfire 5.0 的启动

安装好 Pro/ENGINEER Wildfire 5.0 系统后，有 3 种方法可以启动并进入 Pro/ENGINEER Wildfire 5.0 系统。

方法 1：进入 Windows 后，选择【开始】→【程序】→【PTC】→【Pro ENGINEER】→【Pro ENGINEER】命令，即可打开 Pro/ENGINEER Wildfire 5.0 系统。

方法 2：双击 Windows 桌面上的 "Pro/ENGINEER" 快捷图标。

方法 3：双击运行 Pro/ENGINEER 系统安装路径中 Bin 文件夹下的 "proe1.bat" 文件。

启动时首先出现如图 1.1 所示的初始化界面。

图 1.1　Pro/ENGINEER Wildfire 5.0 初始化界面

Pro/ENGINEER Wildfire 5.0 对系统的要求较高，在很多机器上需要较长的时间（10s

以上)才能进入如图 1.2 所示的初始工作界面。

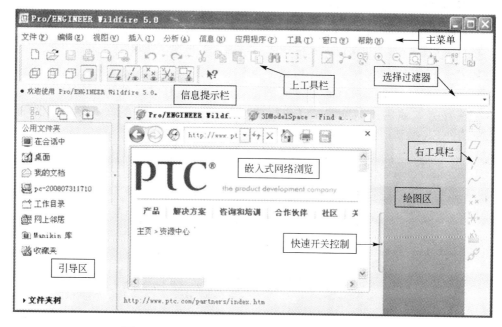

图 1.2　Pro/ENGINEER Wildfire 5.0 初始工作界面

1.2.2　Pro/ENGINEER Wildfire 5.0 的退出

退出与关闭 Pro/ENGINEER Wildfire 5.0 有以下两种方法。

方法 1：单击 Pro/ENGINEER Wildfire 5.0 窗口右上角的 图标，系统弹出确认窗口，选择"是"即可退出 Pro/ENGINEER Wildfire 5.0。

方法 2：选择【文件】→【退出】命令，系统提示与操作同方法 1。

说明：在默认配置环境下，系统退出时并不提示"是否保存尚未保存的文件"，使用【退出】命令前，应首先保存要保存的文件，然后再单击"是"按钮退出。若要使系统退出时有提示保存文件的功能，需要在【工具】→【选项】系统的配置文件中将"allow_confirm_window"的值设置为"no"，并将"prompt_on_exit"的值设置为"Yes"，此时在退出前将弹出如图 1.3 所示的提示保存对话框

图 1.3　Pro/ENGINEER Wildfire 5.0 的提示保存对话框

1.3　Pro/ENGINEER Wildfire 5.0 的工作界面

使用 Pro/ENGINEER 软件进行设计时，首先必须熟悉它的工作界面，本节将介绍 Pro/ENGINEER Wildfire 5.0 的工作界面，以及在工作界面中的一些基本操作和功能。

1.3.1　初始界面

　　Pro/ENGINEER 的初始工作界面中主要包括菜单栏、工具栏、导航栏、浏览器、绘图区、信息提示栏、命令提示区及帮助中心、选择过滤器等，如图 1.2 所示。

　　使用 Pro/ENGINEER 浏览器，可访问网站、在线目录或其他在线信息。除用于信息、文件和 Web 浏览的一般线程外，此浏览器还有针对任务的线程，可与 Pro/ENGINEER 以交互方式使用此浏览器，以执行这些任务：浏览文件系统；在浏览器中预览 Pro/ENGINEER 模型；在浏览器中选取 Pro/ENGINEER 模型，然后将其拖放到图形窗口中打开，或者双击文件名将其打开；查看交互式"特征信息"和 BOM 窗口；访问 FTP 站点；查看网站或喜欢的 Web 位置；浏览 PDM 系统及与之交互；连接到在线资源。

　　对于不同的工作模块，Pro/ENGINEER Wildfire 5.0 的工作界面会有所不同，但基本上是大同小异。在如图 1.2 所示的初始工作界面的菜单栏中选择【文件】→【新建】命令，或在工具栏中单击 图标，进入【新建】对话框，如图 1.4 所示。在【新建】对话框中选择【零件】单选按钮，在【子类型】选项组中选择【实体】单选按钮，进入零件模型设计界面，如图 1.5 所示。下面以零件设计模块为例详细介绍工作界面。

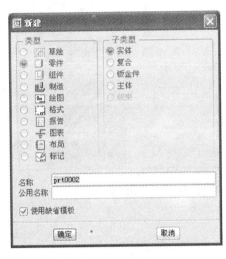

图 1.4　【新建】对话框

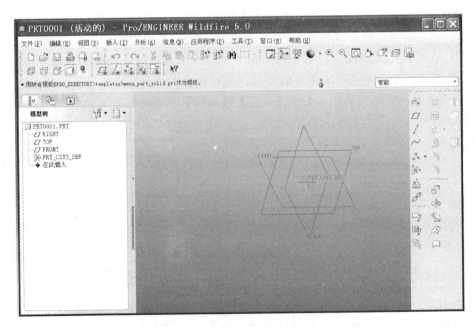

图 1.5　零件模型设计界面

1.3.2　主菜单

Pro/ENGINEER Wildfire 5.0 的主菜单栏位于初始工作界面窗口的上部，如图1.6所示。主菜单包括文件、编辑、视图、插入、分析等10个下拉菜单。对于不同的工作模块，主菜单栏及其内容会有所不同。下面以零件设计模块为例介绍 Pro/ENGINEER Wildfire 5.0 工作界面的主菜单内容。

文件(F)　编辑(E)　视图(V)　插入(I)　分析(A)　信息(N)　应用程序(P)　工具(T)　窗口(W)　帮助(H)

图1.6　主菜单

1. 文件(F)

【文件】菜单和一般的 Windows 软件一样，主要用于文件的操作，如新建、打开、保存、重命名、备份、打印等。另外，文件菜单还提供设置工作目录、关闭窗口、镜像零件、安全、拭除、实例操作、声明、快速打印、Associative Topology Bus（主题定位器）、发送电子邮件、最近打开的文件、退出等与文件操作有关的命令。【文件】菜单如图1.7所示。

2. 编辑(E)

【编辑】菜单内容极为丰富，涉及模型再生、撤销、重做、复制、特征编辑（包括隐藏、恢复、编辑阵列和删除特征等），还包括对象查找、建立超级链接等诸多功能，一些编辑命令还可通过快捷菜单访问。

说明：在图形窗口或模型树中选取对象后，单击鼠标右键，即可打开快捷菜单。可用的【编辑】菜单命令因所处的活动模式不同而改变，具体内容将在后续章节介绍。

3. 视图(V)

【视图】菜单提供了控制模型和性能显示的选项。其中包括设置模型方向、选取视图管理器（View Manager）、模型设置（如光照和透视图）及设置系统和图元颜色的选项。使用【视

图1.7　【文件】菜单

图】（View）→【可见性】（Visibility）→【全部取消隐藏】（Unhide All）命令可在主窗口中显示所有对象。使用该菜单可以重画（刷新当前视图），使模型着色、设置模型的定位方式，设置观察模型，是动态观察、延时观察还是模型自动旋转观察。若是观察装配模型，还可以观察其爆炸状态和非爆炸状态。此外，还可以对模型外观进行着色、贴图、配置环

境灯光，对系统的显示进行设定等。

4. 插入（I）

用户可在【插入】菜单直接创建各种基准特征类型的选项，例如孔、倒圆角、基准、点、轴和平面，以及其他特征的选项，如孔、壳、筋、拔模、倒角、切口、修饰特征等等。也可创建高级特征，例如管道、环形折弯和曲面片。还包括将数据从外部文件添加到当前模型的选项，包括处理共享数据和高级混合等。

5. 分析（A）

使用【分析】菜单中的命令可实现模型中图素的长度、距离、角度、面积等的测量，模型、曲线、曲面、Mechanica（机构）、Excel 或用户定义的分析以及敏感度的分析，还可以进行可行性或优化研究或创建多目标设计的研究，模型检查、零件比较等。这些分析工具在应用程序（如实体建模、曲面建模或行为建模）中使用。

6. 信息（N）

使用该菜单可以查看建模过程的相关信息，包括材料清单、特征信息、元件信息、模型信息、参照信息、特征间的父子关系、模型中使用的关系式，以及参数、特征列表、修改历史记录、模型大小、审计追踪和进程信息等内容。

7. 应用程序（P）

【应用程序】菜单中提供的主要是一些应用程序，Pro/ENGINEER 在不同的工作模式之间切换，相关【应用程序】菜单内容也随之切换。零件模式下该菜单如图 1.8 所示，其中【标准（S）】用于创建零件、组件、绘图和其他对象，启动 Pro/ENGINEER 便可使用。【钣金件（H）】命令用于在零件模式下将实体零件转换成钣金件，并进入钣金件设计环境。【继承（L）】用于导入并更新 Pro/ENGINEER 中的 3D 数据和 2D 绘图。【Mechanica（M）】提供机构运动、热分析功能，模拟一个产品在预期环境中所具有的功能，使非专业设计工程师不必建立原型即可了解设计方案的机械性能。【Plastic Advisor（T）】调用独立的注塑模分析程序，【模具/铸造（D）】提供关于模具设计的功能。使用【会议】命令，通过网上会议，可以在线与 PTC 专家以及专业人士讨论交流。

【电缆】用于在组件中创建专门的缆配线零件。

【管道】基于用户定义的管道数据或工程规范模型化复杂的 3D 管道系统。

【焊缝】在组件中模型化焊缝。生成焊接参数报告表并在组件绘图中显示焊接符号。

【扫描工具】用于逆向工程。

【机构】用于进行机构运动并分析其运动。

【动画】用于制作动画。

【模具/铸造】可以 在"零件"模式下创建诸如"侧面影像曲线"、"拔模线"、"拔模"、"相切拔模"、"偏移区域"、"1 侧修剪"、"水线"和"流道"等铸模/铸造特征。

【模具布局 】不仅可以创建型芯和型腔组件，还可进行自动化模具设计。

【NC 后处理器 】用于将 NC 制造生成的 CL 文件翻译成为 CNC 机器的 G/M 码。

【模板】激活"模板"（Template）模式（仅限绘图），允许为新绘图模板定义属性。

8. 工具(T)

选择【工具】菜单可以建立关系式、参数、零件家族表、使用程序编辑模型、建立自定义特征、建立横截面等。可用来定制 Pro/ENGINEER 工作环境、设置外部参照控制选项和使用【模型播放器】命令查看模型创建历史的选项。它还包括设置配置选项(config. pro)、轨迹或培训文件回放的选项。还可选择创建和修改映射键及使用浮动模块和辅助应用程序的选项。

9. 窗口(W)

【窗口】菜单如图 1.9 所示，用于窗口的新建、激活、关闭、重定窗口尺寸、打开系统窗口以及在 Pro/ENGINEER 打开的窗口之间切换等。

图 1.8　【应用程序】菜单　　　　图 1.9　【窗口】菜单

10. 帮助(H)

【帮助】菜单可以提供在线帮助。通过其可访问"帮助中心"主页、上下文相关帮助、版本信息和客户服务信息。

1.3.3　工具栏

Pro/ENGINEER Wildfire 5.0 的工作界面中有两个工具栏：位于窗口上方的"上工具栏"提供辅助操作或文档存取方面的工具按钮，如图 1.10 所示；位于窗口右侧的"右工具栏"提供基准特征、常用特征、常用特征编辑命令的工具按钮，如图 1.11 所示；根据当前工作的模块(如零件模块、草绘模块、装配模块等)及工作状态的不同，在该栏内还会出现一些其他按钮，并且每个按钮的状态及意义也有所不同。

图 1.10　上工具栏

光标指向某个工具按钮时，一个弹出式标签会显示该按钮的名字，同时在"命令解释与帮助区"显示按钮功能，如图 1.10、图 1.11、图 1.12 所示。此外，还可以选择【工具】→【定制屏幕】命令来定制工具栏。

图 1.11　右工具栏

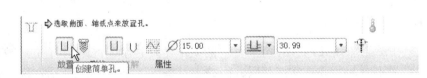

图 1.12　操控面板

1.3.4　操控面板

操控面板如图 1.12 所示。Pro/ENGINEER 中有许多复杂的命令，涉及多个对象的选取、多个参数以及多个控制选项的设定，这些都可在操控面板上完成。在建立或者修改特征的时候，系统会自动打开操控面板，用于显示建立特征时所定义的参数，以及绘制该特征的流程。操控面板把原来的串行操作改为并行操作，功能更强大，操作更快捷，其中"对话栏"在需要时会自动弹出，用于指导用户的操作。

1.3.5　引导区

Pro/ENGINEER Wildfire 5.0 的"引导区"可对与设计工程或数据管理相关的数据进行导航、访问和处理。单击"引导区"右侧向左的箭头可以隐藏"引导区"。引导区包括模型树、文件夹浏览器、收藏夹选项卡，每个选项卡包含一个特定的引导工具。它们之间的相互切换只需单击上方的选项卡标签即可，如图 1.13 所示。

图 1.13　引导区切换选项卡

【模型树】：提供一个树工具，可用其引导并与 Pro/ENGINEER 模型进行交互。

在模型树中，每个项目旁边的图标反映了其对象类型，如组件、零件、特征或基准。该图标也可表示显示或完成状态，例如隐含或未再生。

Pro/ENGINEER 模型树记录了模型建立的全过程，用户在模型树中可完成一些很重要的操作，如特征的重新排序、特征尺寸的修改、特征的重新定义、特征的插入等。

在模型树的任意特征上右击，系统弹出如图 1.14 所示的快捷菜单。

【文件夹浏览器】：根据管理系统、FTP 站点以及共享空间，提供对本地文件系统、网络计算机和存储在 Windchill 中的对象引导。

【收藏夹】：包含最常访问的网站或文档的快捷方式。

【连接】：用于进行网络用户间的信息交流，切换内嵌式浏览器的内容。

图 1.14　模型树中拉伸特征
操作快捷菜单

1.3.6　信息提示栏

"信息提示栏"记录了绘图过程中的系统命令提示及命令执行结果，此外，使用鼠标滚动轮还可以浏览信息窗口中的信息记录。

对于不同的提示信息，系统在文字图标方面也不相同。系统将提示的信息分为 5 类，表 1-1 中列出了系统提供的 5 类信息。"信息提示栏"非常重要，在创建模型的过程中，应该时时注意"信息提示栏"的提示，从而掌握问题所在，知道下一步应该做何选择。

表 1-1　　"信息提示栏"系统提示信息种类

图　标	信息种类
✴	信息(Informational)
⇨	提示(Prompts)
⚠	警告(Warning)
▨	错误(Error)
✖	严重错误(Critical)

在系统需要用户输入数据时，信息提示栏将会出现一个白色的文本编辑框，以便输入数据。完成数据输入后，按 Enter 键或单击右侧的 ☑ 按钮即可，如图 1.15 所示。当使用命令打开对应操控面板时，提示信息将在操控面板的消息显示区中显示，功能与信息提示栏一致。

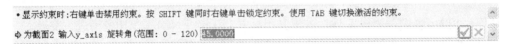

图 1.15　【数据输入】文本框

1.3.7　绘图区

绘图区位于窗口中部右侧，是 Pro/ENGINEER 生成和操作 CAD 模型的显示区域。当前活动的 CAD 模型在该区域显示，在该绘图区可以使用鼠标选取对象，对对象进行有关操作等。

1.3.8　系统环境的配置

1. 工作界面定制

Pro/ENGINEER Wildfire 5.0 功能强大，命令菜单和工具按钮繁多，为了使工作界面更加清晰，可以将常用的工具按钮显示出来，而不常用的工具按钮没有必要放置在界面上。Pro/ENGINEER Wildfire 5.0 支持用户界面定制，可根据个人、组织和公司需要定制Pro/ENGINEER 用户界面。界面定制的操作步骤如下。

步骤 1：选择【工具】→【定制屏幕】命令，或者在工具栏处右击，在弹出的快捷菜单中选取【工具栏】命令

步骤 2：系统打开如图 1.16 所示的【定制】对话框。该对话框用于设置 Pro/ENGI-NEER 运行环境的许多方面，可以定制菜单条和工具栏。默认情况下，所有命令(包括适用于活动进程的命令)都将显示在【定制】对话框中。

在【定制】对话框下部有一个【自动保存到】复选框可保存【定制】对话框中进行的设置。所有设置都保存在"config.win"文件中。如果取消【自动保存到】复选框的勾选，

则定制的结果只应用于当前的进程中。

2. 配置文件

配置文件是 Pro/ENGINEER 系统中最重要的工具，它保存和记录了所有参数设置的结果，默认配置文件名为 config.pro。系统允许用户自定义配置文件，并以.pro 为文件扩展名保存。大多数的参数都可以通过配置文件对话框来设置。配置文件的操作步骤如下。

步骤 1：选择【工具】→【选项】命令。

步骤 2：系统打开如图 1.17 所示的【选项】对话框。Pro/ENGINEER 系统优先读取当前工作目录下的配置文件。不勾选【选项】对话框中的【仅显示从

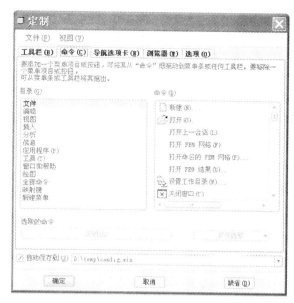

图 1.16　【定制】对话框

图 1.17　列出全部的配置选项

文件加载的选项】复选框，然后在右侧【排序】下拉列表框中选择按目录方式列出配置选项，系统将列出全部的配置选项，左侧列表框按种类列出了所有选项，右侧列表框列出了对应选项的值、状态和来源。

步骤 3：搜索文件。Pro/ENGINEER 的系统配置文件选项有几百个，单击【查找】按钮可以进行搜索，系统打开如图 1.18 所示的【查找选项】对话框，例如要查找"layer"相关选项，首先在文本框中输入"layer"，然后在【查找范围】下拉列表框中选择【所有目录】选项，单击【立即查找】按钮，系统将搜索出所有相关的选项供选择。

config.pro 文件中的选项通常由选项名与值组成，如选项名"create _ drawing _ dims _ only"，选项值"no * /yes"，其中附加"*"的值是系统默认值。

当确定配置选项与值后，单击【添加/更改】按钮记录到配置文件中，然后单击【应用】按钮加载到系统中或者单击【确定】按钮完成设置。

3. 配置系统环境

步骤 1：选择【工具】→【环境】命令，执行配置系统环境命令。

步骤 2：系统打开如图 1.19 所示的【环境】对话框，通过对话框可以设置部分环境参数，这些参数也可以在配置文件中设置，但每次重新启动 Pro/ENGINEER 系统后，环境选项都设置成 config.pro 文件中的值，如果 config.pro 文件中没有所要的参数选项，可以直接进入【环境】对话框设置所要的参数。

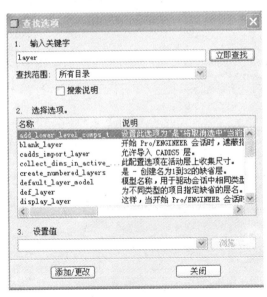

图 1.18 【查找选项】对话框

图 1.19 【环境】对话框

1.4　文件基本操作

1.4.1　当前工作目录的设置

选择如图 1.7 所示【文件】菜单中的【设置工作目录】选项，弹出如图 1.20 所示的【选取工作目录】设置对话框。选出或建立一个合适的目录名称，单击【确定】按钮即可完成当前工作目录的设定。

图 1.20　设置当前工作目录

工作目录既是新建文件保存的目标文件夹，还是组件操作过程中查询和保存相关参照零件的默认文件夹。设定当前工作目录既便于文件的管理，也便于文件的打开与保存，可以节省文件操作的时间。

1.4.2　文件操作

1. 新建

该命令用于新建一个 Pro/ENGINEER 文件。选择【文件】→【新建】命令，或直接单击工具栏中的 ▯ 按钮，弹出如图 1.4 所示的【新建】对话框，该对话框中包含要建立的文件类型及其子类型。

（1）【类型】：该栏列出了 Pro/ENGINEER Wildfire 5.0 提供的 10 类功能模块。

草绘：建立 2D 草图文件，其扩展名为.sec。

零件：建立 3D 零件模型文件，其扩展名为.prt。

组件：建立 3D 模型安装文件，其扩展名为.asm。

制造：NC 加工程序制作、模具设计，其扩展名为.mfg。

绘图：建立 2D 工程图，其扩展名为.drw。

格式：建立 2D 工程图图纸格式，其扩展名为.frm。

报告：建立模型报表，其扩展名为 .rep。

图表：建立电路、管路流程图，其扩展名为 .dgm。

布局：建立新产品组装布局，其扩展名为 .lay。

标记：注解，其扩展名为 .mrk。

（2）【子类型】：该栏列出了相应模块功能的子模块类型。

（3）【名称】：输入文件名，保存时将按设定的文件名保存。

📖 说明：Pro/ENGINEER 文件名由文件名、文件类型和版本号 3 个字段构成。需要注意的是 Pro/ENGINEEK Wildfire 不支持汉字作为文件名称，文件名中间也不允许有空格。因此，只能用英文字母、数字和下划线的组合来命名文件。

图 1.21　模板选择

（4）【使用缺省模板】：如果使用系统默认的单位、视图、基准面、图层等的设置，则选择【使用缺省模板】选项。若不选该项，单击【确定】按钮，弹出如图 1.21 所示的对话框，在该对话框可选择其他模板样式。

📖 注意：Pro/ENGINEER 缺省模板中尺寸单位为英寸，不符合机械制图国家标准。

2. 打开

该命令打开一个已经存在的 Pro/ENGINEER 文件。选择【文件】→【打开】命令，或单击工具栏中的 ☞ 按钮，弹出如图 1.22 所示的【文件打开】对话框。

此外，通过导航栏的文件夹导航器选中文件，双击选中文件也可打开模型文件。

图 1.22　【文件打开】对话框

📖 **小概念：**进程与线程

进程是操作系统的一个概念，每个程序对应一个进程。Windows 可以同时打开多个程序，从而开启多个进程，每个进程具有独立的内在操作空间。进程又可以进一步划分为许多线程。对于 Pro/ENGINEER Wildfire 而言，进入 Pro/ENGINEER Wildfire 后就产生一个进程，在一个 Pro/ENGINEER Wildfire 进程中，可新建、打开多种文件，可以大致认为每个文件对应 Pro/ENGINEER Wildfire 进程中的一个线程。

　　：在当前工作目录中查找文件。

　　：在我的文档中查找文件。

　　：在收藏夹中查找目录。

　　：显示(列表/细节)配置。

　　：设置查找文件的默认目录、文件排序方式、是否查看所有版本的图形文件(正常情况下，文件打开显示区中只显示最新版本的图形文件)等。

此外，通过导航栏的文件夹导航器选中文件，双击选中文件也可打开模型文件。

3. 关闭窗口

将当前的窗口关闭，这里的关闭只是将窗口关闭，而模型并没有从内存中退出去，而是被放在内存中待用。

4. 保存

选择【文件】→【保存】命令，或单击工具栏中的 按钮，可以将当前工作窗口中的模型以增加版本号的方式建立一个新的版本，原来的版本仍然存在。例如原始文件名为"prt1. prt. 1"的模型，使用【保存】命令保存当前模型后，系统自动将该模型保存为"prtl. prt. 2"。

5. 保存副本

该命令可以将当前模型以不同的名字、相应的各种格式存放在与当前路径相同或不同的路径中。

选择【文件】→【保存副本】命令，弹出【保存副本】对话框，如图 1.23 所示，在

图 1.23　【保存副本】对话框

【查找范围】处选择保存路径,在【新建名称】处输入文件名,单击 ↴ 按钮选择需要保存的模型,单击 ⌄ 按钮选择相应的文件类型,单击【确定】按钮即可。

注意:【保存副本】命令执行后,当前文件并不会转变为保存的副本文件,这一点与 Word 等 Windows 程序中的【另存为】命令完全不同。

6. 备份

该命令将当前文件同名备份到当前目录或一个其他目录中,它与【保存副本】命令的区别是:如果当前文件是一个装配文件,【保存副本】命令只保存当前的文件,【备份】命令却可以将所有的有关零件都复制到新目录中去。

7. 复制

当新建一个空模板模型文件时,选择该命令,弹出【选择模板】对话框,选择一个模型文件,然后单击【打开】按钮,该模型被复制到新建的模型工作窗口中。

8. 镜像零件

该命令是将当前模型文件镜像到一个新的空模板模型文件中,它与【复制】命令的区别是:该命令只能将当前模型镜像到空模板文件中,不具有选择性。

选择【文件】→【镜像零件】命令,弹出【镜像零件】对话框,如图 1.24 所示,【仅镜像几何】命令是创建原始零件几何的镜像的合并,【镜像具有特征的几何】命令是创建原始零件的几何和特征的镜像副本,【几何从属】复选框可在原始零件几何发生修改时更新镜像零件几何,而清除该复选框可使镜像几何独立,然后单击【确定】按钮,镜像零件在新窗口中打开。

9. 重命名

选择该命令可实现对当前工作界面中的模型文件重新命名。【重命名】对话框如图 1.25 所示。在【新名称】栏中输入新的文件名称,然后根据需要相应选择【在磁盘上和会话中重命名】(更改模型在硬盘及内存中的文件名称)或【在进程中重命名】(只更改模型在内存中的文件名称)选项。

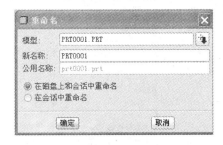

图 1.24　【镜像零件】对话框　　　　　图 1.25　【重命名】对话框

提示:任意重命名模型会影响与其相关的装配模型或工程图,因此重命名模型文件应该特别慎重。

10. 拭除

选择【拭除】命令可将内存中的模型文件删除,但并不删除硬盘中的原文件。单击该选项会弹出如图 1.26 所示的下拉菜单。

【当前】：将当前工作窗口中的模型文件从内存中删除。

【不显示】：将没有显示在工作窗口中，但存在于内存中的所有模型文件从内存中删除。

📖 提示：正在被其他模块使用的文件不能被拭除。

11. 删除

使用该命令可删除当前模型的所有版本文件，或者删除当前模型的所有旧版本，只保留最新版本。选择该命令，在弹出的下拉菜单中，若选择【所有版本】命令，弹出如图 1.27 所示的确认框，单击【是】按钮，则删除当前模型的所有版本；若选择【旧版本】命令，显示如图 1.28 所示的信息提示框，单击 ☑ 按钮或按 Enter 键，则删除当前模型的所有旧版本，只保留最新版本。

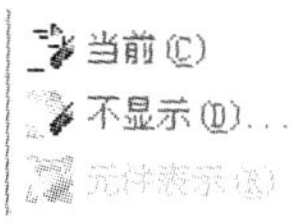

图 1.26　【拭除】下拉菜单

图 1.27　删除所有版本确认框

图 1.28　删除旧版本信息提示栏

1.4.3　打印及数据交换

1. 打印

选择【文件】→【打印】命令，弹出如图 1.29 所示的【打印】对话框。

（1）【目的】：显示要使用的打印机名称。单击 ⬇ 按钮，在其下拉列表中选择打印机类型。

（2）【配置】：单击该按钮，可对选择的打印机进行设置，如设置打印图纸的尺寸、打印范围、打印效果等。应该说明的是，打印线框模型图和打印着色模型图，其打印配置对话框不同。

若选择 MSPrinter Manager 作为打印机类型，单击【确定】按钮，则弹出 Microsoft Windows 的【打印】窗口，其打印设置及打印机操作同常规的 Windows 打印设置及操作。

【到文件】：将打印结果保存为打印文件。

【到打印机】：直接将当前模型通过打印机输出。

【份数】：在该栏中输入打印的份数。

图 1.29　【打印】对话框

图 1.30 【打印到文件】对话框

【绘图仪命令】：在该栏中输入操作系统的打印命令。

【确定】：单击该按钮，开始执行打印操作。若选择了【到文件】命令，则打开如图 1.30 所示的对话框，将当前模型的输出保存为打印文档。

2. 数据交换

Pro/ENGINEER 与其他 CAD 系统的数据交换是通过文件的输入输出来实现的。

在图 1.22 所示的【文件打开】对话框的【类型】列表框中，选择不同的文件格式，如图 1.31 所示，可以将其他 CAD 系统产生的模型文件导入到 Pro/ENGINEER 中来。例如，可以将用 AutoCAD 绘制的 .dwg 格式文件打开，作为 Pro/ENGINEER 的草绘模型。

在如图 1.23 所示的【保存副本】对话框中的【类型】列表框中，选择不同的文件格式，如图 1.32 所示，可以将 Pro/ENGINEER 中产生的模型文件，导出为其他系统能够读取的格式文件。例如，可以将 Pro/ENGINEER 中产生的零件模型文件，转换输出为 Unigraphics 的零件模型文件。

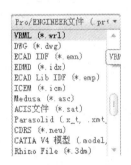

图 1.31　文件打开【类型】列表框

图 1.32　【保存副本】"类型"列表框

1.5　鼠标的基本操作

在 Pro/ENGINEER 中使用的鼠标是一个很重要的工具，通过与其他键组合使用，可以完成各种图形要素的选择，还可以用来进行模型截面的绘制工作。需要注意的是，Pro/ENGINEER 中使用的是有滚轮的三键鼠标。

1.5.1　使用鼠标移动视图

同时按住 Shift 键和鼠标中键后拖动鼠标。在绘制工程图时，只需按住鼠标中键即可实现移动。

1.5.2　使用鼠标缩放视图

按住 Ctrl 键和中键上下拖动鼠标，或直接滚动中键的滚轮。

1.5.3　使用鼠标旋转视图

按住中键后移动鼠标。

一般情况下，鼠标各个按键部位功能如下。

（1）左键：用于选择菜单、工具按钮、明确绘制图素的起始点与终止点、确定文字注释位置、选择模型中的对象等。

（2）中键：单击鼠标中键表示结束或完成当前的操作，一般情况下与菜单中的【确定】选项、对话框中的【是】按钮、命令操控板中的☑按钮的功能相同。

（3）右键：选中对象如绘图区、模型树中的对象、模型中的图素等；在绘图区，单击鼠标右键显示相应的快捷菜单。

（4）滚轮：在图形区域放大或缩小模型。

1.6　模 型 浏 览

在 Pro/ENGINEER 中可以通过【视图】菜单或工具栏中的按钮来控制模型的显示，包括模型着色、模型动态旋转、动态缩放，以及将模型按默认状态显示。

1.6.1　动态浏览

快捷的动态浏览方式是用鼠标结合键盘来实现的，其方法如下。

（1）缩放：按住 Ctrl 键和中键上下拖动鼠标，或直接滚动中键的滚轮。

（2）旋转：按住中键后移动鼠标。

（3）平移：同时按住 Shift 键和鼠标中键后拖动鼠标。在绘制工程图时，只需按住鼠标中键即可实现移动。

1.6.2　模型显示

1. 4 种模型显示方式

通过模型显示方式工具条的 4 个按钮，可以快捷地控制模型以表 1-2 所示的 4 种模型显示方式显示。

　　▱：着色显示模式。

　　▱：消隐显示模式。

：隐藏线显示模式。

：线框显示模式。

表 1 - 2　4 种模型显示方式

着色	消隐	隐藏线	线框

2. 模型显示详细设置

通过【视图】菜单中模型显示的设置命令，可以对模型的显示进行详细的设置。下面介绍工程中常用的一些设定方法。

如果需要加快显示速度，选择【视图】→【显示设置】→【性能】命令，弹出如图 1.33 所示的【视图性能】对话框，在其中选中【快速 HLR】（Hide Line Remove，隐藏线移除）复选框，模型边线显示质量变差，显示速度加快。因此，为提高操作速度，在复杂模型操作时，选中该复选框。

选择【视图】→【显示设置】→【模型显示】命令，出现【模型显示】对话框，如图 1.34 所示，其中包括 3 个选项卡，通过这些选项可以设定模型的显示质量和显示方式。在【一般】选项卡中，显示样式选项卡选择线框，如图 1.35 所示，在显示选项卡中对线框模式显示的内容、颜色、跟踪草绘、尺寸公差、位号等进行选择设置。

图 1.33　【视图性能】对话框

图 1.34　【模型显示】对话框

图 1.35　【模型显示】对话框线框模式

在【边/线】选项卡中，【相切边】选择为"实线"，将在模型中显示相切边线；选择为"不显示"，相切边线将隐藏，如图 1.36 所示。

在【着色】选项卡中，选中【带边】复选框，将会在着色显示方式下同时显示模型的可见边线，如图 1.37 所示。

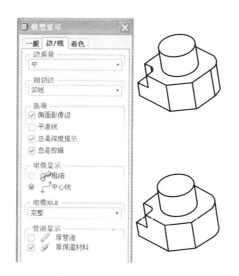

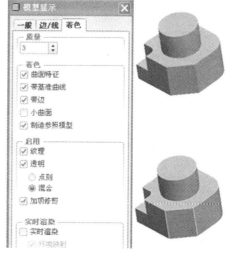

图 1.36　相切边不显示　　　　　　　　图 1.37　边线显示

3. 网格曲面显示

选择【视图】→【模型设置】→【网格曲面】命令，弹出【网格】对话框，如图 1.38 所示。选择模型表面，使其采用网格显示。如果希望消除模型表面网格显示，单击【重画视图】按钮 🔲 即可。

除了模型本身的显示控制外，用户还可以设定自己喜欢的图形区背景颜色。选择【视图】→【显示设置】→【系统颜色】命令，出现【系统颜色】对话框，如图 1.39 所示。在布置菜单中包括几种常用的颜色方案，可供用户快速选择。

图 1.38　【网格】对话框　　　　　　图 1.39　【系统颜色】对话框

1.6.3　视图定向

运用视图控制，可得到所需的三维视图观察方向，以便进行各种操作。在下拉菜单及快捷工具栏中都有控制视图的指令。

选择下拉菜单中的【视图】→【方向】命令，在弹出的子菜单上有对视图进行控制的命令，如图 1.40 所示。

视图控制的快捷工具栏如图 1.41 所示。较为常见的视图控制指令如下。

图 1.40　【视图控制】命令

图 1.41　视图控制的快捷工具栏

重画当前视图：重新刷新屏幕，清除所有临时显示信息，但不再生模型。

旋转中心开/关：用于切换旋转中心显示与否。在显示状态下，模型的旋转始终以它为中心。在不显示状态下，当按住鼠标中键拖动进行旋转时，系统将会以按住鼠标中键的那一点作为旋转中心。

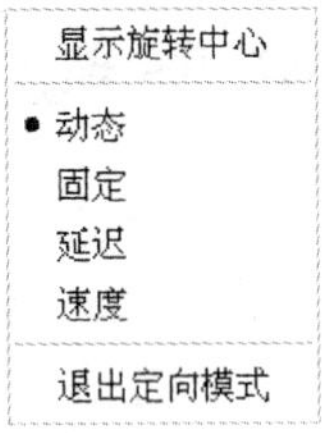

图 1.42　模式选择快捷菜单

定向模式开/关：利用鼠标与键盘的结合，可以轻松实现模型的旋转、缩放和平移，此功能为这些视图变换提供了动态、固定、延迟及速度 4 种模式。单击【定向模式开/关】按钮后，屏幕上将出现一个带边框的红色小点，说明当前状态为观察模式。在绘图区单击鼠标右键出现模式选择快捷菜单，如图 1.42 所示。

外观库：可以改变对象的外观。单击【外观库】按钮，图标更改为显示活动外观，选取将应用外观的模型所需的部分，使用 Ctrl 键可选取多个图元，在【选取】对话框中，单击【确定】按钮，活动外观即会应用到选取的对象。

放大：使用该功能将框选的模型放大。

缩小：使用该功能将当前主视区的模型缩小一半。

重新调整：使用该功能重新调整模型，使其与屏幕相适应，以便能够查看整个模型。一个重新调整过的模型占屏幕的 80%。

重定向视图：模型首次创建时和以后任意时刻，模型通常以默认视图显示。选择下拉菜单中的【视图】→【方向】→【重定向】命令，或者单击工具栏中的 按钮，打开【方向】对话框，如图 1.43 所示。可以用【方向】对话框改变模型默认视图或创建新的定向。

在对话框中，系统默认的类型是【按参照定向】，系统提供了以下 3 种定向类型，用户可以在【类型】列表中选取。

1. 动态定向

通过使用平移、缩放和旋转设置，可以动态地定向视图，只用于三维模型。

在【类型】分组框的列表中选择【动态定向】选项，【方向】对话框里的内容更新为如图 1.44 所示的内容，此时可以直接在对话框中使用鼠标拖动滑动条实现模型的缩放、旋转和平移，在选择了对话框中的【动态更新】选项后，绘图区中的模型可实时动态地显示。

也可以直接在滑动条右边的文本框中指定模型水平和垂直平移的数值，设置显示的百分比，设置模型绕 X、Y、Z 轴旋转的角度。

图 1.43　【方向】对话框

在【旋转】分组框中，单击 按钮，使用模型中心轴旋转，或单击 按钮，使用屏幕中心轴旋转。

2. 按参照定向

【按参照定向】是通过设定两个互相垂直的参照面或线来对模型定向的，如图 1.43 所示。在【零件】、【组件】或【绘图】模式中，可以选取根据其定向模型或绘图视图的参照。在【零件】或【组件】模式中，可以选择多个曲面作为定位参照。

在每一个参照设定栏中，可通过单击 按钮，在打开的下拉列表中，选择参照面的法线方向为"前"、"后面"、"上"、"下"、"左"、"右"；或参照线为"垂直轴"、"水平轴"。然后单击 按钮在模型中选择作为参照的面或线。选择【缺省】选项，以系统默认的视图显示模型。

3. 优先选项

用户在【零件】、【组件】或【绘图】模式中时，该区域会包含不同的选项。

在如图 1.43 所示的【方向】对话框的【类型】分组框的列表中选择【首选项】选项，【方向】对话框里的内容更新为如图 1.45 所示的内容。

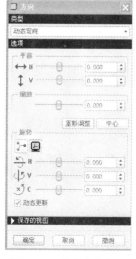

图 1.44　动态定向设置

图 1.45　优先选项

在对话框中可以对模型的旋转中心及默认视图方向进行设置。

在【旋转中心】中有下列选项。

【模型中心】：旋转中心位于模型中心。

【屏幕中心】：旋转中心位于屏幕的中心。

【点或顶点】：旋转中心位于选定的点或顶点。

【边或轴】：旋转中心位于选定的边或轴。

【坐标系】：旋转中心位于所选的坐标系。

当旋转中心选用【点或顶点】或者【边或轴】选项时，系统分别弹出【选取 3 维点】菜单或者【选取方向】菜单，然后在绘图区用鼠标选取对象作为模型的旋转中心。

在【缺省方向】分组框中，有【等轴测】、【斜轴测】或创建【自定义】3 个选项。

实际设计过程中，常常综合使用几种定位类型来达到设计要求。

1.6.4　命名、保存与调用视图

Pro/ENGINEER Wildfire 允许用户保存自己设定好的视图以便于用户按照个人习惯进行设计，用户在进行模型设计时可以很方便地随时调用已经预先设定的视图。

1. 命名、保存

创建好视图后，在【方向】对话框中单击【已保存的视图】按钮展开其对话框，在【名称】编辑框中输入新视图的名称，例如输入“rightview”，然后单击【保存】按钮，保存此视图，此时新创建的 RIGHTVIEW 已经存在于【已保存的视图】中了，只是字母变成了大写，如图 1.46 所示。

保存好视图后，单击【方向】对话框中的【缺省】按钮，零件恢复到三维视图并调整大小到适合的窗口，最后单击【确定】按钮退出。

2. 视图调用

单击工具栏中的【保存的视图列表】按钮，在该按钮下面弹出可供调用的视图列表，上面创建的新视图 RIGHTVIEW 也存在于列表中，如图 1.47 所示。单击列表中的视图以不同的角度显示模型。

图 1.46　保存视图

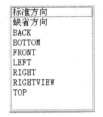
图 1.47　已存视图列表

1.7　窗口操作

选择【窗口】命令，系统显示如图 1.9 所示的菜单。使用该菜单可以激活工作窗口、

建立新的窗口、关闭窗口、打开系统窗口、选择窗口的大小、选择窗口名称、使选中的窗口处于当前活动状态。

1. 激活窗口

在 Pro/ENGINEER Wildfire 5.0 中允许用户打开多个不同的窗口，甚至可以包括不同模块的工作窗口。但是，它只允许一个窗口处于活动状态，使窗口激活的方法有以下两种。

（1）使要激活的窗口处于显示状态，然后选择【激活】选项。

（2）在如图 1.9 所示的菜单中，选择要激活的模型名称。

提示：当窗口处于非活动状态时，主菜单中的绝大部分功能处于灰色无效状态，在图形工作区光标处于无效状态。不能在非活动状态的窗口中进行模型操作。

2. 最小化窗口

右击标题栏，在如图 1.48 所示的对话框中选择【最小化】选项，或单击当前模型窗口中的　按钮，将当前模型窗口最小化。

3. 还原窗口

右击标题栏，在如图 1.48 所示的对话框中选择【还原】选项，或单击当前模型窗口中的　按钮，将当前模型最大化了的窗口还原。

4. 最大化窗口

右击标题栏，在如图 1.49 所示的对话框中选择【最大化】选项，或单击当前模型窗口中的　按钮，将当前模型窗口最大化显示。

5. 移动窗口

右击标题栏，在如图 1.49 所示对话框中单击移动，直接用键盘方向键移动到希望的位置。或用鼠标指针　指向其标题栏，然后将窗口拖动到希望的位置。

图 1.48　窗口快捷菜单还原按钮　　　　图 1.49　窗口快捷菜单移动按钮

6. 调整窗口

右击标题栏，在如图 1.49 所示的对话框中选择【大小】选项，直接用键盘方向键调整当前模型窗口大小。或将鼠标指针　指向边框，当指针变为双箭头 ↕ 、 ↔ 、或 ↘ 时拖动边框，进行相应的调整。

7. 打开系统窗口

该功能的作用是打开一个 DOS 状态的窗口。

8. 关闭窗口

选择【文件】→【关闭窗口】命令，或单击当前模型工作窗口中的██按钮，都可关闭当前模型的工作窗口。关闭窗口后，建立的模型仍保留在内存中，除非系统的主窗口被关闭，否则仍可在【文件打开】对话框中的【当前内存(进程)】中打开该模型。

1.8　小　　　结

本章首先介绍了 Pro/ENGINEER Wildfire 5.0 的启动、退出与工作界面，然后介绍了文件和鼠标的基本操作，最后又介绍了模型浏览、窗口操作方法与设置视角的显示模式。通过本章的学习，读者对 Pro/ENGINEER Wildfire 5.0 的基本操作有了初步的了解。由于 Pro/ENGINEER Wildfire 5.0 功能模块众多，操作复杂，因此在一章之中很难详尽介绍，请读者在后续章节中结合相关内容，并运用帮助文件，不断积累与总结。

1.9　思考与练习

1. 思考题

(1) 设置工作目录有何好处？

(2) 拭除文件与删除文件有何不同？

(3) 保存文件与备份文件有何不同？

(4) 如何将模型文件输出为其他格式的图形文件。

(5) 在 Pro/ENGINEER Wildfire 5.0 中三键鼠标中的三键各有何功能？

(6) 一个 Pro/ENGINEER 文件名为 "part1.prt.2"，其中 "prt" 和 "2" 各具有什么含义？

2. 练习题

(1) 打开 Pro/ENGINEER Wildfire，仔细了解各功能按钮的位置，打开并且浏览一个已经存在的文件。

(2) 建立一个临时文件，单击 Pro/ENGINEER Wildfire 界面中的可以操作的命令按钮，感性认识各按钮的功能。

第2章
草绘二维截面

教学提示

草绘二维截面是三维造型的基础，在实体造型中占有很重要的地位。绝大部分的三维模型是通过二维截面的一系列操作而得到的。对于基本特征的设计，需要首先绘制二维截面草图，再设定一些参数，然后才能生成该特征。另外，良好的草绘习惯也是提高绘图质量与效率、减少错误发生的保证。

教学要求

本章主要介绍草绘器、设置草绘图环境、绘制基本二维图形、编辑图形、几何约束、尺寸标注与修改等，并通过综合实例进行训练。要求学生掌握二维截面的草绘、标注和编辑等基础知识与应用技巧，为后面的学习打下扎实的基础。

2.1　草绘工作环境

本节介绍 Pro/ENGINEER 中草绘模式的工作环境，包括如何进入草绘模式、草绘工具栏、目的管理器等，为草绘二维截面打下基础。

2.1.1　进入草绘模式

在 Pro/ENGINEER 中有以下 3 种方法可以进入草绘模式。

（1）建立草绘文件：在下拉菜单中选择【文件】→【新建】命令，在如图 1.4 所示的【新建】对话框的【类型】分组框中，选择【草绘】单选按钮。系统默认的文件名是 S2D0001，扩展名为 sec。在【名称】文件框中输入草图名称，单击【确定】按钮。系统进入如图 2.1 所示的"草绘文件"草绘界面。

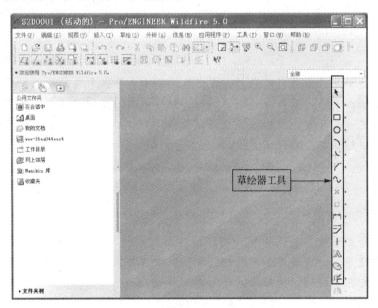

图 2.1　"草绘文件"草绘界面

📖 说明：实际工作中，该方法主要用在草绘线条关系十分复杂，并且需要重复使用的情况下。使用此方法建立的草绘文件可以在零件建模的草图界面（图 2.1）中，通过选择下拉菜单中的【草绘】→【数据来自文件…】命令调用。

（2）运用基准曲线按钮定义内部草绘：零件或者装配环境中右侧工具栏的基准工具栏如图 2.2 所示。单击草绘的基准曲线按钮，可以定义内部草绘。

（3）操控板面定义内部草绘：在特征建模过程中，单击操控面板（图 1.12）中的【放置】按钮，出现如图 2.3 所示的【放置】界面，然后单击【定义】按钮，定义内部草绘。

运用第 2 种、第 3 种方法定义内部草绘，都会弹出如图 2.4 所示的【草绘】对话框。用户可在【草绘】对话框中指定草绘平面和草绘方向。

【草绘平面】：是绘制草图的平面，可以在绘图区域模型树中选取。

图 2.2　基准工具栏　　　　图 2.3　【放置】界面　　　　图 2.4　【草绘】对话框

【草绘方向】：包括草绘视图方向、视角参照及参照方向。【草绘视图方向】是用户观察草图绘制平面的方向。在绘图区视图方向箭头(黄色)所指方向，为用户视线指向草图绘制平面的方向。单击【反向】按钮，则用户观察方向颠倒、箭头反向；视角【参照】与视角参照【方向】共同设定草图绘制平面的摆放情况，其设定方法与第 1 章中的视角设定类似。可以作为视角【参照】的包括曲面、平面、边。视角参照【方向】设定草绘平面显示时的视角参照位置，其选项有顶、底部、左、右 4 项。例如选择"右"，则视角参照位于草绘视图的右方。

设定好草绘平面、草绘方向以后，单击【草绘】按钮，进入草绘环境。

草绘"参照"是确定草图位置和尺寸标注的依据，选择的草绘视角参照往往会被自动设定为草绘参照。在下拉菜单中选择【草绘】→【参照】命令，弹出如图 2.5 所示的草绘【参照】对话框，出现 Pro/EN-GINEER 自动设定的两个草绘"参照"。

说明：模型边线不能作为草绘参照，草绘参照是模型表面在草绘平面上的投影。如果模型表面不与草绘平面垂直，则需要在【参照】对话框中单击【剖面】

图 2.5　草绘【参照】对话框

按钮，然后选择该模型表面，该模型表面与草绘平面的交线就成为草绘参照。这样在后续的草绘过程中，绘制的草图对象以该交线为尺寸标注参照。

用户可以设定超过必需数目的草图绘制参照。工程中最常用的参照是相互垂直的 X 轴和 Y 轴构成的直角坐标系(笛卡尔坐标)。系统会帮助用户寻找作为坐标的参照，如图 2.6 所示，草绘参照是"RIGHT"和"FRONT"基准面与草绘平面"TOP"基准面的交线。

单击【参照】对话框中的【关闭】按钮，草绘平面就会自动调整到面向用户，并且视角【参照】平面位于参照【方向】设定的位置，这样就可以开始在图形区中绘制草图了。

如果用户没有设定足够的参照，系统会出现如图 2.7 所示的【缺失参照】对话框，提示用户缺少必要的参照。用户可以单击【是】按钮，以便在缺少参照的情况下继续进行草图绘制工作，但在草图绘制完成前，最好补充设定必要的参照，以便准确地生成草图。

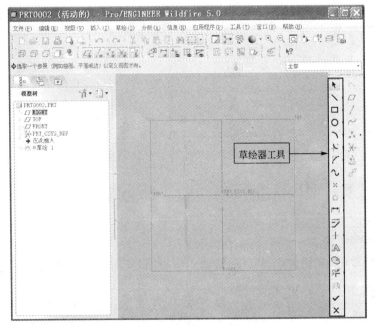

图 2.6　"内部草绘"草绘界面

图 2.7　【缺失参照】对话框

2.1.2　"草绘器工具"及"草绘器"工具栏

1. "草绘器工具"工具栏

"草绘器工具"快捷工具栏如图 2.8 所示。草绘器工具几乎包含了所有绘制二维图形的快捷图标。用户可改变工具栏的布局，将其置于窗口的左、右或顶部。如果没有打开"草绘器工具"工具栏，在工具栏中右击，在菜单中选择【草绘器工具】选项即可。在下拉菜单的【草绘】菜单中也有与之对应的指令。"草绘器工具"工具栏中工具按钮后带的表示该图标下还有同种类型的"草绘器工具"工具按钮，单击按钮可以打开其下所有的图标。图 2.8 所示的"草绘器工具"工具栏各按钮的功能如下。

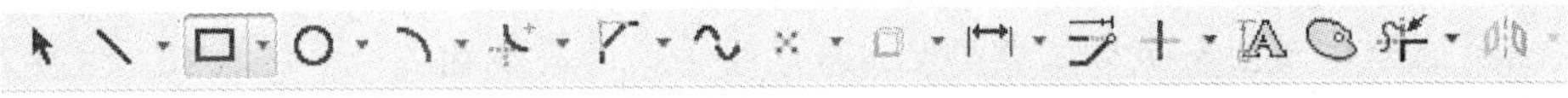

图 2.8　"草绘器工具"工具栏

：选取模式切换，按下状态为选择模式，此时可用鼠标选择图形。

：从左到右分别为创建直线、切线、中心线和几何中心线工具。

：创建矩形。

：绘建圆、同心圆、过三点画圆、画切圆及画椭圆工具。

：以起始点和终止点绘制圆弧、同心圆弧，以中心、半径绘制圆弧，画切弧及圆锥曲线。

：在两图元间创建圆角、椭圆角。

：在两图元间创建倒角并创建构造线延伸、倒角修剪。

：绘制样条曲线。

× × ⊹ ⼈：绘制草绘点、几何点、坐标系、几何坐标系。

▯ ▯ ▯：以实体边界作为图元和以实体边界偏移给定距离创建图元。

⊢⊣：标注尺寸。

✑：修改尺寸值或样条几何或文本图元。

╋ ♀ ╬

╋ ╲ ＝：定义约束条件。

⊥ ⊶ //

Ⓐ：绘制文本。

☺：调色板。

⤬ ┬ ╆：动态修剪、修剪、打断选定的图元。

◫ ◫：镜像、缩放、旋转及平移选定的图元。

用户通过单击相应的快捷工具按钮可以非常容易地绘制草绘截面。

2. "草绘器"工具栏

"草绘器"工具栏如图 2.9 所示，各按钮的作用如下。

⊢⊣：控制草图中是否显示尺寸。

⊥：控制草图中是否显示几何约束。

⊞：控制草图中是否显示网格。

◫：控制草图中是否显示实体端点。

图 2.9　"草绘器"工具栏

对于复杂的草图，临时关闭尺寸或者几何约束的显示，将会使图形区变得清晰，从而方便操作。

2.1.3　使用目的管理器

在 Pro/ENGINEER Wildfire 5.0 版中，目的管理器已经高度集成到了各模块中，使在建模时增加了许多用户默认的设置，增强了软件的智能性。例如，可以自动生成图元的尺寸、自动进行约束控制、动态显示当前的鼠标位置所绘制的线段与已存在的图元有什么约束关系等。这样有利于快速进行二维草图的绘制，提高建模效率。

在进行二维草绘时，目的管理器有如下假设。

（1）水平或竖直直线：绘制的直线近似水平或竖直，则系统假设其水平或竖直，将鼠标"粘着"在水平或竖直线附近。即在线段水平或竖直附近，线段的另一端点似乎不随鼠标的位置变化而变化，而被系统锁定在水平或竖直状态，并且动态显示水平或竖直符号，水平符号为"H"，竖直符号为"V"。

（2）相互平行或垂直的直线：如果绘制的直线与已经存在的线段近似平行或垂直，则系统认为它们相互平行或垂直。系统被约束在平行或垂直的状态下，并且动态显示平行符号"//"，垂直符号"⊥"。

（3）相等长度的直线：如果绘制的线段与已存在的线段近似相等或线段的长度不明确，则认为其长度与其最接近的已存在的线段长度相等，并且标注符号"L"。

（4）相等的半径或直径：如果绘制的圆或圆弧的半径或直径与已经存在的圆或圆弧的半径或直径相似，则系统认为它们相等，而且为它们标注一个带有下标索引的"R"符号。

（5）共线：如果绘制的线段与已存在的线段的方向和位置接近，系统认为它们完全在一条直线上，并且标注符号"▬"。

（6）对称：如果关于某中心线相对地绘制线段或截面，则当它们尺寸相似时，系统认为它们是完全对称的，并且标注对称符号"→←"。

（7）中点：当绘制点位于线段中点附近时，系统认为该点位于线段中点，标注符号"＊"。

（8）相切：如果绘制的线段与已存在的圆弧近似相切，系统认为二者相切，并且标注符号"T"。

（9）90°与180°的圆弧：如果绘制的圆弧端点与水平或垂直方向近似相切，系统认为该圆弧的弧度为 90°的倍数，并且标注符号"——"。

2.1.4 设置草绘环境

用户可以按照使用习惯和个人喜好来设定草图绘制环境的图形区背景色、网格线的密度、参考坐标形式、绘制过程中的捕捉类型和自动设定的几何约束等。

1. 设定草图绘制的背景颜色和线条颜色

选择【视图】→【显示设置】→【系统颜色】命令，出现如图 1.39 所示的【系统颜色】对话框。选择图形页面，在其中罗列了各种图形元素的显示颜色。与草图绘制相关的选项有【草绘】和【背景】两个项目，分别设定草绘曲线颜色和草绘环境的背景颜色。

2. 设定草绘器的优先选项

选择【草绘】→【选项】命令，出现如图 2.10 所示的【草绘器首选项】对话框。其中包括 3 个页面：其他、约束与参数。

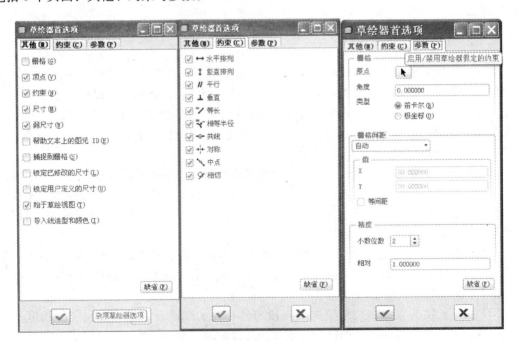

图 2.10　【草绘器首选项】对话框

【其他】页面：设定草图绘制过程要显示的要素，在"草绘器"工具栏中（图 2.9）有类似的显示控制按钮。

如果草绘过程中需要对网络进行捕捉，也可以选择下拉菜单中的【工具】→【环境】命令，弹出【环境】对话框，选择对话框中的【缺省操作】分组框中的【栅格对齐】选项，如图 2.11 所示。由于 Pro/ENGINEER 的草图绘制是参数化的，可以通过更改尺寸来驱动图形发生变化，因此，网格及网格捕捉的意义并不大，一般不需要开启网格显示。

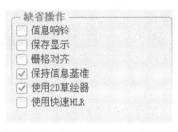

图 2.11　【栅格对齐】缺省操作

如果选中【锁定已修改的尺寸】选项，改动后的尺寸将被锁定。

【约束】页面：设定草图绘制过程中自动设定的几何约束。

📖 **说明**：当图形中线条很多时，全部选中自动设定功能各选项，使用起来并不一定方便，此时，需要临时取消部分选项。

【参数】页面：设定栅格的形式和间距、尺寸显示的小数点位数以及求解精度。

2.2　基本几何图元的绘制

在"草绘器工具"快捷工具栏单击创建基本几何图元的相应按钮，可以迅速绘制各种基本图元，【草绘】下拉菜单中也有相应的选项。以下按"草绘器工具"快捷工具栏操作讲述。

2.2.1　点和坐标系的绘制

在进行辅助尺寸标注、辅助截面绘制、复杂模型中的轨迹定位时，经常使用点的绘制命令。

绘制点的步骤如下。

步骤 1：选择【草绘】→【点】命令或单击草绘器工具中的绘制点按钮 ✕ 。

步骤 2：在绘图区单击鼠标左键即可创建第 1 个草绘点。

步骤 3：移动鼠标并再次单击鼠标左键即可创建第 2 个草绘点，此时屏幕上除了显示两个草绘点外，还显示两个草绘点间的尺寸位置关系。

步骤 4：单击鼠标中键，结束点的绘制。

坐标系用来标注样条线以及某些特征的生成过程，绘制坐标系的步骤如下。

步骤 1：选择【草绘】→【坐标系】命令或单击草绘器工具中的绘制点按钮 ✕ 右边的展开按钮 ，单击 按钮。

步骤 2：在绘图区单击。

步骤 3：单击鼠标中键，结束坐标系的绘制。

2.2.2　线的绘制

在所有图形实体中，直线是最基本的图形实体。一条直线由起点和终点两部分组成。直线的类型可分为几何直线和中心线两种。几何直线一般作为实体的轮廓线，在图中显示为实线；中心线的功能是建立旋转体时作为中心线，或辅助建立其他特征，在图中显示为点画线。

单击草绘器工具中绘制直线按钮 ＼ 右边的展开按钮 · ，Pro/ENGINEER 提供了 4 种形式的直线创建方式：线、直线相切、中心线和几何中心线。

1. 绘制实体直线、中心线、几何中心线的步骤

两点绘制直线的步骤如下。

步骤 1：在菜单栏中选择【草绘】→【线】→【线】命令，或在草绘器工具中单击绘制实体直线的图标 ＼ 。

步骤 2：在草绘区域的任一位置单击鼠标左键，此位置即为直线的起点，随着鼠标的移动，一条高亮显示的直线也会随之变化。拖动鼠标至直线的终点，单击鼠标左键，即可完成一条直线的绘制。

步骤 3：移动鼠标以绘制第二条直线，第一条直线的终点将自动转为第二条直线的起点，拖动鼠标至线段的终点单击鼠标左键即可完成第二条直线的绘制。

步骤 4：重复步骤 3，可以连续绘制多条直线。

步骤 5：完成所有的直线绘制后，单击鼠标中键即可结束直线的绘制。此时系统会自动标注各线段的尺寸。

至于中心线的绘制，在菜单栏中选择【草绘】→【线】→【中心线】命令或在草绘器工具中单击直线按钮 ＼ 右边的展开按钮 · ，单击 ┊ 按钮，然后单击草绘区域两点即可完成。

而几何中心线的绘制是在草绘器工具中单击直线按钮 ＼ 右边的展开按钮 · ，单击 ⌐ 按钮，然后单击草绘区域两点即可完成。

2. 直线相切的操作步骤

通过【直线相切】命令可以绘制一条与已存在的两个图元相切的直线，具体操作步骤如下。

步骤 1：在菜单栏中选择【草绘】→【线】→【直线相切】命令，或在草绘器工具中单击直线按钮 ＼ 右边的展开按钮 · ，单击 ＼ 按钮。

步骤 2：在已经存在的圆弧或圆上选取一个起点，此时选中的圆或圆弧将加亮显示，同时一根橡皮筋状的线附着在光标上出现，如图 2.12 所示。单击鼠标中键可取消该选择而进行重新选择。

步骤 3：在另外的圆或圆弧上选取一个终点，在定义两个点后，可预览所绘制的切线。

步骤 4：单击鼠标中键退出，绘制出一条与两个图元同时相切的直线段，如图 2.13 所示。

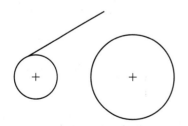

图 2.12　绘制相切直线

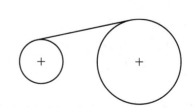

图 2.13　切线绘制完成

在菜单栏中选择【草绘】→【线】→【中心线相切】命令，可绘制与已存在的两个图元相

切的中心线，具体过程与直线相切类似。

2.2.3　矩形的绘制

矩形的绘制步骤非常简单，在菜单栏中选择【草绘】→【矩形】→【矩形】命令，或在草绘器工具中，单击绘制矩形按钮□；在绘图区中单击两点作为矩形对角的 2 个顶点，即可完成矩形的绘制，如图 2.14 所示。单击鼠标中键结束矩形的绘制。

📖 **注意**：该矩形的 4 条线是相互独立的。可以单独地对它们进行处理，例如裁剪、对齐等操作。

图 2.14　矩形的绘制

2.2.4　圆弧的绘制

圆弧也是图形中常见的图元之一，Pro/ENGINEER 提供了 5 种绘制圆弧的方式：三点方式、同心弧方式、中心点方式、三切点方式和圆锥弧。

1. 三点方式绘制圆弧的步骤

步骤 1：在菜单栏中选择【草绘】→【弧】→【3 点/相切端】命令，或单击草绘器工具中的⌒按钮。

步骤 2：在绘图区中单击鼠标左键，作为圆弧的起始点，然后单击另一个位置作为圆弧的终点，移动鼠标，在产生的动态弧上单击鼠标左键指定一点，以定义弧的大小和方向完成绘制。

步骤 3：单击鼠标中键，结束圆弧的绘制，如图 2.15 所示。

2. 同心弧方式绘制圆弧的步骤

步骤 1：在菜单栏中选择【草绘】→【弧】→【同心】命令，或单击草绘器工具中绘制圆弧的按钮⌒右边的展开按钮▾，单击◐按钮。

步骤 2：在绘图区中，用鼠标左键单击一个已存在的圆和圆弧上的任意一点，以该圆或圆弧的圆心为圆弧中心，移动鼠标，单击左键，以确定圆弧的起点与半径。

步骤 3：在绘图区中单击鼠标左键，作为圆弧的起始点，然后单击另一个位置作为圆弧的终点，即可完成圆弧的绘制。

步骤 4：单击鼠标中键，结束圆弧的绘制，如图 2.16 所示。

图 2.15　三点方式绘制圆弧

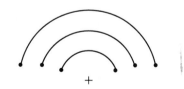

图 2.16　同心弧方式绘制圆弧

3. 中心点方式绘制圆弧的步骤

步骤 1：在菜单栏中选择【草绘】→【弧】→【圆心和端点】命令，或单击草绘器工具中绘制圆弧的按钮⌒右边的展开按钮▾，单击⌒按钮。

步骤 2：在绘图区用鼠标左键单击一点，指定为圆弧的中心点，然后用鼠标左键单击另外两点，分别指定圆弧的起点与终点，即可完成圆弧的绘制。

步骤3：单击鼠标中键，结束圆弧的绘制，如图2.17所示。

4．三切点方式绘制圆弧的步骤

步骤1：在菜单栏中选择【草绘】→【弧】→【3 相切】命令，或单击草绘器工具中绘制圆弧的按钮 右边的展开按钮 ，单击 按钮。

步骤2：在绘图区中，选中一个参考图元，作为圆弧的起始切点所在图元。

步骤3：移动鼠标选中第二个参考图元，作为圆弧的终止切点所在图元。

步骤4：移动鼠标选中第三个参考图元，作为圆弧的中间切点所在图元，完成圆弧的绘制。

步骤5：单击鼠标中键，结束圆弧的绘制，如图2.18所示。

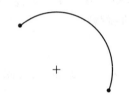 

图2.17　中心点方式绘制圆弧　　　图2.18　三切点方式绘制圆弧

5．绘制圆锥弧的步骤

步骤1：在菜单栏中选择【草绘】→【弧】→【圆锥】命令，或单击草绘器工具中绘制圆弧的按钮 右边的展开按钮 ，单击 按钮。

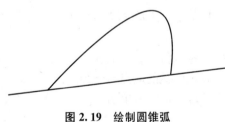

图2.19　绘制圆锥弧

步骤2：选取圆锥的起点。

步骤3：选取圆锥的终点，此时出现一条连接两点的参考线和一段呈橡皮筋状的圆锥，如图2.19所示。

步骤4：当移动光标时，圆锥随之也将产生变化。单击拾取轴肩位置即可完成圆锥弧的绘制。

2.2.5　圆与椭圆的绘制

圆也是一种常见的基本图元，可以用来表示圆柱、轴、轮、孔等的截面图。Pro/ENGINEER 提供了4种绘制圆的方式：中心点方式、同心圆方式、三点圆方式、实体相切方式。还提供了2种绘制椭圆的方式：中心和轴椭圆、轴端点椭圆。

1．中心点方式绘制圆的步骤

步骤1：在菜单栏中选择【草绘】→【圆】→【圆心和点】命令，或单击草绘器工具中的 按钮。

步骤2：在绘图区中单击鼠标左键，以确定圆的圆心。移动鼠标，圆拉成橡皮条状直到单击鼠标左键，以确定圆的大小，完成绘制。

步骤 3：单击鼠标中键，结束圆的绘制，如图 2.20 所示。

2. 同心圆方式绘制圆的步骤

步骤 1：在菜单栏中选择【草绘】→【圆】→【同心】命令，或单击草绘器工具中绘制圆按钮〇 右边的展开按钮 ，单击◎ 按钮。

步骤 2：在绘图区中单击一个已存在的圆或圆弧，以该圆或圆弧的圆心作为欲绘制的圆的圆心位置。移动鼠标，圆拉成橡皮条状，然后单击鼠标左键，以定义圆的尺寸大小，完成绘制。

步骤 3：单击鼠标中键，结束圆的绘制，如图 2.21 所示。

3. 三点圆方式绘制圆的步骤

步骤 1：在菜单栏中选择【草绘】→【圆】→【3 点】命令，或单击草绘器工具中绘制圆按钮〇 右边的展开按钮 ，单击 按钮。

步骤 2：在绘图区中依次单击 3 个点，系统自动生成过这 3 个点的圆。

步骤 3：单击鼠标中键，结束圆的绘制，如图 2.22 所示。

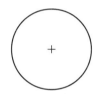

　　　　图 2.20　中心点方式绘制圆　　　图 2.21　同心圆方式绘制圆　　　 图 2.22　三点圆方式绘制圆

4. 实体相切方式绘制圆的步骤

步骤 1：在菜单栏中选择【草绘】→【圆】→【3 点】命令，或单击草绘器工具中绘制圆按钮〇 右边的展开按钮 ，单击 按钮。

步骤 2：在绘图区中，依次选择 3 条实体边线，系统自动生成与该 3 条实体边线相切的圆，并且在切点处显示"T"符号。

步骤 3：单击鼠标中键，结束圆的绘制，如图 2.23 所示。

5. 中心和轴椭圆的绘制步骤

步骤 1：在菜单栏中选择【草绘】→【圆】→【3 点】命令，或单击草绘器工具中绘制圆按钮〇 右边的展开按钮 ，单击 按钮。

步骤 2：在绘图区中单击鼠标左键，以确定椭圆长轴与短轴的交点，通过长轴的端点确定椭圆的形状，移动鼠标，椭圆拉成橡皮条状直到单击鼠标左键，完成绘制。

步骤 3：单击鼠标中键，结束椭圆的绘制，如图 2.24 所示。

6. 轴端点椭圆的绘制步骤

步骤 1：在菜单栏选择【草绘】→【圆】→【3 点】命令，或单击草绘器工具中绘制圆按钮〇 右边的展开按钮 ，单击 按钮。

步骤 2：在绘图区用鼠标左键依次单击两点，从而确定长轴端点。再移动鼠标，椭圆拉成橡皮条状直到单击鼠标左键，以确定椭圆大小，完成绘制

步骤 3：单击鼠标中键，结束椭圆的绘制，如图 2.25 所示。

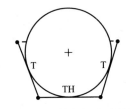
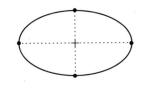
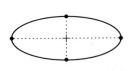

图 2.23　实体相切方式绘圆　　　图 2.24　中心和轴椭圆的绘制　　　图 2.25　轴端点椭圆的绘制

2.3　编辑几何图元

在使用 Pro/ENGINEER 绘制二维草绘截面时，通常是先绘制一个大概的图形，然后通过【编辑】菜单或"草绘器工具"工具栏的工具按钮对几何图元进行调整、修改。草绘模式下的【编辑】菜单如图 2.26 所示。

撤消取消选取全部(U)	Ctrl+Z
重做(R)	Ctrl+Y
✂ 剪切(T)	Ctrl+X
复制(C)	Ctrl+C
粘贴(P)	Ctrl+V
选择性粘贴(S)...	
几何阵列(G)...	
编辑(E)	
移动和调整大小(M)	
修剪(I)	▶
切换构造(O)	Ctrl+G
切换锁定(L)	
属性...	
转换到(V)	▶
替换(P)	
修改(O)...	
删除(D)	Del
选取(S)	▶
查找(F)...	Ctrl+F

图 2.26　草绘模式下的【编辑】菜单

2.3.1　几何图元的修剪

修剪工具可以用来对线条进行剪切、延长以及分割。修剪命令包括【删除段】、【拐角】和【分割】3 个选项。

1. 删除段

【删除段】的功能是动态修剪剖面图元，运用【删除段】命令，系统可以自动判断出被交截的线条而进行修剪。其操作步骤如下。

步骤 1：在菜单栏中选择【编辑】→【修剪】→【删除段】命令，或单击草绘器工具中的 按钮。

步骤 2：在绘图区中移动鼠标，鼠标指针的轨迹扫过部分线条，若被扫过的某线条是独立的，则该线条整体被删除；若某线条被其他线条分割，则该线条只有被扫过的一段被删除，如图 2.27 所示。

步骤 3：单击鼠标中键，结束动态修剪。

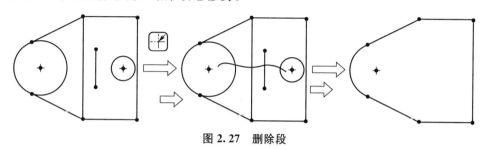

图 2.27　删除段

2．拐角

【拐角】的功能是将图元修剪（延伸或剪切）到其他图元或几何图形。其操作步骤如下。

步骤 1：在菜单栏中选择【编辑】→【修剪】→【拐角】命令，或单击草绘器工具中的 按钮。

步骤 2：在绘图区中选择两条线段，若被选择的两线段没有交点，而其延长线上有交点，则系统自动延长一条或两条线段至交点处而形成交角，多余部分自动被剪掉；若被选择的两条线段已经相交，线段被选定的一端保留，另一端被剪掉，如图 2.28 所示。若两线段在延长线上无交点，则系统提示错误信息。

步骤 3：单击鼠标中键结束【拐角】操作。

3．分割

【分割】的功能是将线条打断。其操作步骤如下。

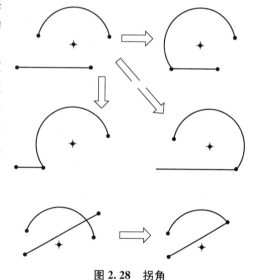

图 2.28　拐角

步骤 1：在菜单栏中选择【编辑】→【修剪】→【分割】命令，或单击草绘器工具中的 按钮。

步骤 2：将鼠标移动到所需打断的线条上，单击鼠标左键即可将线条从单击处打断。

步骤 3：单击鼠标中键结束【分割】操作。

2.3.2　几何图元的复制

当需要生成一个或者多个与现有的几何图元相同的图元时，可以采用复制的方法来实现，以提高效率。复制命令操作步骤如下。

步骤 1：在草绘模式下，选择准备复制的几何图元。

步骤 2：选择【编辑】菜单下的【复制】命令。

步骤 3：选择【编辑】菜单下的【粘贴】命令，在绘制区域单击鼠标左键将出现新的复制几何图元，拖动位于中心位置的控制点，在新的位置处单击鼠标左键，即完成复制。

通过弹出的【移动和调整大小】对话框或操作手柄，还可以完成对被复制几何图元的移动、缩放、旋转操作。

2.3.3　几何图元的镜像

在绘制对称的图形时，可以只绘制出一半图形，然后采用镜像命令把图形对称复制。镜像命令需要一条中心线作为镜像操作的参照。因此，草图中只有具有中心线以后，镜像命令才会处于激活状态。截面或线段的镜像操作步骤如下。

步骤 1：选取要镜像的图素，使其处于高亮选中状态。

步骤 2：在菜单栏中选择【编辑】→【镜像】命令，或单击草绘器工具栏中的 按钮。

步骤 3：单击镜像的参考中心线即可完成图素的镜像。

步骤 4：单击鼠标左键结束【镜像】操作。

结果如图 2.29 所示。

图 2.29　【镜像】操作

2.3.4　几何图元的移动、缩放、旋转

在绘图区选取几何图元，用鼠标左键单击草绘器工具中 按钮右边的展开按钮 ，显示镜像、缩放两个选项。

几何图元的移动、缩放、旋转按钮 ，主要用于对几何图元的大小、放置位置与方向进行调整。其操作步骤如下。

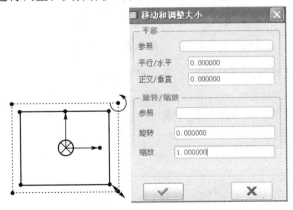

图 2.30　移动、缩放和旋转几何图元的操作

步骤 1：在草绘模式下，选中要编辑的几何图元，使其处于高亮选中状态。

步骤 2：在菜单栏中选择【编辑】→【缩放和旋转】命令，或单击草绘器工具中的 按钮。

步骤 3：弹出【缩放旋转】对话框，在几何图元周围将出现红色的编辑框，显示操作手柄，如图 2.30 所示。

步骤 4：将鼠标移向图框中心位置的移动手柄，单击鼠标左键选中移动手柄，可移动指定的几何图元，再次单击鼠标左键，完成几何图元的移动。

步骤 5：将光标移向编辑框右上方的旋转手柄，单击鼠标左键选中旋转手柄，按顺时针或逆时针方向移动，从而旋转几何图元，再次单击鼠标左键完成几何图元的旋转；也可以直接在【缩放旋转】对话框中输入旋转参数，单击 ✓ 按钮完成几何图元的旋转。

步骤 6：将光标移向编辑框右下方的缩放手柄，单击鼠标左键选中缩放手柄，移动光标将指定的几何图元缩小或放大，再次单击鼠标左键完成几何图元的缩放。也可以直接在【缩放旋转】对话框中输入比例参数，单击 ✓ 按钮完成几何图元的缩放。

2.4　高级几何图元的绘制

2.4.1　绘制圆角

使用圆角工具 ，可绘制与两直线相切的圆角、椭圆形圆角。绘制圆角的步骤如下。

步骤 1：在菜单栏中选择【草绘】→【圆角】→【圆形】命令，或单击工具栏中的 按钮。

步骤 2：在绘图区中选择两条线段。若被选择的两线段没有交点，而其延长线上有交点，则系统自动延长一条或两条线段至交点处而形成圆角，多余部分自动被剪掉；若被选择的两条线段已经相交，线段被选定的一端保留，形成圆角，另一端被剪掉。

步骤 3：单击鼠标中键结束【圆角】操作，结果如图 2.31 所示。

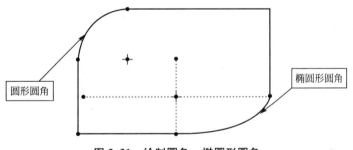

图 2.31　绘制圆角、椭圆形圆角

📖 **注意**：圆角半径大小与选择线段时鼠标选取点有关，与交点较近的选择点就是圆弧线与线段的切点。

绘制椭圆形圆角的步骤与绘制圆角的步骤相似，只是椭圆形圆角的两个切点为选择线段时鼠标的两个选取点。

2.4.2　绘制样条曲线

单击草绘工具栏中的 ~ 按钮，在绘图区中单击数点，可绘制出过这些点的样条曲线。曲线上的点称为插入点。

在 Pro/ENGINEER Wildfire 中，允许用户对样条线进行修改。若在样条线上选取一点并拖动光标，可动态改变样条线的外形；用鼠标左键双击样条曲线，插入点突出显示，

图 2.32　【样条曲线修改】操控板

系统也弹出【样条曲线修改】操控板，如图 2.32 所示。用鼠标右键单击样条曲线或点稍作停顿，在弹出的快捷菜单中选择【增加点】或【删除点】命令，可以在样条线上添加或删除控制点。

用鼠标左键单击【点】、【拟合】、【文件】按钮，出现如图 2.33 所示的对话框。利用这些对话框可对样条曲线做一步的修改与控制。现将各功能说明如下。

图 2.33　【样条曲线修改】操控板对话框

【点】：在该按钮对应的面板中，设定样条线控制点的坐标值，可使用绝对坐标或相对坐标。

【拟合】：在该按钮对应的面板中，设定样条线控制点的疏密及样条线的平滑。

【文件】：在该按钮对应的面板中，可以从文件读入样条线或将当前的样条线保存。

⬠：在样条线上创建可控制的外多边形。

⌒：用样条线的内插点操作样条线。

⌒：用样条线的控制点操作样条线。

✑：显示样条线的曲率分析图。

绘制样条曲线的操作步骤如下。

步骤 1：在菜单栏中选择【草绘】→【样条】命令，或单击草绘工具栏中的 ∿ 按钮。

步骤 2：在绘图区用鼠标左键连续单击几个点，系统自动绘制光滑的样条线，然后单击鼠标中键，结束样条曲线绘制。

步骤 3：用鼠标左键双击样条曲线，插入点突出显示，系统弹出【样条曲线修改】操控板。用鼠标右键单击样条曲线或点，稍作停顿，在弹出的快捷菜单中选择【增加点】或【删除点】命令，在样条线上添加或删除控制点。

步骤 4：在【样条曲线修改】操控板中，根据需要可进一步控制样条线的外观，结果如图 2.34 所示。

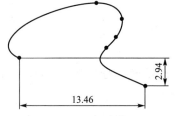

图 2.34　样条曲线绘制

2.4.3　文字的绘制

单击草绘工具栏中的 🅰 按钮，可绘制文字图形。在绘制文字时，会弹出如图 2.35 所示的【文本】对话框。使用该对话框可设置文字内容、字体及文字放置方式等。该对话框中的各项意义如下。

【文本行】：在该栏中输入显示在绘图区中的文字。

【文本符号】：单击后会弹出【文本符号】操作面板，如图 2.36 所示，用于在文本行输入各种文本符号。

图 2.35 【文本】对话框　　图 2.36 【文本符号】操作面板

【字体】区域：对输入的文字字体进行设置。

【字体】：在该栏下拉菜单中选择要使用的文字。

【长宽比】：设置文字的左右缩放比例。

【斜角】：设置文字的倾斜角度。

【沿曲线放置】：设置文字是否沿指定的曲线放置。

，将文字反向到曲线另一侧。

绘制文字的操作步骤如下。

步骤 1：在菜单栏中选择【草绘】→【文字】命令，或单击草绘命令工具栏中的 按钮。

步骤 2：在绘图区中绘制一段直线，线的长度代表文字的高度，线的角度代表文字的方向。完成定义后，出现文字设置对话框。

步骤 3：在对话框的【文本行】栏中输入显示的文字，在【字体】栏中选择字形，在【长宽比】栏中设置文字左右缩放的比例，在【斜角栏】中设置文字的倾斜角度，若选择【沿曲线放置】选项，可使文字沿着所选定的曲线方向排列。

步骤 4：完成以上设置后，单击【确定】按钮即可完成二维文字图形的绘制。

2.4.4 调用常用截面

在 Pro/ENGINEER Wildfire 5.0 的草绘器中提供了一个预定义形状的定制库，包括常用的草绘截面，如工字形、L 形、T 形截面等，可以将它们方便地输入到当前的活动窗口中。单击草绘器工具栏中的【调色板】按钮 ，在打开的【草绘器调色板】对话框中显示这些形状，在使用过程中可以对这些形状进行调整大小、平移和旋转等操作。

调色板中的所有形状均以缩略图形式出现，并带有定义截面文件的名称。这些缩略图以草绘器几何特征的默认线型和颜色进行显示，可以在草绘环境中使用现有截面来表示用户定义的形状，也可在"零件"或"组件"模式下使用。

在菜单栏中选择【草绘】→【数据来自文件】→【调色板】命令，或单击草绘命令工具栏中的 按钮，系统打开【草绘器调色板】对话框，如图 2.37 所示。

图 2.37　【草绘器调色板】对话框

【草绘器调色板】对话框中包含 4 种表示截面类别的选项卡。

【多边形】：包含常规多边形。

【轮廓】：包含常见的轮廓。

【形状】：包含其他常见的形状。

【星形】：包含常规的星形形状。

使用草绘器调色板输入形状的具体操作步骤如下。

步骤 1：在菜单栏中选择【草绘】→【数据来自文件】→【调色板】命令，或单击草绘命令工具栏中的 ◎ 按钮，打开【草绘器调色板】对话框。

步骤 2：在草绘器调色板中选取所需的选项卡，出现与选定的选项卡中的形状相对应的缩略图和标签。

步骤 3：在列表框中选择所需形状的缩略图或标签即可预览，如图 2.38 所示。

步骤 4：双击选中的形状，此时光标变为包含一个加号（＋）的指针，在绘图区选择适当的位置单击即可添加截面。此时添加的截面形状仍保留选中状态，同时打开如图 2.39 所示的【移动和调整大小】对话框。

图 2.38　截面预览

图 2.39　【移动和调整大小】对话框

步骤 5：在【移动和调整大小】对话框上面的文本框中可以编辑缩放比例，下面的文本框中可以编辑旋转角度。

步骤 6：调整好位置和大小后，单击鼠标中键或单击【移动和调整大小】对话框中的【完成】按钮 ✓ ，接受输入的形状的位置、方向和尺寸，如图 2.40 所示。

在放置截面时可以单击并按住鼠标左键，指定形状的位置。输入的形状将以非常小的尺寸出现在所选位置处，拖住鼠标可以改变形状的大小，直至形状的尺寸满足要求以后释放鼠标左键，确认形状尺寸。

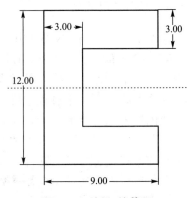

图 2.40　插入的截面

可将任意数量的选项卡添加到草绘器调色板中，并可将任意数量的形状放入每个经过定义的选项卡中，也可添加形状或从预定义的选项卡中移除形状。

2.5　几何约束

一个确定的草图必须有充足的约束。约束分尺寸约束和几何约束两种类型，尺寸约束是指控制草图大小的参数化驱动尺寸；几何约束是指控制草图中几何图素的定位方向及几何图素之间的相互关系。在工作界面中，尺寸约束显示为参数符号或数字，几何约束显示为字母符号。在 Pro/ENGINEER 中，草绘二维截面时一般先绘制与要求的几何图元相近的图元，然后通过编辑、修改、约束来精确确定。

2.5.1　几何约束的类型

单击工具栏中的 ╂ 按钮，显示如图 2.41 所示的【几何约束】对话框。单击相应的几何约束按钮，可进行相应的几何约束操作。【几何约束】对话框中的各项功能按钮的意义说明如下。

╂：竖直约束，选一条斜直线，使其变为垂直线；选两个点，使两点位于同一垂直线上。

━：水平约束，选一条斜直线，使其变为水平线；选两个点，使两点位于同一水平线上。

┴：垂直约束，选两条线，使它们互相垂直。

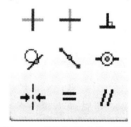

图 2.41　【几何约束】对话框

⌀：相切约束，选择线段和圆弧，使它们相切。

╲：定义直线的中点，选一个点及一条直线，使点位于直线的中点。

◉：使两个圆或圆弧的中心共心，或者使两点共点。

╫：对称，选中心线及两个点，使两个点关于中心线对称。

＝：相等，选两条线使其等长，选两个弧/圆/椭圆，使其等半径。

∥：平行，选两条线（或中心线），使其平行。

📖 **注意**：在草图绘制过程中，移动鼠标时，系统会提示相应的几何约束（以约束符号显示）。对于不需要的约束，用户可以使用鼠标左键单击相应的几何约束符号选中该约束。然后，用鼠标右键单击绘图区任意一点稍作停顿，在弹出的快捷菜单中选择【删除】命令即可。也可以使用【编辑】→【删除】命令删除几何约束。

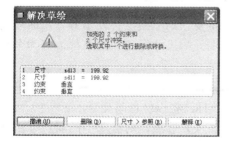

图 2.42　【解决草绘】对话框

2.5.2　解决过度约束

Pro/ENGINEER 系统对尺寸约束要求很严，尺寸过多或几何约束与尺寸约束有重复，都会导致过度约束，此时显示【解决草绘】对话框，如图 2.42 所示。用户可按该对话框中的提示或根据设计要求，对显示的尺寸或约束进行处理。

【解决草绘】对话框中各信息的含义如下。

上部信息区：提示有几个约束发生冲突。

中部文本显示区：列出所有相关约束。

【撤销】：取消本次操作，回到原来完全约束的状态。

【删除】：删除不需要的尺寸或约束条件。

【尺寸＞参照】：将某个不需要的尺寸改变为参考尺寸，同时该尺寸数字后会有 ref 符号标记(注：参考尺寸不能被修改)。

【解释】：信息窗口将显示该尺寸或约束条件的功能以供参考。

2.6　几何图元的尺寸标注

在 Pro/ENGINEER 中草绘二维截面时，系统会自动对所绘制的几何图元进行标注，而且自动标注的尺寸也正好是全约束的。但是，系统产生的尺寸标注不一定全是用户所需要的，这就需要使用草绘工具栏中的尺寸标注按钮和尺寸修改按钮进行手动标注与修改。

由于 Pro/ENGINEER 是全尺寸约束且是由尺寸驱动的，对草图的几何尺寸或尺寸约束有严格的要求，所以尺寸的标注显得非常重要，比其他的 CAD/CAM 软件的尺寸标注要求都严格。本节将介绍有关手动标注的知识及标注尺寸的技巧。

2.6.1　尺寸强化

在 Pro/ENGINEER 中，尺寸分为弱尺寸、强尺寸两类。在默认系统颜色设置的条件下，弱尺寸显示为灰色，强尺寸显示为黄色。弱尺寸变为强尺寸的过程称为"尺寸强化"。

📖 说明：本书中，由于背景色为白色，不是系统默认的颜色设置，因此，强尺寸显示为黑色。

草绘器确保在截面创建的任何阶段都已充分约束并标注该截面。当草绘某个截面时，系统会自动标注几何图形。这些系统自动标注的尺寸被称为"弱"尺寸，因为系统在创建和拭除它们时并不给予警告。用户可以增加自己的尺寸来创建所需的标注布置。用户增加的尺寸被系统认为是"强"尺寸。

在整个 Pro/ENGINEER 中，每当修改一个弱尺寸值或在一个关系中使用它时，该尺寸就变为强尺寸。增加强尺寸时，系统自动拭除不必要的弱尺寸和约束。

📖 说明：退出草绘器之前，加强想要保留在截面中的弱尺寸是一个很好的习惯。这样可确保系统不会未给出提示就拭除这些尺寸。

如果在标注和约束中增加一个尺寸而导致冲突或重复，则草绘器会发出警告，通知用户拭除一个尺寸或约束以解决冲突。直到系统中每个图元的尺寸标注和约束都恰好为全约束，没有过约束和欠约束。

尺寸强化的操作步骤如下。

步骤 1：在绘图区中选择将被加强的尺寸标注，该标注将以红色高亮显示。

步骤 2：在菜单栏中选择【编辑】→【转换到】→【加强】选项，则被选中的弱尺寸由灰色变为黄色，该尺寸即转化为强尺寸，如图 2.43 所示。

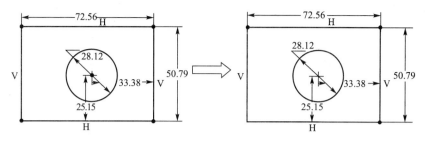

图 2.43　尺寸强化

📖 **说明：** 加强尺寸，可以使用快捷键 Ctrl＋T，即先选择需要被加强的尺寸，然后按 Ctrl＋T 键就可以完成操作。

2.6.2　尺寸标注

Pro/ENGINEER 野火版在草绘二维截面时，不允许出现多余的尺寸。例如，当标注出强尺寸后，系统会自动删除弱尺寸。此外，当设定好某些约束后，系统也会删除不必要的尺寸。如果出现多余的尺寸，则系统会弹出如图 2.42 所示的【解决草绘】对话框并给出提示，用户可以有选择地进行删除。

在草绘过程中，尺寸标注分为距离标注和角度标注。要标注尺寸，首先要单击草绘工具栏中的 按钮，然后选择需要进行尺寸标注的线条，使用中键确认并放置所标注的尺寸。

1. 距离标注

（1）点与点距离：将两点看作使用水平与竖直的直线连接成的一个矩形，单击尺寸标注按钮后，分别单击两点，在矩形的外部单击鼠标中键确认，则出现水平或竖直以及倾斜的尺寸标注，如图 2.44 所示。

（2）点与直线距离：单击尺寸标注按钮后，分别单击需要标注的点和直线，然后在需要放置尺寸的位置单击鼠标中键，就可以标出尺寸。单击鼠标中键的位置不同，尺寸标注的位置也不同，如图 2.45 所示。

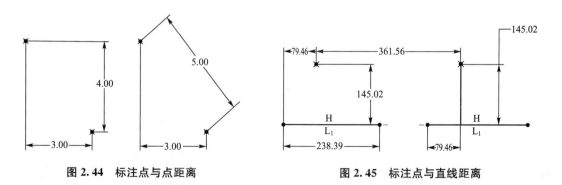

图 2.44　标注点与点距离　　　　　　图 2.45　标注点与直线距离

（3）直线与直线距离：当两条直线平行时，可以进行距离标注，不平行时则不能进行距离标注。单击尺寸标注按钮后，分别单击两条直线，然后在两条直线中间单击鼠标中键标注尺寸，如图 2.46 所示。

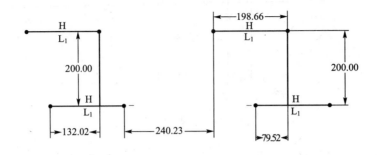

图 2.46　标注直线与直线距离

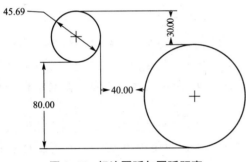

图 2.47　标注圆弧与圆弧距离

（4）圆弧与圆弧距离：单击两圆弧，然后在需要放置尺寸的位置单击鼠标中键，就可以标出尺寸。根据单击鼠标中键的位置不同，系统决定用竖直尺寸还是用水平尺寸来标注圆弧之间的距离，如图 2.47 所示。

至于具体用圆弧的哪一侧进行尺寸标注，是以单击圆弧的位置为准的，读者在实践过程中可以多尝试。

（5）圆弧与直线距离：分别单击圆弧与直线，单击鼠标中键结束标注。同圆弧与圆弧的标注一样，也是以鼠标单击的位置决定尺寸标注在圆弧的哪一侧，如图 2.48 所示。

（6）圆弧与点距离：圆弧与点的尺寸标注，实际上就是圆心与点的尺寸标注，只是在选择圆心的时候可以用选择圆弧来取代，如图 2.49 所示。

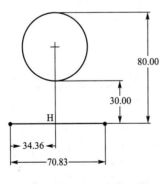

图 2.48　圆弧与直线距离

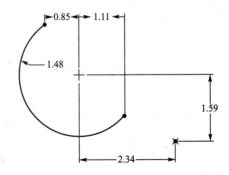

图 2.49　圆弧与点距离

（7）圆弧的半径与直径：在标注圆弧的尺寸时，单击尺寸标注按钮，单击圆弧，再单击鼠标中键，可以得到圆弧的半径标注；双击圆弧，再单击鼠标中键，可以得到圆弧的直径标注。

2. 角度标注

（1）直线与直线角度：分别单击需要标注角度的直线，然后在两条直线中间需要放置尺寸的地方单击鼠标中键即可，如图 2.50 所示。

（2）圆弧角度：单击圆弧的一个端点，单击圆弧的另一端点，单击要标注的圆弧，单击鼠标中键来放置尺寸，如图 2.51 所示。

（3）非圆曲线的角度标注：圆锥曲线、样条曲线或其他曲线都可以使用此方法来标注。分别单击选择参考中心线、曲线端点和曲线（选取顺序不分先后），然后在需要放置尺寸的地方单击鼠标中键即可，如图 2.52 所示。

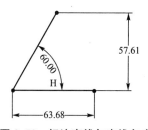

图 2.50　标注直线与直线角度

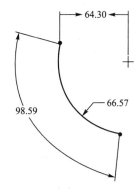

图 2.51　圆弧角度图

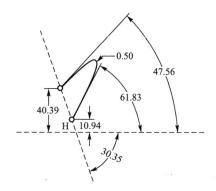

图 2.52　非圆曲线的角度标注

2.6.3　尺寸修改

在草绘过程中，为了绘制所要的图形，常常需要修改尺寸，尺寸修改有两种方法。

（1）方法 1：双击尺寸数值，在出现的文本框中输入新的数值。这种方法通常用于草绘图比较简单、尺寸较少或只需要改变一、两个尺寸的时候。

（2）方法 2：单击草绘工具栏中的 ⬚ 按钮，使用尺寸修改工具。这种方法比较繁琐，但比较详细，适用于草绘图比较复杂的情况。

下面用图 2.53 的实例详细地讲解尺寸修改工具的使用。

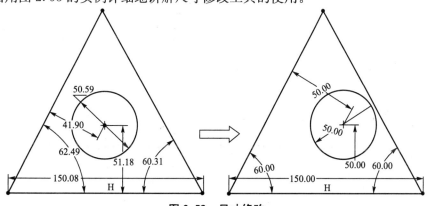

图 2.53　尺寸修改

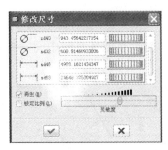

图 2.54　【修改尺寸】对话框

在这个例子中，要修改 6 个尺寸来完成新的图形。首先选中要修改的尺寸，多个尺寸的选择可以使用框选的方式或者按住 Ctrl 键依次单击选取。将要修改的尺寸都选中后，单击"草绘器工具"中的 🖋 按钮，系统弹出如图 2.54 所示的【修改尺寸】对话框。可以看到所选的 5 个尺寸都在对话框中列出，每一个尺寸都详细地标出了尺寸标注类型、标注编号以及当前尺寸值。通过滚动滚轮，或直接输入数值对尺寸进行修改。当在对话框中对某个尺寸进行修改时，该尺寸会用一个方框显示。修改当前尺寸数值就会在绘图区动态地看到尺寸和图形的变化。修改完一个尺寸后按 Enter 键进入下一个尺寸数值的修改。依次修改完所有的尺寸后，单击 ☑ 按钮确认退出。

【修改尺寸】对话框的具体功能如下。

【再生】：根据输入的新数值重新计算草绘图的几何形状。在勾选状态下，每一个尺寸的修改都会立刻反映在草绘几何图形上，如果不勾选该项，则在尺寸修改完成后单击 ☑ 按钮一起计算。系统默认为勾选，建议在使用过程中将勾选取消，因为当修改前后的尺寸数值相差太大时，立即计算出新的几何图形会使草绘图出现不可预计的形状，妨碍以后的尺寸修改。

【锁定比例】：使所有被选中的尺寸保持固定的比例。需要指出，勾选此项后角度尺寸也会随着距离尺寸的变化而变化，当没有角度尺寸时，改动尺寸只能改变草绘图的大小，而不能改变其形状。

2.6.4　尺寸锁定

一般情况下，Pro/ENGINEER 中的尺寸和图元是相互驱动的，当改变尺寸后，图元发生相应的变化，同样，当拖动图元时与之相关的尺寸也发生变化。有时为了编辑的方便需要使用"尺寸锁定"功能。

"尺寸锁定"的功能是：若图元的某个或几个相关尺寸已经锁定，当拖动该图元时，这些尺寸保持不变，相关的图元一块移动。

选择某尺寸后，选择【编辑】→【切换锁定】命令，可将尺寸转换为锁定的尺寸。若需要解除某尺寸的锁定，只要选中该尺寸，再次选择【编辑】→【切换锁定】命令即可。

把矩形图元的几何尺寸(即宽度 100，高度 200)锁定后移动矩形右侧边时，矩形图元相对于圆的位置变动，矩形图元的几何尺寸不变。但是，解除锁定后，移动矩形右侧边时，宽度尺寸由 100 变为 151.19，如图 2.55 所示。

2.6.5　尺寸删除

尺寸删除只能用来删除强尺寸，不能删除弱尺寸。选中要删除的尺寸，选择【编辑】→【删除】命令可以删除强尺寸，删除的强尺寸，如果是系统默认的标注，该尺寸自动转化为弱尺寸。如果是用户自己添加的强尺寸，则该尺寸被删除，取而代之以系统默认的尺寸标注，如图 2.56 所示。

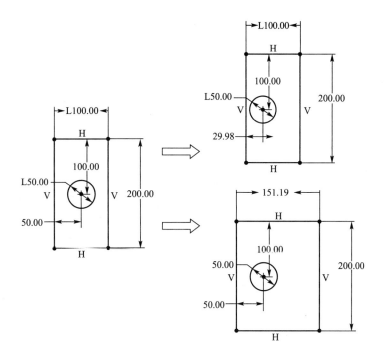

图 2.55　尺寸锁定

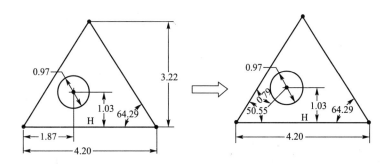

图 2.56　尺寸删除

2.7　综合实例

实例：绘制如图 2.57 所示的二维草绘截面。

1．进入草绘模块，文件命名为"ex2_1.sec"

步骤 1：单击工具栏中的新建文件按钮□，打开【新建】对话框。

步骤 2：在【新建】对话框中选择【草绘】类型，在【名称】栏中输入截面名称"ex2_1"，单击【确定】按钮，进入草绘环境。

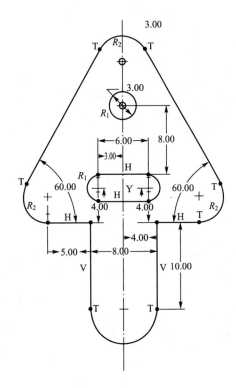

图 2.57　草绘综合实例

2. 绘制几何图元（主要几何图元）

步骤 3：单击"草绘器工具"中的【绘制矩形】按钮 □，绘制矩形，单击鼠标中键结束绘制。

步骤 4：单击"草绘器工具"中的【绘制中心线】按钮 ┆，绘制对称中心线，单击鼠标中键结束绘制。

步骤 5：单击"草绘器工具"中的【绘制直线】按钮 ＼，绘制三角形右边部分，单击鼠标中键结束绘制。

步骤 6：选中三角形右边部分，单击"草绘器工具"中的【镜像】按钮 ，选择步骤 4 绘制的中心线为镜像中心线，单击鼠标左键结束镜像。结果如图 2.58 所示。

步骤 7：单击"草绘器工具"中的【尺寸标注】按钮 ，完成如图 2.59 所示的尺寸标注。

3. 绘制其他几何图元

步骤 8：单击"草绘器工具"中的【绘制圆】按钮 ○，绘制 4 个圆，单击鼠标中键结束绘制。

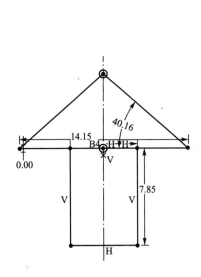

图 2.58　绘制主要几何图元

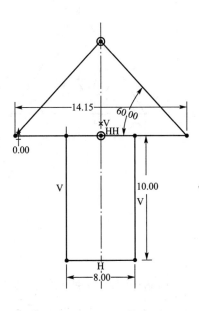

图 2.59　标注主要几何图元

步骤 9：单击"草绘器工具"中的【绘制切线】按钮 ＼，绘制 2 条公切线。单击鼠标中键结束绘制。

步骤 10：单击"草绘器工具"中的【绘制圆角】按钮 ，绘制 3 个圆角。单击鼠标中键结束绘制。结果如图 2.60 所示。

步骤 11：单击"草绘器工具"中的【删除段】按钮 ，修剪图形，单击鼠标中键结束修剪，如图 2.61 所示。

4．添加几何约束

步骤 12：单击"草绘器工具"中的【约束】按钮 右边的三角符号，在弹出的列表中，单击【相等】按钮 。

步骤 13：先选择草图最上边的圆角，然后依次单击其余 2 个圆角使其与最上边的圆角半径相等，结果如图 2.62 所示。

5．修改尺寸数值

步骤 14：单击"草绘器工具"中的【尺寸修改】按钮 ，或双击要修改的尺寸，修改尺寸值，结果如图 2.57 所示。

6．保存文件

步骤 15：单击工具栏中的保存文件按钮 。

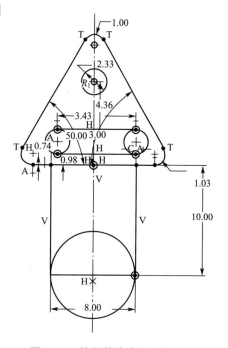

图 2.60　绘制其他次要几何图元

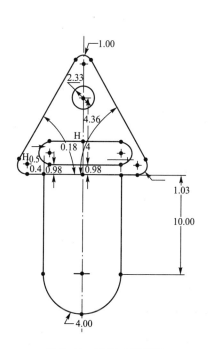

图 2.61　修剪几何图元

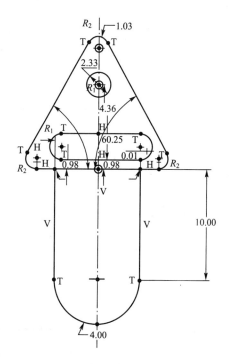

图 2.62　添加几何约束

步骤 16：在弹出的【保存文件】对话框中单击【确定】按钮，完成当前文件的保存。

2.8　小　　结

本章介绍了 Pro/ENGINEER Wildfire 5.0 草绘二维截面的基本方法和知识。在 Pro/ENGINEER 建模中，二维草绘作为三维实体造型的基础，在工程设计中占有很重要的地位，所以要求读者能够熟练掌握 Pro/ENGINEER 二维草绘命令，能够使用几何绘制命令菜单或按钮，绘制二维几何图形，并通过对几何编辑工具的使用，编辑已经生成的几何图形。另外，要熟悉几何约束的使用和尺寸标注技巧。此外，读者在三维建模过程中，需要草绘二维截面时，也可返回学习这部分内容。

2.9　思考与练习

1. 思考题

(1) 简述草绘二维截面的作用以及绘制的基本步骤。

(2) 简述标注图元尺寸的基本步骤。

(3) Pro/ENGINEER 中有几种几何约束类型？各有何作用？

(4) 如何理解强尺寸和弱尺寸、强约束和弱约束的概念？

2. 练习题

(1) 按尺寸要求绘制如图 2.63 所示的二维草绘图形。

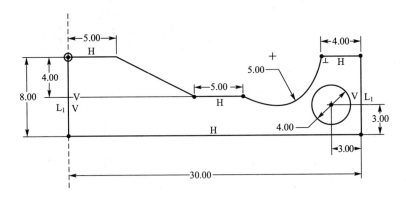

图 2.63　练习题(1)图

(2) 按尺寸要求绘制如图 2.64 所示的二维草绘图形。

(3) 按尺寸要求绘制如图 2.65 所示的二维草绘图形。

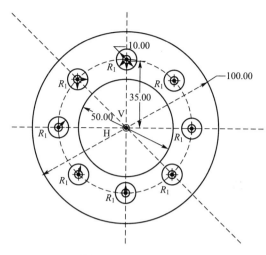

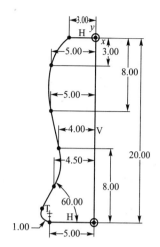

图 2.64　练习题(2)图　　　　　　　　图 2.65　练习题(3)图

第3章
创建草绘实体特征

教学提示

Pro/ENGINEER 零件模型由许多特征组成，除基准特征外，主要有草绘实体特征和点放实体特征。草绘实体特征是用 Pro/ENGINEER 为零件建模的最基本的实体特征，可以认为是零件模型的毛坯。按其形成的方式，草绘实体特征创建方法概括起来主要有拉伸、旋转、扫描和混合，这 4 种方法又可以相互综合，派生出许多复杂的高级特征。

教学要求

本章要求读者掌握拉伸、旋转、扫描和混合 4 种草绘特征的概念与基本操作，熟练应用草绘特征创建实体零件。

3.1　概　　述

在 Pro/ENGINEER 中，零件实体特征可分为基本实体特征、工程特征和高级实体特征，按创建顺序将构成零件的特征分为基本特征和构造特征两类。最先建立的是基本特征，它常常是零件最重要的特征。在建立好基本特征后才能创建其他各种特征。基本特征之外的这些特征统称为构造特征。

按照特征生成方法的不同，Pro/ENGINEER 又可将构成零件的特征分为草绘实体特征和点放实体特征。草绘实体特征是指由二维截面经过拉伸、旋转、扫描和混合等方法而形成的一类实体特征。因为截面是以草绘方式绘制的，故称为草绘实体特征。草绘须在草绘平面(Sketched Plane)上进行，选择草绘平面之后，还需选择一个与之垂直的参考平面(Reference Plane)，以确定草绘平面的方位。草绘实体特征可以对零件模型进行添加材料和去除材料操作。

3.1.1　草绘平面与参考平面的概念

草绘实体特征是从草绘截面开始的，每一个截面的创建过程中都需指定一个平面作为它的绘图工作平台。草绘平面就是特征截面或轨迹的绘制平面，类似于绘制二维图时的图纸。草绘平面可选择基准平面、实体表面等。

选择了草绘平面后，草绘平面将与显示器屏幕重叠，草绘平面的法向与屏幕法向相同。为使草绘平面位置正确，还须指定一个与草绘平面垂直的平面作为草绘平面的参照，该平面即为参考平面。参考平面可作为草绘平面的顶面(Top)、底面(Bottom)、左面(Left)、右面(Right)，用于确定草绘平面在屏幕上的位置。参考平面的法向代表了参考平面在屏幕上的朝向。

3.1.2　伸出项与切口

要加工出零件的形状和尺寸无非 2 种方法：一种是用添加材料的方法，如铸造、锻造及焊接等；另一种是用去除材料的方法，如车、铣、刨、磨等切削加工。同样，创建零件三维模型也如同加工零件，也有类似的添加材料和去除材料两种方法。Pro/ENGINEER 中创建零件的三维模型就有相应的两种方法，据此可将草绘特征分成【伸出项】和【切口】两类。

【伸出项】：通过添加材料(体积增加)产生的草绘实体特征。

【切口】：通过去除材料(体积减小)产生的草绘实体特征。

在 Pro/ENGINEER 中，对零件模型进行添加材料和去除材料操作过程是相似的，区别仅仅是一个切换按钮。当该按钮处于弹出状态，即☑时为添加材料；当该按钮处于按下状态，即☑时，为去除材料。零件的第一个实体特征必须是添加材料特征。

3.1.3　创建实体特征的基本方法

通常的三维建模包括以下几个步骤。

(1) 建立一个实体文件，进入零件设计界面。

（2）分析零件特征，确定特征创建顺序。

（3）确定草绘平面和参考平面。

（4）创建并修改基本特征。

（5）创建并修改其他构造特征。

（6）所有特征完成后，存储零件模型。

以上步骤中，对特征的分析以及对绘图平面和参考平面的确定是较为重要的几个环节。

1. 特征分析

在每个具体的三维实体的建模之前，要对其进行特征分析。所谓的特征，是指可以由参数驱动的实体模型。通常特征具有以下的特点。

（1）特征是一个实体或零件的具体构成之一。

（2）特征对应于某一具体形状。

（3）特征应该具有工程上的意义。

（4）特征的性质是可以预料的。

任何复杂的机械零件，从特征的角度看，都可以看成是由一些简单的特征所构成的。通过定义一系列的特征的形状以及与该特征相关的位置，即可生成较复杂的零件模型。改变这些形状与位置的定义，就改变了零件的形状和性质。

一个较复杂的三维实体可以分解成数个较简单的实体的叠加、裁减或相交。在建模的过程中首先需要明确各个特征的形状，它们之间的相对位置和表面连接关系，然后按照特征的主次关系，按一定的顺序进行建模。在建模过程中，特征的生成顺序是非常重要的。虽然不同的建模过程也可以构造出同样的实体零件，但造型的次序以及零件的特征结构直接影响零件模型的稳定性、可修改性、可理解性及模型的通用性。通常，模型结构越复杂，其稳定性、可修改性、可理解性就越差。因此，在技术要求允许的情况下，应尽量简化实体的特征结构，使用较少的实体元素。

2. 绘图平面和参考平面

Pro/ENGINEER 提供了"FRONT"、"RIGHT"和"TOP"3 个默认的正交基准视图平面作为基本特征。默认的基准平面可在零件装配等许多方面为设计者提供方便。鉴于正交基准平面的诸多优越性，建议设计者使用 3 个默认的正交基准视图平面作为零件建模的基本特征。

创建草绘特征时，系统会要求选取一个绘图平面和一个参考平面，并且要求参考平面与绘图平面垂直。如何合理地选取绘图平面和参考平面，需要设计者在大量的实际训练中细心体会。

3.2　拉伸实体特征

拉伸是定义三维几何特征的一种基本方法，它是将二维截面延伸到垂直于草绘平面的指定距离处进行拉伸生成实体。可使用"拉伸"工具作为创建实体或曲面以及添加或移除材料的基本方法之一。通常，要创建伸出项，需选取要用作截面的草绘基准曲线，然后激活"拉伸"工具。

3.2.1　拉伸特征的创建

拉伸特征是由二维草绘截面沿着给定方向和给定深度生长而成的三维特征，它适合于创建等截面的实体特征。拉伸特征创建的操作步骤如下。

步骤 1：单击绘图区右侧的工具按钮，或选择【插入】→【拉伸】命令，系统显示如图 3.1 所示的拉伸特征操控面板。操控面板中各按钮的功能如下。

图 3.1　拉伸特征操控面板

：建立拉伸实体特征。

：建立拉伸曲面特征。有关曲面特征的内容可参考本书第 8 章的相关内容。

：按给定值沿一个指定方向拉伸，单击其旁边的·按钮，有几种其他方式的拉伸模式供选用。

：将拉伸的深度方向更改为草绘的另一侧。

：当该按钮处于未选中状态时，将添加拉伸实体特征；当该按钮处于选中状态时，将建立拉伸去除特征，从已有的模型中去除材料。

：建立加厚（薄体）拉伸特征。

：退出暂停模式，继续使用当前的特征工具。

：暂时中止使用当前的特征工具，以访问其他可用的工具。

：模型预览。若预览时出错，表明特征的构建有误，需要重定义。

：确认当前特征的建立或重定义。

：取消特征的建立或重定义。

【放置】：确定绘图平面和参考平面。

【选项】：单击此按钮，可以更加灵活地定义拉伸高度。

【属性】：显示特征的名称、信息。

步骤 2：确定拉伸类型。在实体或曲面、添加材料或去除材料之间进行切换，或指定草绘厚度以创建【加厚】特征。

步骤 3：在操控面板中，单击【放置】按钮，创建草绘截面。

步骤 4：在操控面板中，单击【选项】按钮，定义拉伸深度。

步骤 5：预览特征。在操控面板中，单击　按钮，可浏览所创建的拉伸特征。

步骤 6：完成特征。在操控面板中，单击　按钮，完成拉伸特征的创建。

3.2.2　草绘截面的创建

在拉伸特征中草绘截面创建的方法如下。

步骤 1：在拉伸特征的操控面板中，单击【放置】按钮，打开如图 2.3 所示的【放置】界面。

步骤 2：在如图 2.3 所示的界面中单击【定义】按钮，打开如图 2.4 所示的【草绘】对话框。用户可在【草绘】对话框中指定绘图平面和参考平面。

步骤3：在【草绘】对话框的【草绘平面】区域的【平面】编辑框中单击鼠标左键，然后在绘图区中选择"FRONT"基准平面为绘图平面。选定绘图平面后，系统将指定默认的绘图平面法向的方向、参考平面及参考平面法向的方向。

单击【草绘方向】区域的【反向】按钮，可以改变绘图平面法向的方向，它是特征生成方向，屏幕中有箭头显示。

用户可在【参照】编辑框中单击鼠标左键，然后在绘图区中选择参考平面。【方向】下拉菜单用于选择参考平面的法线指向的方向。在这选取"RIGHT"基准平面为参考平面，方向选取"右"。

📖提示：绘图平面可以是基准平面，也可以是实体表面，甚至在这时可以临时建一个绘图平面。在一般情况下，第一个实体特征如果是上下生成，就选用"TOP"基准平面为绘图平面；如果左右生成，就选用"RIGHT"基准平面为绘图平面；如果前后生成，就选用"FRONT"基准平面为绘图平面。

步骤4：单击图2.4中的【草绘】按钮，系统进入草绘截面环境，使用默认尺寸参考，绘制如图3.2所示的拉伸草绘截面。

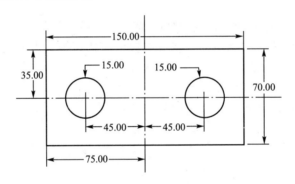

图 3.2 草绘截面

步骤5：绘制完毕，单击工具栏中的 ✓ 按钮，系统回到拉伸特征操控面板。

3.2.3 拉伸深度的定义

单击拉伸特征操控面板中的【选项】按钮，打开如图3.3所示的【深度】对话框，可选择拉伸模式并设置拉伸深度。

【深度】对话框中的【侧1】、【侧2】是指拉伸时沿草绘面的哪一侧拉伸特征。可以沿一侧拉伸，也可以沿两侧拉伸，旁边数字显示当前的拉伸深度，用户可以直接更改拉伸深度值。单击侧1或侧2旁边的 · 按钮，可指定拉伸深度的模式。拉伸深度的模式有以下几种。

　　【盲孔】：按给定的深度自草绘平面沿一个方向拉伸。

　　【对称】：按给定的深度的一半沿指定的草绘平面两侧对称拉伸。

　　【到下一个】：沿指定的方向拉伸到下一个曲面。

　　【穿透】：沿指定的方向穿透所有特征。

　　【穿至】：沿指定的方向拉伸到指定的点、曲线、平面或曲面。

　　【到选定项】：沿指定的方向拉伸到一个选定的点、曲线、平面或曲面。

注意：用【盲孔】指定一个负的深度值会反转深度方向；用【到下一个】时，基准平面不能被用作终止曲面；对于【穿至】和【到下一个】选项，拉伸的轮廓必须位于终止曲面的边界内，而【到选定项】没有这个限制。

3.2.4　特征预览

按图 3.3 所示设置拉伸深度，设置完毕，单击特征预览按钮，观察生成的特征。

：几何预览按钮，显示特征生成的几何形状与特征尺寸。

：特征预览按钮，特征正确完成时的预览。若预览时出错，表明特征的构建有误，需要重定义。

分别单击【几何预览】按钮 和【特征预览】按钮，比较预览结果。

图 3.3　【深度】对话框

单击拉伸特征操控面板中的 按钮，完成拉伸特征的建立，如图 3.4 所示。

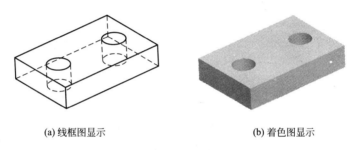

(a) 线框图显示　　　　　　　　　　(b) 着色图显示

图 3.4　拉伸实体特征

将文件另存为 ex3_1.prt，然后关闭当前工作窗口。

3.2.5　创建拉伸特征实例

1. 创建添加材料拉伸特征

下面创建一个添加材料拉伸特征。

步骤 1：打开文件 ex3_1.prt。

步骤 2：单击 按钮，打开拉伸特征操控面板。

步骤 3：草绘截面设置。选取"FRONT"基准平面为草绘平面，"RIGHT"基准平面为参照平面，接受系统默认的视图方向。

步骤 4：单击【草绘】按钮，系统进入草绘状态，使用默认尺寸参考。绘制如图 3.5 所示的正方形截面。

步骤 5：截面绘制完毕，单击工具栏中的 按钮，系统回到拉伸特征操控面板，设定拉伸深度为 40。

步骤 6：单击【特征预览】按钮，观察生成的特征，如图 3.6 所示。

步骤 7：单击 按钮，再单击 按钮，将拉伸的深度方向更改为草绘的另一侧。预览生成的特征，如图 3.7 所示。

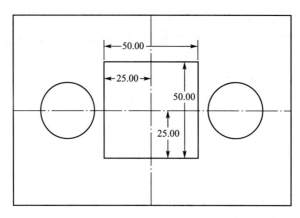

图 3.5　草绘截面

图 3.6　拉伸特征预览

图 3.7　改变拉伸深度方向后的特征预览

提示：比较图 3.6 与图 3.7，体会 ✗ 对特征生成方向的控制。

单击绘图区域特征中的箭头，也可将拉伸的深度方向更改为草绘的另一侧，与 ✗ 有相同的效果。

图 3.8　拉伸薄体特征预览

步骤 8：单击 ▶ 按钮，再单击【薄体拉伸】按钮 □，设置厚度尺寸为 5。

步骤 9：预览生成的特征，如图 3.8 所示。

步骤 10：单击拉伸特征操控面板中的 ☑ 按钮，完成拉伸特征的建立。

步骤 11：保存文件。将文件另存为 ex3 _ 2. prt，然后关闭当前工作窗口。

2. 创建去除材料拉伸特征

下面创建一个去除材料的拉伸特征。

步骤 1：打开文件 ex3 _ 1. prt

步骤 2：单击 ▱ 按钮，打开拉伸特征操控面板。

步骤 3：进行草绘设置。

选取"FRONT"基准平面为草绘平面，"RIGHT"基准平面为参照平面，接受系统默认的视图设置方向。

步骤 4：单击【草绘】按钮，系统进入草绘状态，使用默认尺寸参考。绘制如图 3.9 所示的矩形截面。截面绘制完毕，单击工具栏中的 ✓ 按钮，系统回到拉伸特征操控面板。

步骤 5：单击 按钮，建立去除材料拉伸特征。设定拉伸深度为 10，此时屏幕显示如图 3.10 所示。

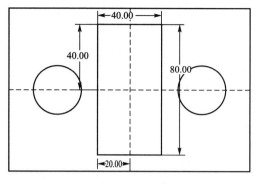

图 3.9　草绘截面

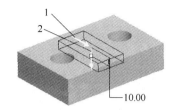

图 3.10　创建去除材料拉伸特征

提示：单击图 3.10 中 1 所指箭头可更改去除材料侧方向，与 中的 按钮作用相同，这里表示向内去除材料；单击图 3.10 中 2 所指箭头可更改材料深度拉伸生成方向，与 中的 按钮作用相同，这里表示向下拉伸生成特征。

步骤 6：单击【特征预览】按钮，观察生成的特征，如图 3.11 所示。

步骤 7：单击 按钮，将 中的数字 10 改为 20。预览生成的特征，如图 3.12 所示。

图 3.11　拉伸特征预览

图 3.12　改变拉伸深度后的特征预览

提示：修改尺寸也可直接双击图 3.11 的所标注的尺寸 10，然后输入 20，也会取得与步骤 7 相同的效果。

步骤 8：单击 按钮，再单击 中的 按钮，更改去除材料侧方向，如图 3.13 所示。

步骤 9：预览生成的特征，如图 3.14 所示。

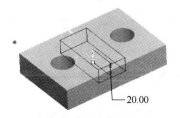

图 3.13　改变去除材料方向

图 3.14　改变去除材料方向后的特征预览

步骤 10：单击 ▶ 按钮，再单击 ⊏ 按钮，将其后的厚度值设为 10，此时拉伸特征操控面板如图 3.15 所示，屏幕显示如图 3.16 所示。

步骤 11：预览生成的特征，如图 3.17 所示。

图 3.15　【拉伸特征】操控面板

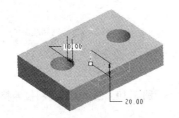

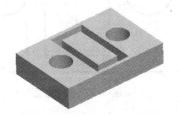

图 3.16　创建去除材料薄体拉伸特征　　　　**图 3.17　拉伸薄体拉伸特征预览**

试一试： 单击  中的 ∠ 按钮，预览生成的特征，与图 3.17 比较有何区别。

将 ⊏ 按钮旁边的尺寸数值改为 5，预览生成的特征，理解厚度的含义。

步骤 12：单击拉伸特征操控面板中的 ☑ 按钮，完成拉伸特征的建立。

步骤 13：保存文件。将文件另存为 ex3_3.prt，然后关闭当前工作窗口。

3.3　旋转实体特征

旋转实体特征就是将草绘截面绕一旋转中心线旋转一指定的角度而生成的三维实体特征，旋转实体特征的创建也有添加材料和去除材料两种方法。旋转实体特征主要用于构建回转体形状零件。

3.3.1　旋转特征的创建

旋转实体特征创建的操作步骤如下。

步骤 1：单击绘图区右侧的工具按钮 ⟳，或选择【插入】→【旋转】命令，系统显示如图 3.18 所示的旋转特征操控面板。操控面板中各按钮的功能如下。

图 3.18　旋转特征操控面板

▢：建立实体旋转特征。

◌：建立曲面旋转特征。

▥：旋转轴。单击收集器(光标所示位置)将其激活，激活后颜色变为黄色。设计时利用此工具可选用新的旋转轴。

：从草绘平面开始按给定角度值旋转，单击其旁边的按钮，有 3 种旋转模式供选用。

：将旋转的角度方向更改为草绘的另一侧。

：建立旋转减料特征，从已有的模型中去除材料。

：建立薄体旋转特征。

【位置】：确定绘图平面和参考平面，选择旋转轴。

【选项】：单击此按钮，可以更加灵活地定义旋转角度。

【属性】：显示特征的名称、信息。

步骤 2：确定旋转类型。在实体或曲面、添加材料或去除材料之间进行切换，或指定草绘厚度以创建【加厚】特征。

步骤 3：在操控面板中，单击【位置】按钮，创建草绘截面，选择旋转轴。

步骤 4：在操控面板中，单击【选项】按钮，定义旋转角度。

步骤 5：预览特征。在操控面板中，单击  按钮，可浏览所创建的拉伸特征。

步骤 6：完成特征。在操控面板中，单击  按钮，完成旋转特征的创建。

3.3.2　草绘截面的创建

在旋转特征中创建草绘截面的方法如下。

步骤 1：在旋转特征的操控面板中，单击【位置】按钮，打开如图 3.19 所示的【位置】对话框。默认轴为内部，即草绘截面时用工具  绘制的中心线。

步骤 2：在如图 3.19 所示的对话框中单击【定义】按钮，打开如图 2.4 所示的【草绘】对话框。用户可在【草绘】对话框中选择"FRONT"基准平面为绘图平面，"RIGHT"基准平面为参考平面，方向选取"右"。

步骤 3：单击图 2.4 中的【草绘】按钮，系统进入草绘截面环境，使用默认尺寸参考，先在草绘中用工具  绘制一条中心线作为旋转轴，再绘制如图 3.20 所示尺寸的草绘截面。

图 3.19　【位置】对话框

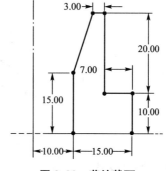

图 3.20　草绘截面

📖 **提示**：建立旋转特征必须有旋转轴，可在草绘截面时用工具  绘制一条中心线作为旋转轴，也可选用已有的边、轴或坐标系的轴作为旋转轴。

若构建的是实体旋转特征，则草绘截面必须为一封闭面，而且截面应完全位于旋转轴的一侧，不可与旋转轴相交。

步骤 4：绘制完毕，单击工具栏中的 ✓ 按钮，系统回到旋转特征操控面板。

3.3.3 旋转角度的定义

单击旋转特征操控面板中的【选项】按钮，打开如图 3.21 所示的【角度】对话框，可选择旋转角度模式并设置旋转角度尺寸值。

图 3.21 【角度】对话框

【角度】对话框中的【侧1】、【侧2】是指旋转时沿草绘面的哪一侧旋转特征。可以沿某一侧旋转，也可以沿两侧旋转，旁边数字显示当前的旋转角度尺寸，用户可以直接更改旋转尺寸值。

单击【侧1】或【侧2】旁边的 ▾ 按钮，可供选择的旋转角度模式有以下 3 种。

⊥ 【变量】：按给定的角度值从草绘平面开始沿一个方向旋转。

⊟ 【对称】：在草绘平面的两个方向上按给定角度值的一半在草绘平面两侧对称旋转。

⊥ 【到选定项】：从草绘平面开始沿指定的方向旋转到选定的点、平面或曲面。

📖 **注意**：终止平面或曲面必须包含旋转轴。

按图 3.22 所示设置旋转角度尺寸，设置完毕，单击【特征预览】按钮 ⊘∞，观察生成的特征。

📖 **提示**：特征预览后，如果想改变旋转截面的形状或尺寸。可先单击 ▶ 按钮，然后单点击如图 3.22 所示的【位置】对话框中的【编辑】按钮，弹出【草绘】对话框，再单击【草绘】按钮，进入草绘环境进行草绘截面的修改。修改完毕，结束草绘，回到旋转特征操控面板。

单击拉伸特征操控面板中的 ✓ 按钮，完成旋转特征的建立，如图 3.23 所示。将文件另存为 ex3＿4.prt，然后关闭当前工作窗口。

图 3.22 【位置】对话框

(a) 着色图显示

(b) 线框图显示

图 3.23 旋转实体特征

3.3.4 创建旋转特征实例

1. 创建添加材料旋转特征

下面创建一个添加材料旋转特征。

步骤 1：打开文件 ex3 _ 1. prt。

步骤 2：单击 ⊕ 按钮，打开旋转特征操控面板。

步骤 3：草绘平面与参考平面的定义。单击【位置】对话框中的【编辑】按钮，进入【草绘】对话框。按图 3.24 设置草绘平面和草绘方向，然后单击【草绘】按钮，进入草绘环境。

(a)【草绘】对话框

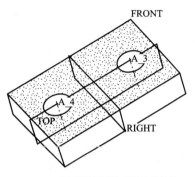
(b) 草绘平面和草绘方向选择

图 3.24　草绘平面与参考平面的定义

步骤 4：先在草绘中用工具 ┆ 绘制一条中心线作为轴，再绘制如图 3.25 所示尺寸的草绘截面。绘制完毕，单击工具栏中的 ✔ 按钮，系统回到旋转特征操控面板。

步骤 5：单击【特征预览】按钮，观察生成的特征，如图 3.26 所示。

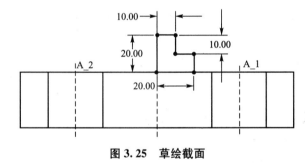
图 3.25　草绘截面

图 3.26　旋转特征预览

步骤 6：保存文件。将文件另存为 ex3 _ 5. prt，然后关闭当前工作窗口。

2. 创建去除材料旋转特征

下面创建一个去除材料旋转特征。

步骤 1：打开文件 ex3 _ 4. prt。

步骤 2：单击 ⊕ 按钮，打开旋转特征操控面板。

步骤 3：草绘平面与参考平面的定义。单击【位置】对话框中的【编辑】按钮，进入【草绘】对话框。按图 3.27 设置草绘平面和草绘方向。

步骤 4：单击【草绘】按钮，系统进入草绘环境，使用默认尺寸参考，绘制如图 3.28 所示的旋转轴与截面。

步骤 5：截面绘制完毕，单击草绘工具栏中的 ✔ 按钮，

图 3.27　【草绘】对话框

系统回到旋转特征操控面板。

步骤 6：单击【特征预览】按钮，观察生成的旋转特征，如图 3.29 所示。

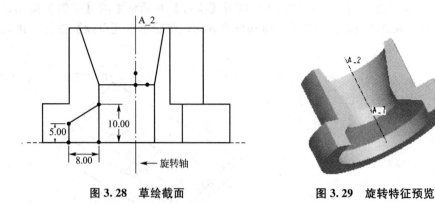

　　　　图 3.28　草绘截面　　　　　　　　　图 3.29　旋转特征预览

步骤 7：保存文件。将文件另存为 ex3_6.prt，然后关闭当前工作窗口。

3.4　扫　描　特　征

扫描实体特征就是将绘制的二维草绘截面沿着指定的轨迹线扫描生成三维实体特征。同拉伸与旋转实体特征一样，建立扫描实体特征也有添加材料和去除材料两种方法。建立扫描实体特征时首先要绘制一条轨迹线，然后再建立沿轨迹线扫描的特征截面。扫描实体特征可以构建复杂的特征。

3.4.1　扫描特征的创建

创建扫描实体特征的操作步骤如下。

步骤 1：选择【文件】→【新建】命令，或直接单击工具栏中的 □ 按钮，新建一个 ex3_7.prt 文件。

步骤 2：选择【插入】→【扫描】→【伸出项…】命令，显示如图 3.30 所示的【伸出项：扫描】对话框与【扫描轨迹】菜单。

【草绘轨迹】：在草绘环境中绘制扫描轨迹线。

【选取轨迹】：选择已有的曲线作为扫描轨迹线。

如果在已有的轨迹曲线中选择轨迹线，则选取【选取轨迹】项，会显示如图 3.31 所示的选取菜单，利用该菜单可采用不同的方式选择曲线。

【依次】：对已有的边线进行逐一选取作为扫描轨迹线。

　　　图 3.30　【伸出项：扫描】对话框
　　　　　与【扫描轨迹】菜单

【相切链】：在一条曲线链中，单击一条边，所有从它出发的边线，只要链点是切点，其相连边线自动被选中，直到该链点不为切点为止。

【曲线链】：选择曲线链中的边作为扫描轨迹。

【边界链】：通过选取一个曲面，并使用其单侧边来定义轨迹，若曲面有多个环，可选择一个特征环来定义。

【曲面链】：通过选取一个面，并使用该面的边来定义轨迹。

【目的链】：通过选择模型中预先定义的边集来定义轨迹。

【选取】：根据选中的链类型，进行边线、曲线的选择。

【取消选取】：取消当前曲线或边的选择。

【修剪/延伸】：对选择的曲线进行裁剪或延长。

【起点】：选择扫描曲线的开始点。

【完成】：完成轨迹曲线的设定。

【退出】：终止链选择，返回到上一级菜单。

步骤 3：在如图 3.30 所示的【扫描轨迹】菜单中选取【草绘轨迹】项，打开如图 3.32 所示的【设置草绘平面】菜单。

图 3.31　选取菜单

【设置草绘平面】菜单中各命令的含义如下。

【平面】：选择绘图平面。

【产生基准】：创建绘图基准平面。

【退出平面】：退出绘图平面的选择。

步骤 4：在【设置草绘平面】菜单中选择【平面】命令，选取"FRONT"基准平面为草绘平面，系统同时打开如图 3.33 所示的【方向】菜单。用户可在菜单中选择【反向】命令，改变绘图平面法线的方向。

步骤 5：在【方向】菜单中选择【正向】命令，打开如图 3.34 所示的【草绘视图】菜单。用户可在该菜单中选择合适的命令定义参考面，从而确定绘图面的方位。

图 3.32　【设置草绘平面】菜单

图 3.33　【方向】菜单

图 3.34　【草绘视图】菜单

步骤 6：在【草绘视图】菜单中选择"TOP"基准平面为【顶】参照，进入草绘环境。

步骤 7：使用默认尺寸参考，绘制如图 3.35(a)所示的轨迹线。

注意：创建扫描轨迹线时应注意下面两点，否则扫描可能会失败。

轨迹线不能自身相交。

相对于扫描截面，扫描轨迹线中的弧或样条半径不能太小。

步骤 8：在草绘环境中单击草绘工具栏中的 ✓ 按钮，结束轨迹线的绘制，系统将自动转到与轨迹线起始点垂直的面，以此面作为截面的绘图平面。

步骤 9：在草绘环境中绘制如图 3.35(b)所示的扫描特征截面。

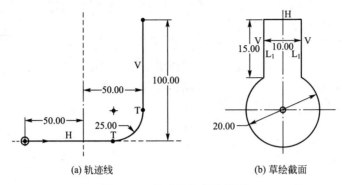

(a) 轨迹线　　　　　　　　　　(b) 草绘截面

图 3.35　轨迹线与草绘截面

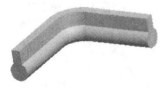

图 3.36　扫描实体特征

步骤 10：单击草绘工具栏中的 ✔ 按钮，完成特征截面的绘制，单击扫描对话框中的【预览】按钮，特征如图 3.36 所示。

步骤 11：单击扫描对话框中的【确定】按钮，完成扫描特征的建立。

步骤 12：保存文件，然后关闭当前工作窗口。

3.4.2　轨迹线和截面的关系

对于扫描伸出项，轨迹线与截面的关系有以下几种。

(1) 开放的轨迹线与封闭的截面：这是一般情况，如图 3.36 所示零件。

📖 说明：对于开放的轨迹线，如果轨迹线与存在的实体相接触，在【伸出项：扫描】对话框中增加一项如图 3.37 所示的【属性】菜单，询问在轨迹线的首尾端是【合并终点】还是【自由端点】。

【合并终点】：把扫描的端点合并到相邻实体，为此，扫描端点必须连接到零件几何图元。

【自由端点】：不将扫描端点连接到相邻几何图元。

(2) 封闭的轨迹线与开放的截面：在【伸出项：扫描】对话框中增加一项如图 3.38 所示的【属性】菜单。在【属性】菜单中必须选择【增加内部因素】命令，这样生成的特征为上、下表面封闭的实体，如图 3.44 所示。

图 3.37　【属性】菜单

图 3.38　【属性】菜单

(3) 封闭的轨迹线与封闭的截面：同样，在【伸出项：扫描】对话框中增加一项如图 3.38 所示的【属性】菜单。在【属性】菜单中必须选择【无内部因素】命令，这样生成的特征为上、下表面不封闭的实体，如图 3.41 所示。

3.4.3　创建扫描特征实例

1. 创建无内部因素扫描实体特征

步骤 1：创建新文件 ex3_8.prt。

步骤 2：选择【插入】→【扫描】→【伸出项】命令。

步骤 3：在扫描轨迹中选取【草绘轨迹】项，以绘制扫描轨迹线。

步骤 4：在草绘平面设置中，选取"FRONT"面为草绘平面，"TOP"面为顶参照，绘制如图 3.39 所示的封闭轨迹线。

步骤 5：单击草绘工具栏中的 ✓ 按钮，出现如图 3.38 所示的【属性】菜单。在【属性】菜单中，选择【无内部因素】选项，再选择【完成】选项，系统进入扫描截面草绘状态。

步骤 6：在扫描截面草绘状态，绘制如图 3.40 所示的扫描特征截面。

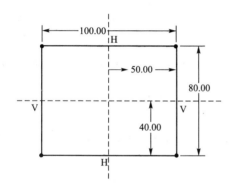

图 3.39　封闭的轨迹线

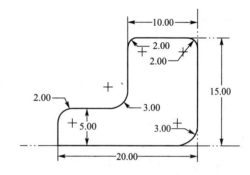

图 3.40　封闭的扫描截面

步骤 7：单击草绘工具栏中的 ✓ 按钮，完成特征截面的绘制，单击【扫描】对话框中的【预览】按钮，生成的扫描特征如图 3.41 所示。

步骤 8：保存文件 ex3_8.prt，然后关闭当前工作窗口。

图 3.41　【无内部因素】扫描实体特征

2. 创建增加内部因素扫描特征

步骤 9：在【伸出项：扫描】对话框中，选择【属性】→【定义】命令，改变属性为【增加内部因素】。

步骤 10：进入扫描截面草绘状态，如果仍用以前的截面不做任何修改，单击草绘工具栏中的 ✓ 按钮，此时出现警告信息，如图 3.42 所示。

步骤 11：单击警告信息中的【否】按钮，将截面改为如图 3.43 所示的开放截面。

步骤 12：单击草绘工具栏中的 ✓ 按钮，完成特征截面的绘制。

步骤 13：单击【伸出项：扫描】对话框中的【预览】按钮，特征如图 3.44 所示。

步骤 14：单击【伸出项：扫描】对话框中的【确定】按钮，完成扫描特征的建立。

此特征的截面必须是开放的.

图 3.42 【不完整截面】警告信息

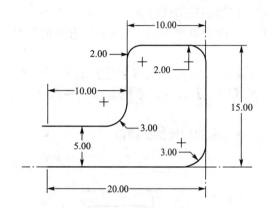

图 3.43 开放的截面

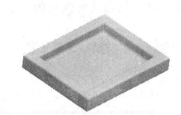

图 3.44 【增加内部因素】扫描实体特征

步骤 15：以文件名 ex3_9.prt 另存文件，然后关闭当前工作窗口。

小结：

（1）如果轨迹线是封闭轨迹，则要确定轨迹的属性是【无内部因素】还是【增加内部因素】。

（2）【增加内部因素】时，特征截面必须开放。

（3）【无内部因素】时，特征截面必须闭合。

3. 创建合并终点形式的扫描特征

步骤 1：创建新文件 ex3_10.prt。

步骤 2：创建如图 3.45 所示的旋转特征。

步骤 3：选择【插入】→【扫描】→【伸出项】命令，在扫描轨迹中选取【草绘轨迹】项，并绘制如图 3.46 所示的扫描轨迹线。

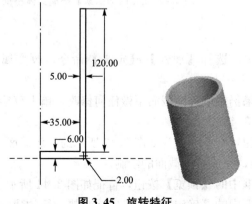

图 3.45 旋转特征

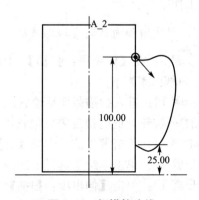

图 3.46 扫描轨迹线

步骤 4：单击草绘工具栏中的 ✓ 按钮，出现如图 3.37 所示的【属性】菜单。

步骤 5：在【属性】菜单中，选择【自由端点】选项，再选择【完成】选项。系统进入扫描截面草绘状态，绘制如图 3.47 所示的扫描特征截面。

步骤 6：单击草绘工具栏中的 ✓ 按钮，完成特征截面的绘制，单击【伸出项：扫描】对话框中的【预览】按钮，生成的特征如图 3.48 所示。

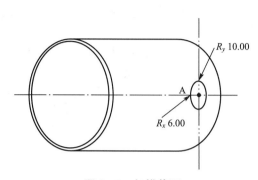

图 3.47　扫描截面

图 3.48　【自由端点】扫描实体特征

4. 创建自由端点形式的扫描特征

步骤 7：在【伸出项：扫描】对话框中，选择【属性】→【定义】命令，改变属性为【合并终点】，再选择【完成】选项，如图 3.49 所示。

步骤 8：单击【扫描】对话框中的【预览】按钮，特征如图 3.50 所示。

图 3.49　【伸出项：扫描】对话框与【属性】菜单

图 3.50　【合并终点】扫描实体特征

步骤 9：单击【扫描】对话框中的【确定】按钮，完成扫描特征的建立。

步骤 10：保存文件，然后关闭当前工作窗口。

3.5　混合特征

混合实体特征是由两个或多个草绘截面在空间融合所形成的特征，沿实体融合方向截面的形状是渐变的，混合实体特征能够创建比扫描实体特征更复杂的特征。

3.5.1 混合特征的创建

1. 混合类型

混合实体特征共有平行混合、旋转混合和一般混合 3 种不同的类型，如图 3.51 所示。

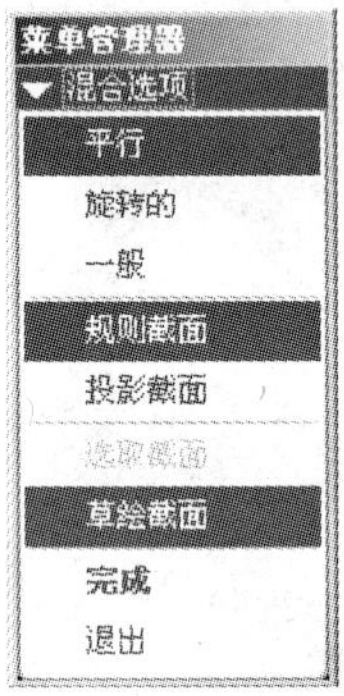

【平行】：所有混合的截面相互平行，可以指定平行截面之间的距离。

【旋转的】：混合截面绕 Y 轴旋转，最大角度可达 120°。每个截面都单独草绘并用截面相对坐标系对齐。

【一般】：一般混合截面可绕 X、Y、Z 轴旋转，也可以沿这 3 个轴平移。每个截面都单独草绘并用截面相对坐标系对齐。

2. 混合特征截面的概念

图 3.51 【混合选项】菜单

混合特征截面有两种类型，如图 3.51 所示。

【规则截面】：使用草绘平面或由现有零件选取的面为混合截面。

【投影截面】：使用选定曲面上的截面投影为混合截面。该命令只用于平行混合。

定义混合截面的方法有两种。

【选取截面】：选择截面图元。该命令对平行混合无效。

【草绘截面】：草绘截面图元。

3. 混合特征截面的起始点

创建混合特征过渡曲面时，系统连接截面的起始点并继续沿顺时针方向连接该截面的顶点。改变混合子截面的起始点位置和方向，形成的混合特征就会有很大的差别。

默认起始点是在子截面中草绘的第一个点。如果要改变起始点的位置，选择另一端点，单击鼠标右键，在弹出的快捷菜单中选择【起始点】命令或在下拉菜单中选择【草绘】→【特征工具】→【起始点】命令，可以将起始点放置在另一端点上。如果要改变起始点的方向，选择该起始点，然后重复上述命令即可。

3.5.2 平行混合特征的创建

平行混合特征中所有的截面都互相平行，所有的截面都在同一窗口中绘制完成，截面绘制完毕后，要指定混合截面间的距离。平行混合特征的创建步骤如下。

步骤 1：创建新文件 ex3_11.prt。

步骤 2：在下拉菜单中选择【插入】→【混合】→【伸出项…】命令，弹出如图 3.51 所示的【混合选项】菜单。

步骤 3：在【混合选项】菜单中选择【平行】→【规则截面】→【草绘截面】→【完成】命令，弹出如图 3.52 所示的【平行混合】对话框和【属性】菜单。

步骤 4：选择【属性】菜单中的【直】→【完成】命令，弹出如图 3.32 所示的【设置草绘平面】菜单。

说明：【属性】菜单中有两个命令。

【直】：用直线段连接不同截面的顶点，截面的边用平面连接。

【光滑】：用光滑曲线连接不同截面的顶点，截面的边用样条曲面连接。

步骤 5：选择"FRONT"基准平面为草绘平面，选用默认参考平面。在草绘环境中绘制如图 3.53 所示的第一个混合截面。

图 3.52　【平行混合】对话框和【属性】菜单

说明：图 3.53 中的箭头所在位置表示该点为该混合截面的起始点位置。选图中其余的一个端点，被选中的端点为红色，此时单击鼠标右键，出现如图 3.54 所示的快捷菜单，选择【起点】命令，可改变起始点的位置。

步骤 6：在绘图窗口中单击鼠标右键，出现如图 3.54 所示的快捷菜单，选择【切换截面】命令，此时刚绘制完毕的第一个截面颜色变淡，可开始绘制第二个混合特征截面。

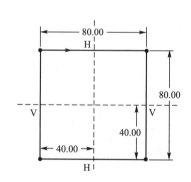

图 3.53　第一个混合截面

图 3.54　快捷菜单

步骤 7：在草绘环境中绘制如图 3.55 所示的第二个特征截面。

步骤 8：选用草绘工具中的，将图 3.55(a) 中的圆分割成如图 3.55(b) 所示的 4 段。

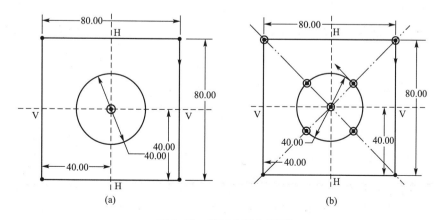

(a)　　　　　　　　　　　　　　(b)

图 3.55　第二个混合截面

📖 **注意**：建立混合特征时，无论采用哪种混合形式，所有的混合截面必须有相同数量的段数。当数量不同时，可通过以下方式解决。

使用草绘工具栏中的分割按钮 🔲，分割图元。

采用【混合顶点】命令。

步骤 9：若要继续绘制截面，重复步骤 6 切换截面，并绘制下一个特征截面。此处不再绘制截面，单击草绘工具栏中的 ✓ 按钮，完成截面的绘制。

📖 **说明**：若要继续绘制截面，重复步骤 6 切换截面，并绘制下一个特征截面，如此反复，可绘制多个混合特征截面。若要重新回到第一个特征截面，在绘图窗口中单击鼠标右键，选择【切换截面】命令两次即可。

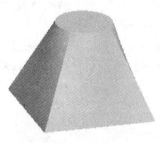

步骤 10：输入混合截面间的深度距离 60，单击 ✓ 按钮，回到【平行混合】对话框。

步骤 11：单击【平行混合】对话框中的【预览】按钮，完成的特征如图 3.56 所示。

步骤 12：选择【平行混合】对话框中的【截面】→【定义】→【草绘】命令，将第一个截面的起始点位置由图 3.53 改为图 3.57 所示位置。

步骤 13：单击草绘工具栏中的 ✓ 按钮，完成截面起始点的改动，回到【平行混合】对话框。

图 3.56 平行混合特征

步骤 14：单击【平行混合】对话框中的【预览】按钮，特征如图 3.58 所示。

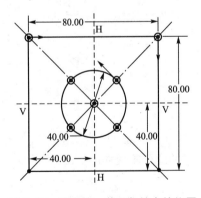

图 3.57 改变第一截面起始点的位置

图 3.58 改变起始点位置后的平行混合特征

步骤 15：单击【平行混合】对话框中的【确定】按钮，完成平行混合实体特征的创建。

步骤 16：保存文件，并关闭当前绘图窗口。

3.5.3 旋转混合特征的创建

创建旋转混合特征时，参与旋转混合的截面间彼此成一定的角度。在草绘模式下，绘制旋转混合截面时，第一截面必须建立一个参照坐标系，并标注该坐标系与其基准面间的位置尺寸，使得各截面间的坐标系统一在同一平面上，然后将坐标系的 Y 轴作为旋转轴，定义截面绕 Y 轴的旋转角度，即可建立旋转混合特征。如果旋转角度为 0，那么旋转混合的效果与平行混合相同。

下面以实例说明旋转混合特征的创建过程。

步骤 1：创建新文件 ex3_12.prt。

步骤 2：选择【插入】→【混合】→【伸出项】命令，弹出【混合选项】菜单。

步骤 3：在【混合选项】菜单中选择【旋转】→【规则截面】→【草绘截面】→【完成】命令，弹出【旋转混合】对话框和【属性】菜单。

步骤 4：选择【属性】菜单中的【直】→【开放】→【完成】命令，弹出如图 3.32 所示的【设置草绘平面】菜单。

步骤 5：定义特征截面的草绘平面。选择"FRONT"基准平面为草绘平面，选用"RIGHT"基准平面为参考基准平面。

步骤 6：在草绘环境中使用创建参照坐标系按钮，建立一个参照坐标系，并标注此坐标系的位置尺寸，然后绘制第一个截面，如图 3.59 所示。

步骤 7：单击草绘工具栏中的 ✓ 按钮，完成第一个截面的绘制。

步骤 8：根据系统提示，输入第二个截面与第一个截面之间的夹角 45°，单击 ☑ 按钮进入草绘环境，如图 3.60 所示。

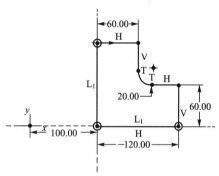

图 3.59 第一个旋转草绘截面

图 3.60 旋转角度输入提示消息

步骤 9：绘制第二个特征截面。同样，在草绘环境中使用创建参照坐标系按钮，先建立参照坐标系，再绘制如图 3.61 所示的第二个特征截面。

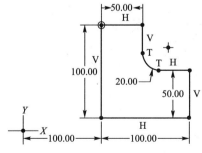

图 3.61 第二个旋转草绘截面

📖 说明：第二个特征截面的草绘平面由第一个特征截面的草绘平面绕 Y 轴旋转 45°得到；第一个特征截面的草绘平面绕 Y 轴旋转 45°后，其参照坐标系与第二个特征截面的参照坐标系将是重合的。

步骤 10：单击草绘工具栏中的 ✓ 按钮，完成第二个特征截面的绘制。并在如图 3.62 所示的信息栏中输入"Y"，或单击【是】按钮，表示将继续绘制下一个特征截面。

步骤 11：根据系统提示，输入第三个截面与第二个截面之间的夹角 45°。

步骤 12：绘制第三个特征截面。同样，在草绘环境中使用创建参照坐标系按钮，先建立参照坐标系，再绘制如图 3.63 所示的第三个特征截面。

图 3.62　信息栏中的提示信息

步骤 13：单击草绘工具栏中的 ✓ 按钮，完成第三个特征截面的绘制。然后信息栏出现如图 3.62 所示的提示信息，在编辑框中输入"N"，或单击【否】按钮，表示将不再绘制下一个特征截面。

步骤 14：单击【旋转混合】对话框中的【预览】按钮，特征如图 3.64 所示。

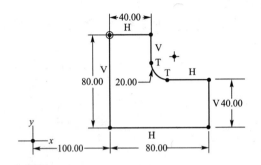

图 3.63　第三个旋转草绘截面

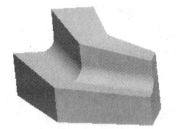

图 3.64　旋转混合特征

步骤 15：选择【旋转混合】对话框中的【属性】→【定义】→【光滑】→【开放】→【完成】命令，改变特征属性。

步骤 16：单击【旋转混合】对话框中的【预览】按钮，特征如图 3.65 所示。

图 3.66 所示为图 3.65 中的旋转混合实体中的各尺寸关系。

图 3.65　光滑旋转混合特征

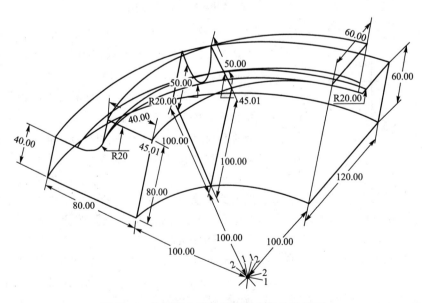

图 3.66　旋转混合实体特征中各尺寸的关系

步骤 17：单击【旋转混合】对话框中的【确定】按钮，完成旋转混合实体特征的创建。

步骤 18：保存文件，并关闭当前绘图窗口。

3.5.4　一般混合特征的创建

一般混合特征是 3 种混合方式中最灵活、功能最强的，但也是最难把握的一种实体特征生成方式，参与混合的截面可沿相对坐标系的 X、Y、Z 轴旋转或者平移。

一般混合与旋转混合的区别主要有如下两点。

（1）在旋转混合中，截面间只有一个旋转角，而在一般混合中，可以定义相对坐标系 X、Y、Z 轴 3 个方向的旋转角度（均应小于 120°）。

（2）旋转混合不需输入各截面间的距离，而一般混合需输入各截面间的距离。

一般混合特征的创建方法与旋转混合特征类似。下面以实例说明一般混合特征的创建过程。

步骤 1：创建新文件 ex3 _ 13. prt。

步骤 2：选择【插入】→【混合】→【伸出项】命令，弹出【混合选项】菜单。

步骤 3：在【混合选项】菜单中选择【一般】→【规则截面】→【草绘截面】→【完成】命令，弹出【一般混合】对话框和【属性】菜单。

步骤 4：选择【属性】菜单中【直】→【开放】→【完成】命令，弹出【设置草绘平面】菜单。

步骤 5：定义特征截面的草绘平面。选择"FRONT"基准平面为草绘平面，并选用【默认】参考平面。

步骤 6：在草绘环境中使用创建参照坐标系按钮，建立一个相对坐标系，并标注此坐标系的位置尺寸，然后绘制第一个截面，如图 3.67 所示：

步骤 7：单击草绘工具栏中的 ✔ 按钮，完成第一个截面的绘制。

步骤 8：根据系统提示，输入第二个截面绕相对坐标系 X、Y、Z 轴 3 个方向旋转的角度度数。第二个截面绕相对坐标系 X、Y、Z 轴 3 个方向旋转的角度度数分别为 30°、30°、0°。

步骤 9：绘制第二个特征截面。同样，在草绘环境中使用创建参照坐标系按钮，先建立参照坐标系，再绘制如图 3.68 所示的第二个特征截面。

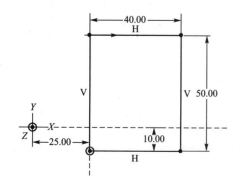

图 3.67　第一个一般混合截面

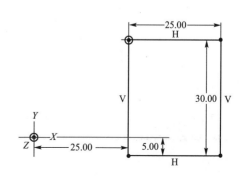

图 3.68　第二个一般混合截面

步骤 10：单击草绘工具栏中的 ✓ 按钮，完成第二个特征截面的绘制。在信息栏中的编辑框中输入 "Y"，或单击【是】按钮，继续绘制下一个特征截面。

步骤 11：根据系统提示，输入第三个截面绕相对坐标系 X、Y、Z 轴 3 个方向旋转的角度度数，分别为 30°、0°、15°。

步骤 12：绘制第三个特征截面。同样，在草绘环境中使用创建参照坐标系按钮 ⊥，先建立参照坐标系，再绘制如图 3.69 所示的第三个特征截面。

步骤 13：单击草绘工具栏中的 ✓ 按钮，完成第三个特征截面的绘制。然后在信息栏中的编辑框中输入 "N"，或单击【否】按钮，表示将不再绘制下一个特征截面。

步骤 14：分别输入混合特征截面之间的深度值 50、40。

步骤 15：单击【一般混合】对话框中的【预览】按钮，特征如图 3.70 所示。

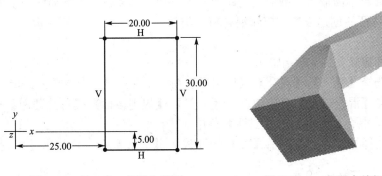

图 3.69　第三个一般混合截面　　　　图 3.70　一般混合特征

步骤 16：选择【一般混合】对话框中的【属性】→【定义】→【光滑】→【完成】命令。

步骤 17：单击【一般混合】对话框中的【预览】按钮，特征如图 3.71 所示。

图 3.72 所示为图 3.71 中的旋转混合实体中的各尺寸关系。

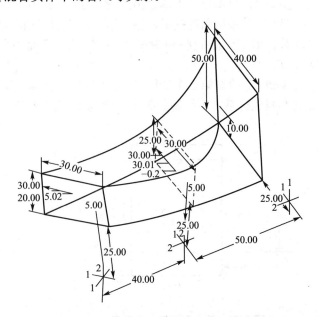

图 3.71　光滑一般混合特征　　　　图 3.72　一般混合实体特征中各尺寸的关系

步骤 18：单击【一般混合】对话框中的【确定】按钮，完成一般混合实体特征的创建。

步骤 19：保存文件，并关闭当前绘图窗口。

3.6　综合实例

本节将综合利用前面所学的拉伸特征、旋转特征、扫描特征和混合特征的创建方法来构建实体模型。

实例一：构建如图 3.73 所示的支架零件。

1. 创建拉伸特征 1

步骤 1：创建新文件 ex3　14. prt。

步骤 2：选择【插入】→【拉伸】命令，弹出【拉伸特征】控制面板。

图 3.73　支架

步骤 3：设置草绘平面，选取"FRONT"基准平面为绘图平面，"RIGHT"基准平面为参考平面，方向选取"右"。

步骤 4：进入草绘环境，绘制如图 3.74 所示的草绘截面。图 3.74 中直径为 45 的圆为构建圆。

步骤 5：单击草绘工具栏中的 ✔ 按钮，完成截面的绘制。

步骤 6：在拉伸面板中输入深度值 10，并单击【确定】按钮，结束拉伸特征 1 的创建。拉伸结果如图 3.75 所示。

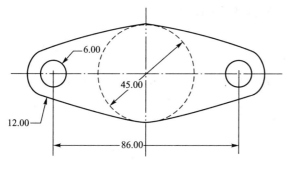
图 3.74　草绘截面尺寸

图 3.75　拉伸结果

2. 创建拉伸特征 2

步骤 7：选择【插入】→【拉伸】命令，系统弹出【拉伸特征】控制面板。

步骤 8：设置草绘平面，单击【使用先前的】按钮，选用与前面相同的草绘平面与参考平面。

步骤 9：绘制如图 3.76 所示的草绘截面。

步骤 10：单击草绘工具栏中的 ✔ 按钮，完成截面的绘制。

步骤 11：在拉伸面板中输入深度值 10，并改变拉伸方向，然后单击【确定】按钮，结束拉伸特征 2 的创建。拉伸结果如图 3.77 所示。

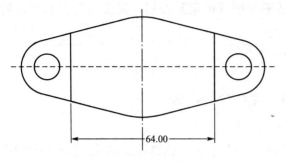

图 3.76　草绘截面尺寸　　　　　　　　　　图 3.77　拉伸 2 的结果

3. 创建旋转特征

步骤 12：选择【插入】→【旋转】命令，弹出【旋转特征】控制面板。

步骤 13：设置草绘平面，如图 3.78 所示。

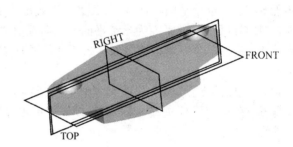

图 3.78　草绘平面的选择

步骤 14：绘制如图 3.79 所示的草绘截面。

步骤 15：单击草绘工具栏中的 ✔ 按钮，完成截面的绘制。

步骤 16：在旋转面板中输入旋转角度 "360"，然后单击【确定】按钮，结束旋转特征的创建。结果如图 3.80 所示。

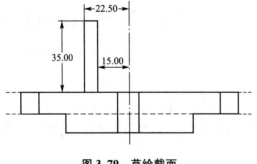

图 3.79　草绘截面　　　　　　　　　　　图 3.80　创建旋转特征

4. 创建拉伸去除材料特征

步骤 17：选择【插入】→【拉伸】命令，系统弹出【拉伸特征】控制面板。

步骤 18：设置草绘平面，单击【使用先前的】按钮，选用与前面相同的草绘平面与参考平面。

步骤 19：绘制如图 3.81 所示的草绘截面。

步骤 20：单击草绘工具栏中的 ✓ 按钮，完成截面的绘制。

步骤 21：在拉伸面板中输入双侧深度，如图 3.82 所示，选定的面为外圆柱面。选定的面在图中有黑色点指示，如图 3.83 所示。

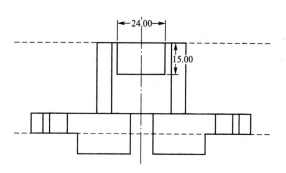

图 3.81　草绘截面

图 3.82　【深度】对话框

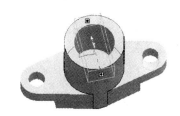

图 3.83　选定的曲面

步骤 22：单击拉伸工具栏中的 ⟂ 按钮，创建拉伸去除材料特征。

步骤 23：单击【确定】按钮，结束拉伸去除材料特征的创建，结果如图 3.84 所示。

实例二：构建如图 3.85 所示的弯管零件。

图 3.84　支架特征

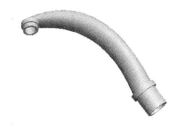

图 3.85　弯管特征

1. 创建一般混合特征

步骤 1：创建新文件 ex3_15.prt。

步骤 2：选择【插入】→【混合】→【薄板切口】命令，弹出【混合选项】菜单。

步骤 3：在【混合选项】菜单中选择【一般】→【规则截面】→【完成】命令，弹出如图 3.86 所示的【剪切：混合，薄板，一...】对话框和【属性】菜单。

步骤 4：在【属性】菜单中选择【光滑】→【完成】命令。

步骤 5：设置草绘平面。选择"FRONT"基准平面为绘图面，"RIGHT"基准平面为参照面，进入草绘环境。

步骤 6：绘制如图 3.87 所示的圆，利用工具 ✍ 将其分为 4 段。利用工具 ⤴ 建立截面之间关系的坐标系，并与圆心重合。

图 3.86　【剪切：混合，薄板,...】对话框和【属性】菜单　　　图 3.87　草绘截面 1

步骤 7：单击 ✔ 按钮，完成截面 1 的绘制。并在【薄板选项】菜单中选择【正向】命令。

步骤 8：在信息输入栏中输入 X 轴的旋转角度值 "60"，Y 轴和 Z 轴的旋转角度值为 "0"。进入草绘环境，绘制如图 3.88 所示的草绘截面 2。

步骤 9：单击 ✔，完成截面 2 的绘制。同样在【薄板选项】菜单中选择【正向】命令。

步骤 10：信息输入栏提示是否继续下一截面的绘制，单击【是】按钮。

步骤 11：在信息输入栏中输入 X 轴的旋转角度值 "80"，Y 轴和 Z 轴的旋转角度值为 "0"。进入草绘环境。

步骤 12：绘制第三个截面，如图 3.89 所示的圆，利用工具 ✍ 将其分为 4 段。利用工具 ⤴ 建立截面之间关系的坐标系，并与圆心重合。

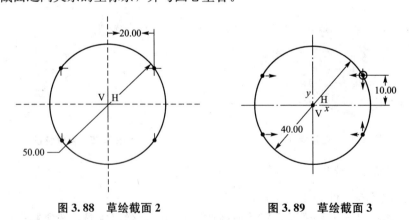

图 3.88　草绘截面 2　　　　　图 3.89　草绘截面 3

步骤 13：单击 ✔ 按钮，完成截面 3 的绘制。同样在【薄板选项】菜单中选择【正向】命令。

步骤 14：信息输入栏提示是否继续下一截面的绘制，单击【否】按钮。

步骤 15：在信息输入栏中输入宽度值 "5"。

步骤 16：在信息输入栏中输入截面 2 的深度值 "150"。

步骤 17：在信息输入栏中输入截面 3 的深度值"200"。

步骤 18：单击【剪切：混合，薄板，】对话框中的【预览】按钮，然后单击【确定】按钮完成一般混合特征的创建，如图 3.90 所示。

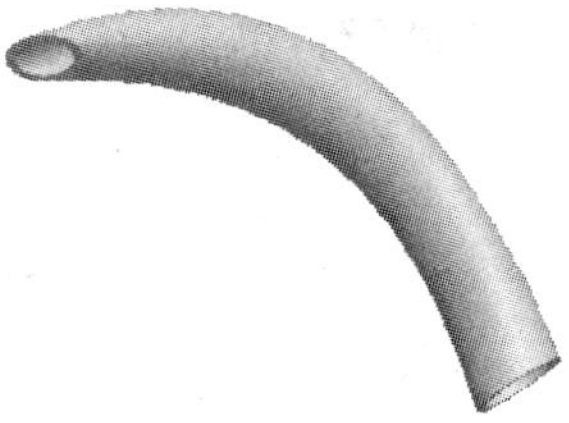

2. 创建旋转特征

步骤 19：选择【插入】→【旋转】命令，创建旋转特征。

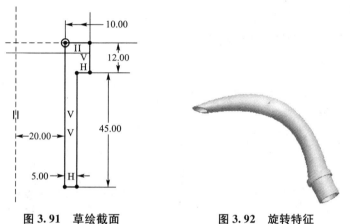

图 3.90　一般混合特征

步骤 20：设置草绘平面。选择"TOP"基准平面为绘图面，"RIGHT"基准平面为参照面，方向选"左"，进入草绘环境。

步骤 21：绘制如图 3.91 所示的截面与旋转轴。

步骤 22：在旋转操控面板中输入旋转角度为"360"，完成后的特征如图 3.92 所示。

图 3.91　草绘截面　　　　图 3.92　旋转特征

3. 创建拉伸特征 1

步骤 23：选择【插入】→【拉伸】命令，创建拉伸特征 1。

步骤 24：设置草绘平面，如图 3.93 所示。

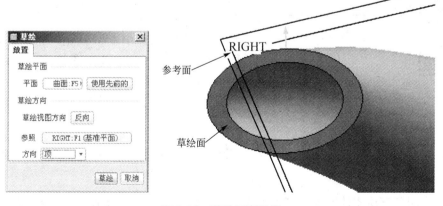

图 3.93　草绘平面设置

步骤 25：利用工具，选择如图 3.94 所示的圆形截面。

步骤 26：在拉伸操控面板中输入深度值"10"，厚度值"5"。

步骤 27：单击 ☑ 按钮，完成后的拉伸特征 1 如图 3.95 所示。

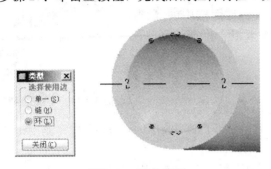

图 3.94　草绘截面　　　　　　　　　图 3.95　拉伸特征 1

4. 创建拉伸特征 2

步骤 28：选择【插入】→【拉伸】命令，创建拉伸特征 2。

步骤 29：设置草绘平面，如图 3.96 所示。

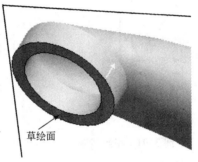

图 3.96　草绘平面设置

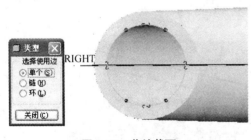

步骤 30：利用工具 ⬚ ，选择如图 3.97 所示的圆形截面。

步骤 31：在拉伸操控面板中输入深度值 "10"，厚度值 "4.5"。

步骤 32：单击 ☑ 按钮，完成拉伸特征 2 的创建，最终得到如图 3.85 所示的弯管特征。

步骤 33：保存文件，关闭当前窗口。

图 3.97　草绘截面

3.7　小　　　结

本章介绍了草绘实体特征的基本生成方法。草绘实体特征包括：拉伸实体特征、旋转实体特征、扫描实体特征以及混合实体特征。通过学习，掌握了建立草绘实体特征的一般流程。对于拉伸和旋转实体特征分别单击 ⬚ 或 ⬚ 按钮，激活相应的命令流程；对于扫描和混合实体特征则要通过【插入】菜单中相应的菜单项来进入特征的创建过程。具体的流程应根据消息区的提示来确定。

　　有些形状可以用不同的草绘实体特征来实现，在选择时应尽可能和零件的加工方法一致。例如，轴类零件，在几何上用拉伸方法也可以方便地实现，但轴是回转类零件，一般是用车削方法加工的，所以用旋转的方法造型更合适。另外，草绘平面和参照的选择、尺寸的标注都要考虑到零件的制造工艺。

　　在 Pro/ENGINEER Wildfire 5.0 版中加强了"对象—操作"的功能，例如，可以先选择一草绘曲线，然后再执行扫描命令；再如，可以通过拖动图柄来确定深度。这些Windows 风格的功能在以后的章节中将进一步讲述。

3.8　思考与练习

　　1．思考题

　　(1) 草绘平面与参照平面在设计过程中的作用是什么？
　　(2) 简述拉伸特征的操作步骤与特点。
　　(3) 简述旋转特征的操作步骤与特点。
　　(4) 简述扫描特征的操作步骤与特点。
　　(5) 简述混合特征的操作步骤与特点。
　　(6) 比较 3 种混合特征的异同。
　　(7) 在混合特征建立的过程中，怎样切换到不同的特征截面？如何保证各特征的边数相同，如何控制起始点？

　　2．练习题

　　(1) 创建如图 3.98 所示的 3D 零件图。

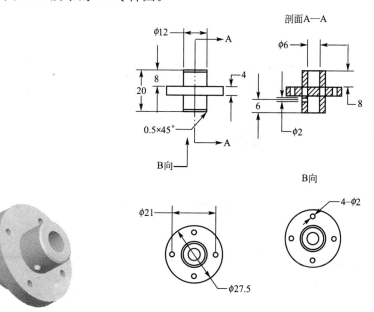

图 3.98　练习题(1)图

（2）创建如图 3.99 所示的 3D 零件图。

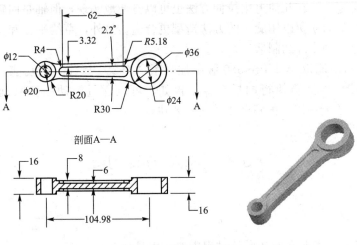

图 3.99　练习题(2)图

（3）创建如图 3.100 所示的 3D 零件图。

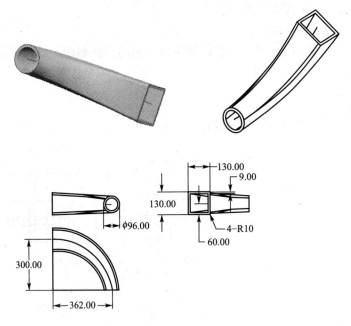

图 3.100　练习题(3)图

（4）创建如图 3.101 所示的 3D 零件图。

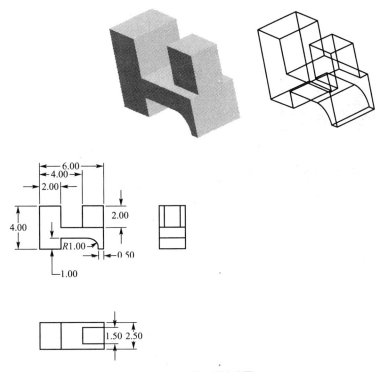

图 3.101   练习题(4)图

第4章
创建基准特征

教学提示

Pro/ENGINGEER 中的基准特征包括基准平面、基准轴、基准曲线、基准点、基准坐标系等几种类型。这些基准特征可以作为构造实体、曲面模型以及装配模型的基准或参考。如基准曲线可用作构造扫描曲面时需要的轨迹线；基准坐标系可以使系统以坐标形式表示几何元素的形状及位置；基准轴可以作为构造旋转实体特征的轴线；基准点可以作为构造基准曲线的参考点；基准平面可以作为草绘平面等。当基准特征位置发生变化时，以其作为基准或参考依据的特征也会相应改变。Pro/ENGINGEER 提供的构造基准特征的方法极为丰富，本章将对这些基准特征及其基本构建方法进行介绍。

教学要求

本章要求读者掌握基准特征的类型和基本建立方法，并在实际操作中能够灵活应用，触类旁通。

在绘制二维图形时，往往需要借助参照系。同样在创建三维模型时也需要参照，如在进行旋转时要有一个旋转轴，这里的旋转轴称为基准。基准是特征的一种，但其不构成零件的表面或边界，只起一个辅助的作用。基准特征没有质量和体积等物理特征，可根据需要随时显示或隐藏，以防止基准特征过多而引起混乱。

在 Pro/ENGINGEER 中有两种创建基准的方式：一是通过【基准】命令单独创建，采用此方式创建的基准在"模型树"选项卡中以一个单独的特征出现；另外一种是在创建其他特征的过程中临时创建的特征，采用此方式创建的特征包含在特征之内，作为特征组的一个成员存在。

Pro/ENGINGEER 中有多种基准特征，图 4.1 所示为"基准"工具栏，在该工具栏中显示了各种基准的创建工具。

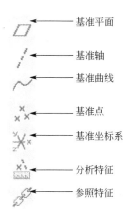

在 Pro/ENGINGEER 中常用的基准工具主要有以下几种。

基准平面：作为参照用在尚未有基准平面的零件中。

基准轴：同基准平面一样，基准轴也可用作特征创建的参照。

基准点：在几何建模时可将基准点用作构造元素，或用作进行计算和模型分析的已知点。

基准曲线：基准曲线允许创建二维截面，该截面可用于创建许多其他特征，例如拉伸或旋转。此外，基准曲线也可用于创建扫描特征的轨迹。

基准坐标系：坐标系是可以添加到零件或组件中的参照特征。

图 4.1　"基准"工具栏

4.1　基准平面

基准平面是指在建立模型时用到的参考平面，它是二维无限延伸，没有质量和体积的 Pro/ENGINGEER 实体特征。基准平面是零件建模过程中使用最多的基准特征，它既可用作特征的草绘平面和参考平面，也可用于放置特征的放置平面；基准平面还可以作为尺寸标注基准、零件装配基准等。

4.1.1　基准平面的基本知识

新建一个零件文件时，若使用系统默认的模板，会出现默认的 3 个相互正交的平面"FRONT"、"TOP"和"RIGHT"基准平面，如图 4.2 所示。

📎 注意：这 3 个平面即为基准平面，所绘制出的几何模型都是直接或间接地以它们作为参考。随后建立的基准平面以 DTM1、DTM2…来表示。用户也可以在创建的过程中改变基准平面的名称。

基准平面有两侧，以褐色和灰黑色来区分。视角不同，基准平面的边界线显示的颜色也不同。法向方向箭头指向观察者时，其边界显示为褐色；当法向方向箭头背离观察者时，其边界显示为灰黑色。当装配元件、定向视图和草绘参照时，应使用颜色。

要选择一个基准平面，可以选择其一条边界线，或选择其文字名称。当难以用鼠标直

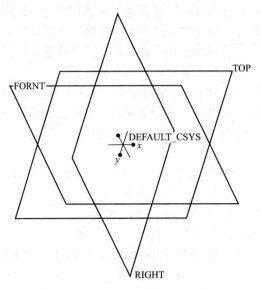

图 4.2 系统默认的基准平面

接选择时，还可以从模型树中通过平面名称来选定。

4.1.2 基准平面的创建

基准平面的创建方法如下。

步骤 1：单击基准平面图标□ 或选择【插入】→【模型基准】→【平面】命令，就可打开如图 4.3 所示的【基准平面】对话框。

(a)【放置】选项卡

(b)【显示】选项卡

(c)【属性】选项卡

图 4.3 【基准平面】对话框

步骤 2：在【放置】选项卡的【参照】区域中单击鼠标左键，然后用鼠标在绘图区中选择建立基准平面的参考图元。选择多个图元时，可以按住 Ctrl 键，然后用鼠标左键单击图元。

步骤 3：在【放置】选项卡的【偏移】区域中的【平移】输入框中输入基准平面的平移距离。

步骤 4：在【显示】选项卡的【法向】处更改基准平面的法线方向。

步骤 5：单击【基准平面】对话框中的【确定】按钮，即可完成基准平面的建立。

基准平面是通过约束进行创建的，在 Pro/ENGINGEER 中，创建基准平面的完整约束方法有很多，主要有通过、垂直、平行、偏移、角度、相切和混合界面等。在选择点、线及面作参照时，会出现不同的选项，这些选项表示将要建立的基准平面与此参照的关系。

下面介绍几种主要的创建基准平面的约束方法。

1. 创建偏距平面

单击基准平面图标或选择【插入】→【模型基准】→【平面】命令，在绘图区选取要偏距的平面或实体曲面，在对话框中输入偏距值或在绘图区中双击尺寸值修改，也可以直接拖动控制柄来动态改变尺寸，如图 4.4 所示，单击【确定】按钮完成基准平面特征的创建。

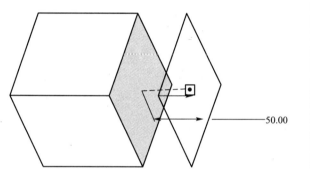

图 4.4　创建偏距基准平面

2. 通过几何图素来创建平面

（1）通过直线和点创建基准平面：在过滤器中选择几何，单击基准平面图标□，选择直线、顶点、曲面或其他几何图素来创建平面，在选取多个几何对象时可以按住 Ctrl 键来选取，如图 4.5、图 4.6 所示。图 4.5、图 4.6 分别为通过两条直线和通过三点创建基准平面。

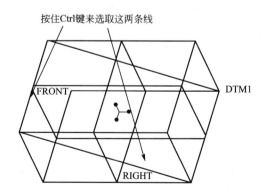

图 4.5　通过两条直线创建平面

（2）通过混合截面创建基准平面：在过滤器中选择特征，单击基准平面图标，选择混合特征，若有多个截面，在对话框中选择截面号，单击【确定】按钮完成特征的创建，如图 4.7 所示。

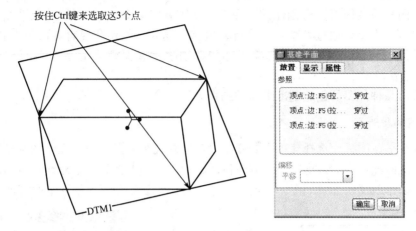

图 4.6　通过三点创建平面

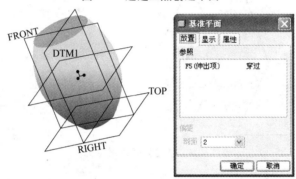

图 4.7　通过混合截面创建基准平面

（3）使用偏移坐标系创建基准平面：创建一个垂直于一个坐标轴并偏离坐标原点的基准平面。单击基准平面图标，选取坐标系，在对话框中选取平移轴向，并输入偏距值，如图 4.8 所示。单击【确定】按钮完成特征的创建。

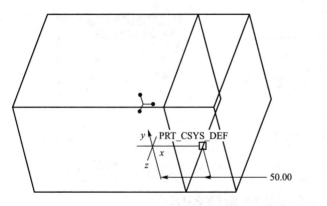

图 4.8　使用偏移坐标系创建基准平面

3. 创建平行平面

单击基准平面图标，弹出【基准平面】对话框，按住 Ctrl 键选择已存在的平面或实体表面，选取点、直线或其他几何图素构造平行面，如图 4.9 所示。单击【确定】按钮完成特征的创建。

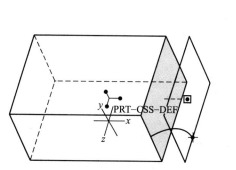

图 4.9　过点做平行面

4. 创建角度平面

单击基准平面图标，弹出【基准平面】对话框，按住 Ctrl 键来选取一个已存在的平面，选取一直线或基准轴作为旋转轴，在对话框中输入旋转角度，如图 4.10 所示。单击【确定】按钮完成特征的创建。

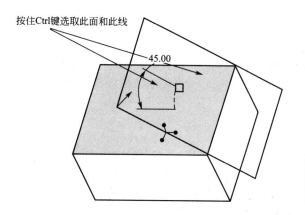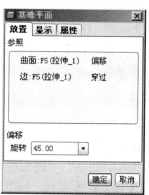

图 4.10　创建角度平面

5. 创建法向平面

单击基准平面图标，弹出【基准平面】对话框，按住 Ctrl 键来选取与所创建平面垂直的平面和法向平面中的几何图素，在对话框中的【参照】下拉菜单中选择【法向】命令，如图 4.11 所示。单击【确定】按钮完成特征的创建。

6. 创建相切平面

单击基准平面图标，弹出【基准平面】对话框，按住 Ctrl 键来选取圆柱面或圆锥面，选取其他几何图素或基准平面，再从对话框中的【参照】下拉菜单中选择【相切】选项，如图 4.12 所示。单击【确定】按钮完成特征的创建。

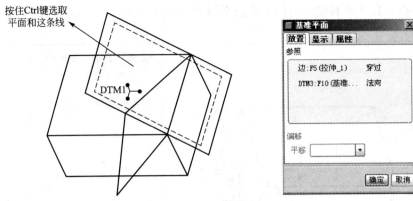

图 4.11　创建法向平面

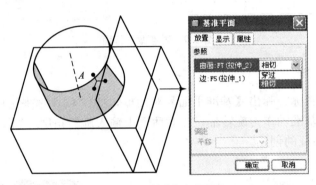

图 4.12　创建相切平面

📖 **注意**：在 Pro/ENGINEER Wildfire 中，支持用户预先选取参考，再选择基准平面命令，系统将会根据选取的参照来自动创建基准。这种方式将会在后面的综合例题中具体说明创建过程。

7. 基准平面的显示控制

基准平面是一个无限大的面，在 Pro/ENGINEER Wildfire 中，可以方便控制基准平面的显示大小，以适合于建立的参考特征。方法是在基准平面创建好后，对话框没有关闭时，打开【显示】选项卡，如图 4.13 所示，选择【调整轮廓】选项，直接输入尺寸来控制平面的大小。也可以在下拉列表中选择【参照】选项来控制其大小，如图 4.14 所示。

图 4.13　基准平面的显示控制 1

图 4.14　基准平面的显示控制 2

4.2　基　准　轴

同基准平面一样，基准轴也可用作创建特征的参照，还可以辅助创建基准平面、旋转特征、同轴孔、旋转阵列以及装配特征等。旋转轴可以由模型的边、平面的交线或两个空间点等来确定。

4.2.1　基准轴的基本知识

在 Pro/ENGINEER Wildfire 中，基准轴以褐色中心线标志。创建基准轴后，系统用 A＿1、A＿2···依次自动分配其名称，创建过程中也可以改变基准轴的名称。

基准轴可以作为旋转特征的中心线自动出现，也可以用作具有同轴特征的参考。以下几种特征系统会自动创建基准轴线：拉伸产生圆柱特征、旋转特征和孔特征，但创建圆角特征时，系统不会自动创建基准轴。要选取一个基准轴，可选择基准轴线或其名称。

4.2.2　基准轴的创建

下面介绍创建基准轴的一般过程。

步骤 1：单击基准轴图标 ╱ 或选择【插入】→【模型基准】→【轴】命令，就可打开如图 4.15 所示的【基准轴】对话框。

步骤 2：在【放置】选项卡的【参照】区域中单击鼠标左键，然后用鼠标在绘图区中选择建立基准轴的参考图元。选择多个图元时，可以按住 Ctrl 键，然后用鼠标左键单击图元。【参照】区域中的【法向】选项表示轴线与平面垂直，而【通过】选项表示轴线经过平面。

步骤 3：单击【基准轴】对话框中的【确定】按钮，即可完成基准轴的建立。

图 4.15　【基准轴】对话框

与创建基准平面的过程类似，存在多种方法来创建基准轴。下面介绍几种主要的创建基准轴约束的方法。

1. 过边界

要创建的基准轴通过模型上的一个直边。

单击基准轴图标，直接选取实体边，如图 4.16 所示，单击【确定】按钮，关闭对话框。

2. 垂直平面

要创建的基准轴垂直于一个平面。

单击基准轴图标，直接选取曲面，可以在曲面中看到基准轴，如图 4.17 所示。拖动控制柄到参照平面或实体边线，双击尺寸修改尺寸值。如图 4.18 所示，单击【确定】按钮，关闭对话框。

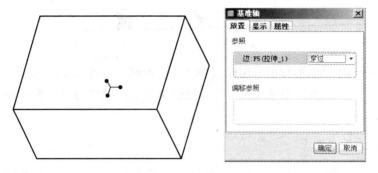

图 4.16　过边界创建基准轴

图 4.17　创建垂直平面的基准轴

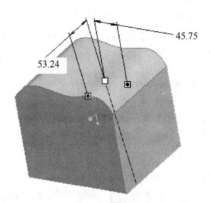

图 4.18　修改基准轴的位置尺寸

　　也可以先创建好基准点，按住 Ctrl 键来选取曲面和基准点，即可出现过基准点且垂直曲面的基准轴，如图 4.19 所示。

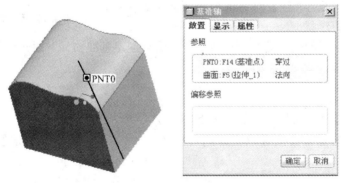

图 4.19　过点创建垂直平面的基准轴

3. 过圆柱面

　　要创建的基准轴通过模型上的一个旋转曲面的中心轴。

　　单击基准轴图标，直接选择圆柱曲面，如图 4.20 所示，单击【确定】按钮，关闭对话框。

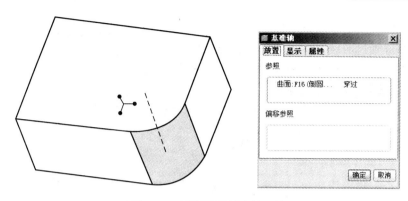

图 4.20 过圆柱面创建基准轴

4. 两平面相交

在两平面的相交处创建基准轴。

单击基准轴图标，按住 Ctrl 键选取两基准平面或曲面，如图 4.21 所示，单击【确定】按钮，关闭对话框。

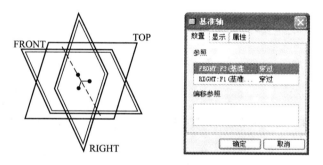

图 4.21 在两平面相交处创建基准轴

5. 两个点/顶点

创建的基准轴通过两个点，这两个点既可以是基准点也可以是模型上的顶点。

单击基准轴图标，按住 Ctrl 键来选取两个点，如图 4.22 所示，单击【确定】按钮，关闭对话框。

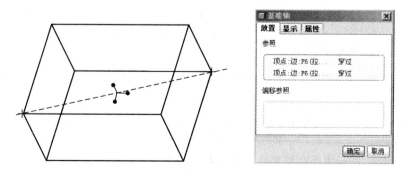

图 4.22 通过两个点创建基准轴

6. 曲线相切

创建的基准轴过曲线上一点并且与曲线相切。

单击基准轴图标，按住 Ctrl 键来选取曲线和曲线起点，如图 4.23 所示，单击【确定】按钮，关闭对话框。

📖**注意**：在 Pro/ENGINEER Wildfire 中，支持用户预先选取参考，再选择基准轴命令，系统将会根据选取的参照自动创建基准轴。

7. 基准轴的显示控制

同基准平面一样，用户也可以方便地控制基准轴的显示长度。方法是在基准轴创建好后，对话框没有关闭时，打开【显示】选项卡，选择【调整轮廓】选项，直接输入长度尺寸来控制基准轴的长度，如图 4.24 所示。

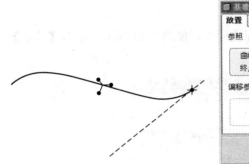

图 4.23　过曲线切线创建基准轴　　　　　　　图 4.24　基准轴的显示控制

4.3　基　准　点

基准点主要用来进行空间定位，也可用来辅助创建其他基准特征，如利用基准点放置基准轴、基准平面、定义注释箭头指向位置，还可用来放置孔等实体特征，另外还可用来辅助创建复杂的曲线与曲面。基准点也被认为是零件特征。

图 4.25　基准点生成工具按钮

默认状态下，基准点以"×"显示，依次顺序命名为 PT0、PT1、PT2…单击工具栏上的基准点按钮，将弹出如图 4.25 所示的按钮。这些按钮的功能如下。

　：一般基准点，用于创建平面、曲面上或曲线上的点，其位置可以通过拖动控制柄或输入数值确定。

　：草绘基准点，与普通草绘图元一样，进入草绘器绘制点并标注点的位置尺寸，以创建基准点。

　：偏移坐标系基准点，根据选择的坐标系，利用坐标标注的方法来创建基准点。

　：域基准点，直接在实体或曲面上单击鼠标左键创建的基准点。

要选取一个基准点，可以在基准点文本或自身上单击选取，也可以在模型树上选择基准点的名称进行选取。

4.3.1　一般基准点

一般基准点是运用最广泛的基准点，使用起来非常灵活。一般基准点的创建过程如下。

步骤1：单击一般基准点按钮 ⚒ 或选择【插入】→【模型基准】→【点】→【⚒ 点】命令，打开如图4.26所示的【基准点】对话框。

步骤2：在【放置】选项卡的【参照】区域中单击鼠标左键，然后用鼠标在绘图区中选择建立基准点的参考图元。选择多个图元时，可以按住Ctrl键，然后用鼠标左键单击基准点所在的面或线。

步骤3：单击【基准点】对话框中的【确定】按钮，即可完成基准点的建立。

下面介绍几种常见的一般基准点的创建方法。

图4.26　【基准点】对话框

1. 在曲面上

单击基准点图标按钮 ⚒，打开【基准点】对话框，选择放置曲面，曲面上出现了基准点以及3个控制柄，如图4.27所示。拖动控制柄到参照曲面并修改尺寸值，如图4.28所示。单击【确定】按钮，关闭【基准点】对话框。

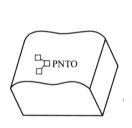

图4.27　在曲面上创建一般基准点

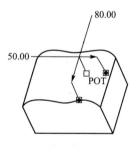

图4.28　修改基准点位置尺寸

若是在【基准点】对话框的【参照】下拉列表中选择【偏移】选项，对话框中的【偏移】文本编辑框将被激活，输入偏移值就可以创建偏距曲面基准点，如图4.29所示。

2. 曲线与曲面、基准平面的交点

单击基准点图标按钮，打开【基准点】对话框，按住Ctrl键选取曲线、曲面或基准曲面，如图4.30所示，单击【确定】按钮，关闭【基准点】对话框。

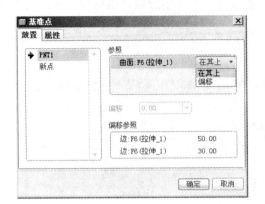
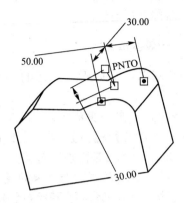

图 4.29　偏移基准点

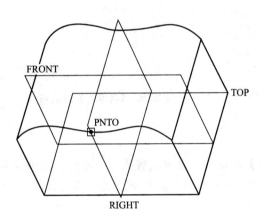
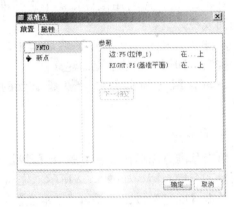

图 4.30　通过曲线、基准平面交点创建基准点

3. 3 张曲面交点

单击基准点图标按钮，打开【基准点】对话框，按住 Ctrl 键选取 3 个基准平面或 3 张曲面，如图 4.31 所示，单击【确定】按钮，关闭【基准点】对话框。

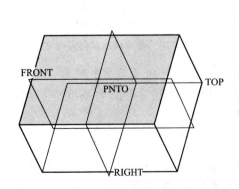
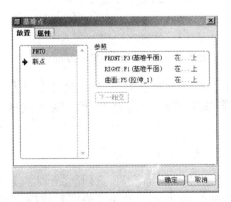

图 4.31　通过 3 张曲面交点创建基准点

4. 两曲线交点

单击基准点图标按钮，打开【基准点】对话框，按住 Ctrl 键选取两条相互交叉的曲线，如图 4.32 所示，单击【确定】按钮，关闭【基准点】对话框。

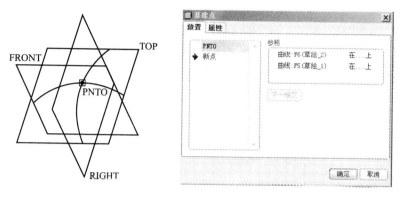

图 4.32   通过两曲线交点创建基准点

5. 顶点

单击基准点图标按钮，打开【基准点】对话框，选择一曲线的顶点，单击【确定】按钮，关闭【基准点】对话框。

6. 在曲线上的基准点

单击基准点图标按钮，打开【基准点】对话框，选择曲线，曲线上出现了控制柄，在对话框中输入尺寸值或直接在绘图区双击修改，修改后如图 4.33 所示，单击【确定】按钮，关闭【基准点】对话框。

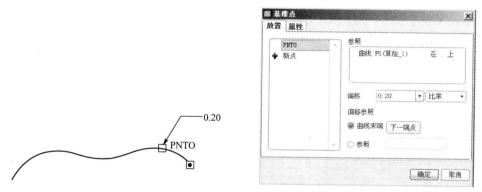

图 4.33   创建曲线上的基准点

除此之外，在对话框下拉列表中可以选择【实数】选项，输入具体尺寸来确定基准点在曲线中的位置，如图 4.34 所示。

7. 中心点（圆弧圆心点）

单击基准点图标按钮，打开【基准点】对话框，选择圆弧曲线，在【参照】下拉列表中选择【居中】选项，如图 4.35 所示，单击【确定】按钮，关闭【基准点】对话框。

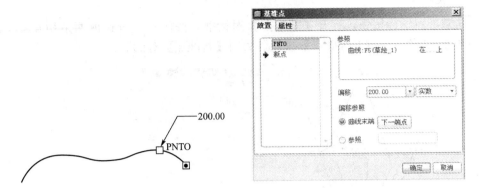

图 4.34　利用具体尺寸创建曲线上的基准点

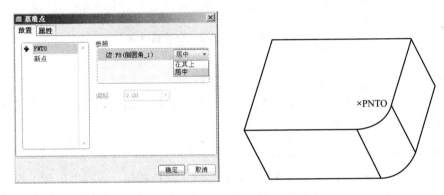

图 4.35　利用圆弧圆心点创建基准点

📖**注意**：在 Pro/ENGINEER Wildfire 中，一般基准点的创建同样支持用户预先选取参考，再选择一般基准点命令，系统将会根据选择的参照自动进行创建基准点。

8. 一般基准点的属性。

在【基准点】对话框中选择【属性】选项，出现如图 4.36 所示的对话框，便可显示当前基准特征的信息，在此可以对基准点的名称进行重命名。

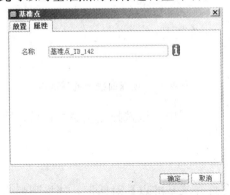

图 4.36　【基准点】对话框中的【属性】选项

4.3.2　草绘基准点

在草绘环境中创建的基准点，称为草绘基准点。一次可草绘多个基准点，这些基准点位于同一个草绘平面内，属于同一个基准点特征。

创建草绘基准点的步骤如下。

步骤 1：单击工具栏中的▒按钮，打开【草绘基准点】对话框，与其他实体特征的【草绘】对话框相同。

步骤 2：选择草绘平面，单击草绘按钮，进入草绘环境。

步骤 3：单击草绘命令条中的✖按钮放置一个点，如果需要可连续放置多个点。

步骤 4：单击草绘命令条中的☑按钮，退出草绘环境，系统显示基准点创建成功。

4.3.3　偏移坐标系基准点

Pro/ENGINEER 允许用户通过指定点坐标的偏移来产生基准点，可以用笛卡儿坐标系、球坐标系或柱坐标系来实现。一次可以产生多个基准点，这些点属于同一个基准点特征。

创建偏移坐标系基准点的步骤如下。

步骤 1：单击基准工具栏中的▒按钮，打开【偏移坐标系基准点】对话框，如图 4.37 所示。

步骤 2：在图形窗口中，选择放置点的坐标。

步骤 3：在【类型】列表中，选择使用的坐标系类型。

步骤 4：如果要添加一个点，单击【偏移坐标系基准点】对话框中的单元框，然后输入相应的坐标值。

步骤 5：完成点的添加后，单击【确定】按钮，或单击【保存】按钮，保存添加的点。

图 4.37　【偏移坐标系基准点】对话框

4.4　基　准　曲　线

基准曲线可以用来创建和修改曲面，也可以作为扫描特征的轨迹，作为建立圆角、拔模、骨架、折弯等特征的参照，还可以辅助创建复杂曲面。基准曲线允许创建二维截面，这个截面可以用于创建许多其他特征，例如，拉伸和旋转。

基准曲线的自由度较大，它的创建方法有多种。较常用的方法有以下几种。

（1）通过草绘方式创建基准曲线。

（2）通过曲面相交创建基准曲线。

（3）通过多个空间点创建基准曲线。

（4）利用数据文件创建基准曲线。

（5）用几条相连的曲线或边线创建基准曲线。

（6）用剖面的边线创建基准曲线。

（7）用投影创建位于指定曲面上的基准曲线。

（8）利用已有曲线或曲面偏移一定距离，创建基准曲线。

（9）利用公式创建基准曲线。

图 4.38　【曲线选项】菜单

如果在基准特征工具栏中，单击  图标按钮或选择【插入】→【模型基准】→【 草绘】命令，将打开【草绘】对话框。设置完草绘平面与草绘参照后进入草绘环境，可绘制草绘基准曲线；如果单击基准特征工具栏中的 ～ 图标按钮或选择【插入】→【模型基准】→【 ～ 曲线】命令，将打开【曲线选项】菜单，如图 4.38 所示。

【曲线选项】菜单中各命令的功能如下。

【通过点】：通过一系列参考点建立基准曲线。

【自文件】：通过编辑一个"ibl"文件，绘制一条基准曲线。

【使用剖截面】：用截面的边界来建立基准曲线。

【从方程】：通过输入方程式来建立基准曲线。

下面介绍几种常用的基准曲线的创建方法。

1. 草绘曲线的绘制

步骤 1：单击 图标，打开【草绘】对话框。

步骤 2：选择草绘平面及参照平面，单击【草绘】按钮进入草绘工作环境。

步骤 3：利用草绘工具绘制曲线。

步骤 4：单击草绘工具栏中的 按钮，退出草绘工作环境，图形窗口显示完成的基准曲线。

2. 基准曲线的绘制

1）经过点创建曲线

步骤 1：单击 ～ 图标按钮，打开【曲线选项】菜单。

步骤 2：选择【经过点】→【完成】命令，打开【连接类型】菜单，如图 4.39 所示。

【连接类型】菜单中各命令的功能如下。

【样条】：使用通过选定基准点和顶点的三维样条构建曲线。

【单一半径】：使用贯穿所有折弯的同一半径来构建曲线。

【多重半径】：通过指定每个折弯的半径来构建曲线。

【单个点】：选择单独的基准点和顶点，可以单独创建或作为基准点阵列创建这些点。

【整个阵列】：以连续顺序，选择"基准点/偏距坐标系"特征中的所有点。

【增加点】：向曲线定义增加一个该曲线将通过的现存点、顶点或曲线端点。

【删除点】：从曲线定义中删除一个该曲线当前通过的已存在点、顶点或曲线端点。

【插入点】：在已选定的点、顶点和曲线端点之间插入一个点，该选项可修改曲线定义要通过的插入点。系统提示需要选择一个要在其前面插入点的点或顶点。

步骤3：执行【样条】→【整个阵列】→【增加点】命令，选择曲线经过的点，如图 4.39 所示。

步骤4：单击【完成】按钮，退出【连接类型】菜单。

步骤5：单击【确定】按钮关闭对话框，基准曲线创建完成。

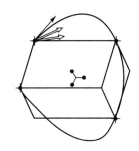

图 4.39 【连接类型】菜单及点的选取

2）来自文件

步骤1：单击图标按钮，打开【曲线选项】菜单。

步骤2：选择【自文件】→【完成】命令

步骤3：选取坐标系，弹出文件【打开】对话框，在文件类型中选择".ibl 格式"文件，找到文件打开即可。

ibl 文件的建立过程如下。

步骤1：首先将系统隐藏的扩展名类型打开。

步骤2：新建一个记事本文件，输入文件名和后缀名".ibl"。

步骤3：打开文件，开始编辑文件，文件格式如下。

```
Open Arclength
  Begin section!
  Begin curve!
  1 0 0 0
  2 8 20 30
  3 20 15 10
  4 50 40 40
  5 60 30 60
```

在文件中，"open"表示开氏曲线，第一列表示点的序号，第二列、第三列、第四列分别表示点坐标的 X 值、Y 值、Z 值；上述格式是创建单根曲线，若是创建多根曲线，则需要在 Begin section 后面加数字 1，第一条曲线的点输完后，在创建第二条曲线时，须将 Begin section 后面加数字 2；再创建曲线时，就将 Begin section 后面的数字递增，具体格式如下。

```
  Open Arclength
  Begin section!1
    Begin curve!1
    1   -2.53  0.59  0
    2   -2.35  0.59  0.35
    3   -2.24  0.59  0.47
  Begin curve!2
    1   -1.62  0.24  -0.5
    2   -1.69  0.68  1.12
```

```
Begin section! 2
  Begin curve! 1
  1   -2.62  1.18   0
  2   -2.59  1.18   0.12
  3   -2.47  1.18   0.47
```

3) 使用剖截面

步骤 1：单击 ～ 图标按钮，将打开【曲线选项】菜单。

步骤 2：选择【使用剖截面】→【完成】命令，选择剖截面的名称，绘图区中立刻出现了截面曲线，如图 4.40 所示。

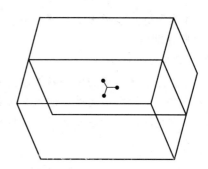

图 4.40　使用剖截面创建基准曲线

4) 从方程

对于复杂的曲线，例如正弦曲线、渐开线等，可以使用此命令来创建。

图 4.41　【设置坐标类型】菜单

步骤 1：单击 ～ 图标按钮，打开【曲线选项】菜单。

步骤 2：选择【来自方程】→【完成】命令，选择坐标系，系统弹出【设置坐标类型】菜单，如图 4.41 所示。

步骤 3：选择坐标系类型，例如选择球坐标系，系统弹出文本编辑器，输入方程，将文件保存，最后结果如图 4.42 所示。

图 4.42　从方程创建基准曲线

下面列出利用笛卡儿坐标系、柱坐标系创建曲线的范例,大家可以试一下。

(1) 圆柱坐标系。

$r = 5$

theta=$t * 720$

$z = (\sin(3.5 * theta - 90)) + 2$

生成的基准曲线如图 4.43 所示。

(2) 笛卡儿坐标系。

$x = 5 * \cos(t * (5 * 360))$

$y = 5 * \sin(t * (5 * 360))$

$z = 10 * t$

生成的基准曲线如图 4.44 所示。

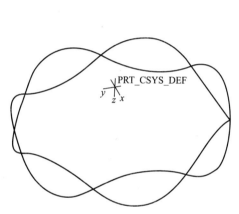

图 4.43 在圆柱坐标系下从方程创建基准曲线

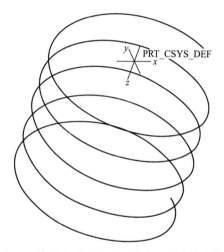

图 4.44 在笛卡儿坐标系下从方程创建基准曲线

4.5 基准坐标系

在 Pro/ENGINEER 三维建模中,坐标系用得较少,坐标系常用以下方面。

(1) 计算零件的全部属性。

(2) 进行零件组装的参照。

(3) 在进行有限元分析时放置约束。

(4) 在 NC 加工中为刀具轨迹提供操作参照原点。

(5) 用作定位其他特征的参照,如输入的几何特征(IGES、STL 格式)。

创建坐标系的步骤如下。

步骤 1:单击坐标系图标※ 或在下拉菜单中选择【插入】→【模型基准】→【※ 坐标系】命令,打开【坐标系】对话框,如图 4.45 所示。

步骤 2:在【原始】选项卡的【参照】编辑框中单击鼠标左键,然后在绘图区中选择

图 4.45 【坐标系】对话框

建立基准坐标系原点的参考图元。

步骤 3：在【定向】选项卡中定义 X 轴、Y 轴的方向，在【属性】选项卡中修改基准坐标系名称，以及其他相关信息。

步骤 4：在【坐标系】对话框中单击【确定】按钮，结束基准坐标系的建立。

下面介绍几种常用的坐标系创建方法。

（1）3 个平面：选取 3 个平面或实体表面的交点作为坐标系原点，如果 3 个平面两两相交，系统会以选定的第一个平面的法向作为一个轴的法向，第二个平面的法向作为另一个轴的方向，系统使用右手定则确定第三轴。当 3 个平面不是两两正交时，系统会自动产生近似的坐标系。

单击坐标系图标 ，弹出【坐标系】对话框，按住 Ctrl 键依次选取 3 个平面，选取结果及对话框，如图 4.46 所示，若想修改坐标轴的轴向，可以打开【定向】选项进行修改。单击【确定】按钮，关闭对话框。

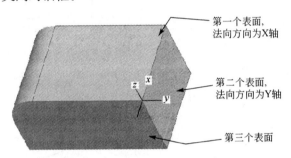

图 4.46　利用 3 个平面创建坐标系

（2）两条边线：使用两条边或两个轴线来创建坐标系。

单击坐标系图标，弹出【坐标系】对话框，按住 Ctrl 键依次选取两条边线（先选的边默认为 X 轴），如图 4.47 所示，单击【确定】按钮，关闭对话框。

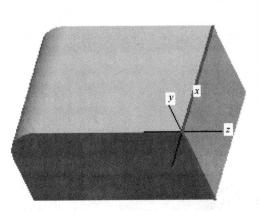

图 4.47　利用两条边创建坐标系

（3）偏距：把原始坐标系作为参照，在空间偏移一定的距离，得到新的坐标系。

单击坐标系图标，弹出【坐标系】对话框，选择参考坐标系，在对话框【偏移类型】中选择坐标系，本例选择【笛卡儿坐标】，在对话框中输入尺寸或是在绘图区中双击尺寸修改，结果如图 4.48 所示。打开【定向】选项卡，可以在偏距的同时旋转坐标系，结果如图 4.49 所示。单击【确定】按钮，关闭对话框。

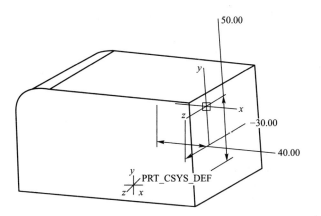

图 4.48 利用偏距创建坐标系

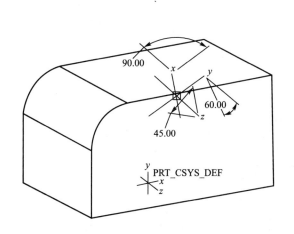

图 4.49 旋转偏距坐标系

4.6 综合实例

实例：创建如图 4.50 所示的基准特征。
本例题中的基准特征均采用第二种方式来创建，即先选取参照，再选择命令。

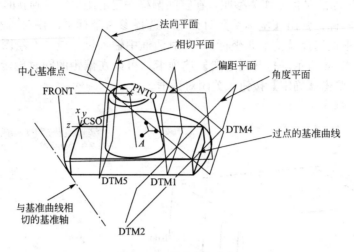

图 4.50 基准特征实例

1. 创建基本模型

步骤 1：创建新文件 ex4 _ 1。prt。

步骤 2：用前面章节中讲述的基础特征，绘制上图中的基本模型。

2. 创建偏距平面

步骤 3：选择模型中的 "RIGHT" 基准平面，单击基准平面图标按钮 ▱，弹出【基准平面】对话框，在对话框中输入偏距尺寸，如图 4.51 所示。或在绘图区中双击修改尺寸，单击【确定】按钮，关闭对话框。

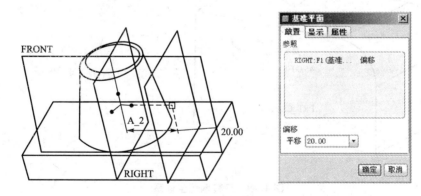

图 4.51 创建偏距基准面

3. 创建角度平面

步骤 4：按住 Ctrl 键配合过滤器在模型中选取图 4.52 所示的平面及边线作为旋转轴，单击基准平面图标按钮，弹出【基准平面】对话框，如图 4.52 所示，在对话框中输入角度尺寸或在绘图区中双击修改尺寸值，单击【确定】按钮，关闭对话框。

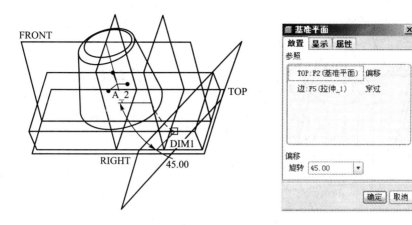

图 4.52　创建角度平面

4. 创建法向平面

步骤 5：按住 Ctrl 键配合过滤器在模型中选取图 4.53(a)中刚刚创建的角度面，再选取图中的边线，单击基准平面图标按钮，弹出【基准平面】对话框，在对话框中的【参照】下拉列表中选择【法向】选项，如图 4.53(b)所示，单击【确定】按钮，关闭对话框。

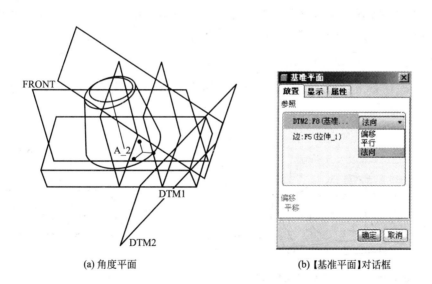

(a) 角度平面　　　　　　　　　　(b)【基准平面】对话框

图 4.53　创建法向平面

5. 创建相切平面

步骤 6：按住 Ctrl 键配合过滤器在模型中选取如图 4.54 所示的圆锥面和"FRONT"面，单击基准平面图标按钮，弹出【基准平面】对话框，在对话框中的【参照】下拉列表中选择【相切】选项，如图 4.54 所示，单击【确定】按钮，关闭对话框。

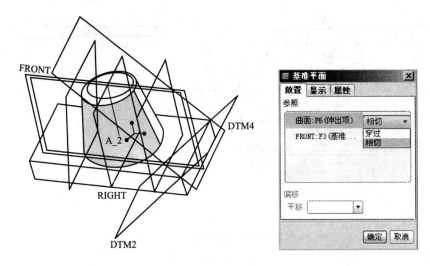

图 4.54　创建相切平面

注意：在选取圆锥面时注意选取位置，选取位置不同，得到的平面位置也不同。

6．创建经过点的基准曲线

步骤 7：单击基准曲线图标按钮～，打开【曲线选项】菜单。选择【经过点】→【完成】→【样条】→【整个阵列】→【增加点】命令，依次选取如图 4.55 所示的曲线顶点，单击【完成】按钮，最后单击【确定】按钮，关闭对话框，完成曲线的创建。

7．创建与基准曲线相切的基准轴

步骤 8：按住 Ctrl 键选取上一步创建的基准曲线和曲线端点，如图 4.56 所示，单击基准轴图标 ⁄ 即可。

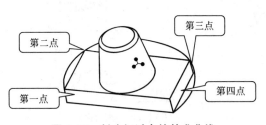

图 4.55　创建经过点的基准曲线

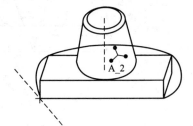

图 4.56　创建与基准曲线相切的基准轴

8．创建过圆心的基准点

步骤 9：在过滤器中选择【几何】，选取模型中的圆弧，单击一般基准点图标 ，弹出【一般基准点创建】对话框，在对话框中的【参照】下拉列表中选择【居中】选项，如图 4.57 所示。最后单击【确定】按钮，关闭对话框。

文件建立完毕，保存文件。

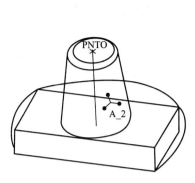

图 4.57 创建过圆心的基准点

4.7 小 结

本章首先介绍了基准特征的概况，然后介绍了 Pro/ENGINEER Wildfire 中的基准平面、基准轴、基准点、基准曲线、基准坐标系的创建方法，主要内容包括以下方面。

（1）新建基准特征的两种方式，重点讲述了先启动基准命令，再选取参照的方法进行创建；另一种方式是先配合过滤器选取不同参照，再选择基准命令便可出现不同的结果。读者可结合自身习惯，快速地创建基准特征。

（2）基准特征的显示控制。

（3）在基准平面中以大量的图例介绍了基准平面的用途，并通过这些图例讲述了基准平面的创建步骤，使读者能够快速掌握基准平面的创建方法。

（4）在基准轴中通过几种约束组合来创建基准轴的方法。

（5）在基准点中，介绍了一般基准点的各种创建方法及创建步骤；介绍了草绘基准点、偏移坐标系基准点、域点的创建方法。

（6）在基准坐标系中，介绍了几种比较常用的坐标系创建方法及创建步骤。

（7）本章结合新版本的基准创建工具介绍了基准特征的一般创建原理，比较适合学习Pro/ENGINEER Wildfire 5.0 版的初学者，对于使用过老版本的读者也可以达到一个提高的目的。

4.8 思考与练习

1. 思考题

（1）简述基准平面的定义。

（2）比较几种基准特征创建步骤的区别。

（3）思考创建基准平面时各种创建方式的区别以及各自的特点。

2. 练习题

结合基准特征的创建和第 4 章中的知识来完成如图 4.58 所示的模型。

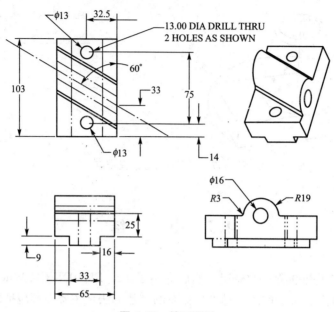

图 4.58   练习题图

第**5**章
创建放置实体特征

教学提示

Pro/ENGINGEER 零件模型由许多特征组成，除了前面介绍的实体特征建立方法外，为了达到设计要求，在建立的基础特征之后需要进行打孔、倒角、抽壳等操作。为了方便用户，Pro/ENGINGEER 将一些有共同特征的实体特征定义为模板化的放置特征，如前面所述的孔特征、圆角特征和抽壳特征等。用户只需提供一些特征的位置、大小和尺寸，便可创建这些放置特征。

教学要求

本章主要介绍放置特征的概念和创建放置特征的方法，要求读者掌握孔特征、圆角特征和抽壳特征等常用的放置特征的生成方法，熟练应用放置特征创建实体零件。

5.1　基 础 知 识

放置实体特征是针对基础特征的进一步处理，包括孔、圆角、倒角、抽壳、筋、拔模等，集中在放置实体特征工具栏中，如图 5.1 所示。

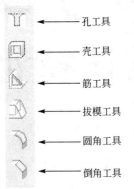

图 5.1　放置特征工具栏

（图中标注：孔工具、壳工具、筋工具、拔模工具、圆角工具、倒角工具）

放置实体特征与基础特征不同，放置特征不能独立创建，它的创建必须建立在已存在的基础特征上。而且放置实体特征在综合应用的过程中，特征的建立顺序是非常关键的。例如说在一个产品中，放置实体特征有以下特点。

（1）既有壳特征，又有倒圆角特征：若是先抽壳再倒圆角，则会导致抽壳厚度不均匀，在这种情况下，应先建立圆角特征，再完成抽壳特征。

（2）即有拔模特征，又有抽壳特征：若是先抽壳再拔模，也会导致抽壳厚度不均匀，这样就必须先建立拔模特征，再完成抽壳特征。

（3）圆角、拔模、抽壳同时在一个产品中出现：特征建立顺序为先建立拔模特征、圆角特征，再完成抽壳特征。

在设计过程中，有时会因某些特征创建的先后顺序不同，而产生不理想的结果，甚至导致一些特征不能创建。这就需要大家在设计中，一定注意特征的构建顺序。

5.2　孔 特 征

孔特征是通过从实体零件模型中围绕轴线旋转切减材料的方法获得的，一般用于向零件模型中添加简单孔、定制孔和工业标准孔等。

创建一个孔必须定义孔的 3 个要素：孔的类型、放置参照和放置类型。

孔类型分为简单孔和标准孔两种。

简单孔 ：由带矩形剖面的旋转切口组成。可创建以下 3 种直孔类型。

（1）**预定义矩形轮廓** ：使用 Pro/ENGINEER 预定义的（直）几何，默认情况下，系统创建单侧矩形孔，可以使用【形状】上滑面板来创建双侧简单直孔，双侧简单直孔通常用于组件中，允许同时格式化孔的两侧。

（2）**标准孔轮廓** ：使用标准孔轮廓作为钻孔轮廓，可以为创建的孔指定埋头孔 、沉孔 和刀尖角度。

（3）**草绘** ：使用草绘器创建的草绘轮廓定义钻孔轮廓，可以创建各类型的简单孔特征。

标准孔 ：是指符合相关螺纹标准而形成的标准螺纹孔。它是基于相关的工业标准的，可创建的标准孔有螺纹孔、锥形孔，可带有不同的末端形状、标准沉孔和埋头孔。标准孔包括 ISO、UNC、UNF 3 种标准。

📖**注意**：对于标准孔，会自动创建螺纹注释。

孔的放置参照包括主参照和第二参照，主参照就是孔的放置面，第二参照用来确定孔在放置面上的具体位置。

建立孔特征的操作步骤如下。

步骤1：单击特征工具栏中的【孔工具】按钮 ，或在下拉菜单中选择【插入】→【孔】命令，弹出【孔特征】操控面板，如图5.2所示。

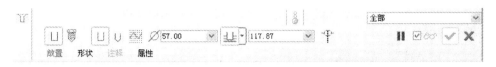

图 5.2 【孔特征】操控面板

步骤2：选择孔的类型，简单孔或标准孔。

步骤3：单击【放置】按钮，然后选择放置类型和在绘图区单击放置参照。

步骤4：单击【形状】按钮，设置孔侧和形状参数等选项。

步骤5：调整孔直径和孔深度，最后单击操控面板中的 按钮或直接单击鼠标中键完成孔特征的构造。

5.2.1　孔的定位方式

不论是普通孔还是标准孔，定位方式都是相同的，定位方式都需要通过【放置】按钮的下滑面板来设置，如图5.3所示。

孔的放置类型分为线性、径向、直径、同轴、在点上5种。前面3种都必须先选择放置面（平面、曲面）作为主参照，再选择次参照。同轴孔需同时选择放置平面和轴线作为主参照，不需要再选次参照。而孔特征建立在已有的基准点上时，只要选取基准点作为主参照，不需要再选次参照。【放置】下滑面板中孔的放置类型各选项介绍如下。

【线性】：通过给定两个距离尺寸放置孔。如果选择此放置类型，接下来必须选择参照边（平面）并输入参照的距离，如图5.4所示。

具体操作步骤如下。

图 5.3 【放置】选项下滑面板

步骤1：在【放置】选项中选择上平面为放置平面。

步骤2：在【类型】选项中选择【线性】选项。

步骤3：在【偏移参照】选项中同时选择左侧边（或左边面）和前侧面（或前边线）（先选择一个参照，然后按住 Ctrl 键选择另外一个参照）。

步骤4：在【偏移参照】中输入具体的偏移尺寸。

步骤5：单击【形状】按钮，设置孔侧和形状参数等选项。

步骤6：调整孔直径和孔深度，最后单击操控面板中的 按钮或直接单击鼠标中键完成孔特征的构造。

说明：孔深选项类似拉伸特征的深度选项，此处不再赘述。

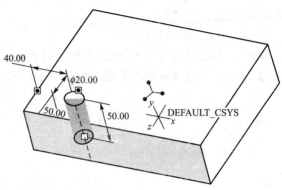

图 5.4 线性孔

【径向】和【直径】：通过给定极坐标半径/直径和极坐标角度的方式放置孔特征。如果选择此放置类型，接下来必须选择中心轴线及其角度参照的平面，如图 5.5 和图 5.6 所示。

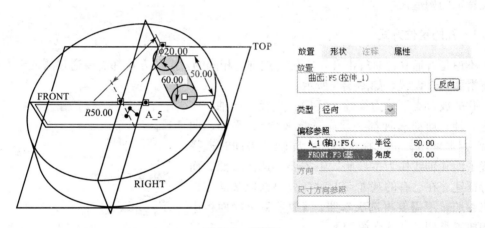

图 5.5 半径孔

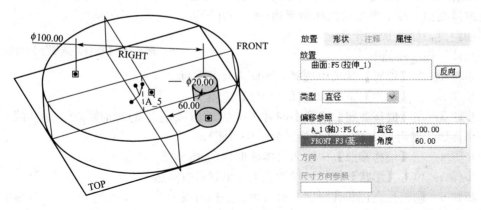

图 5.6 直径孔

具体操作步骤如下。

步骤1：在【放置】选项中选择上平面为放置平面。

步骤2：在【类型】选项中选择【径向】/【直径】选项。

步骤3：在【偏移参照】选项中同时选择轴线和参考面。

步骤4：在【偏移参照】中输入具体的偏移尺寸。

步骤5：单击【形状】按钮，设置孔侧和形状参数等选项。

步骤6：调整孔直径和孔深度，最后单击操控面板中的 ✓ 按钮或直接单击鼠标中键完成孔特征的构造。

【同轴】：创建与指定基准轴位置重合的同轴孔。如果选择此放置类型，需同时选择放置平面和基准轴作为放置参照，如图5.7所示。

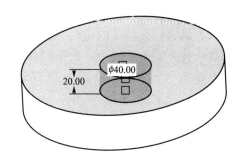

图 5.7　同轴孔

具体操作步骤如下。

步骤1：在【放置】选项中同时选择上平面和轴线为放置平面。

说明：系统自动选择放置类型为同轴。

步骤2：单击【形状】按钮，设置孔侧和形状参数等选项。

步骤3：调整孔直径和孔深度，最后单击操控面板中的 ✓ 按钮或直接单击鼠标中键完成孔特征的构造。

【在点上】：是指通过曲面上的一点，沿曲面的法线方向产生孔特征，如图5.8所示。

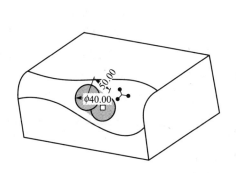

图 5.8　创建在点上的孔

具体操作步骤如下。

步骤 1：单击【孔特征】按钮 𝕀 。

步骤 2：直接选取放置点。

步骤 3：单击【形状】按钮，设置孔侧和形状参数等选项。

步骤 4：调整孔直径和孔深度，最后单击操控面板中的 ✓ 按钮或直接单击鼠标中键完成孔特征的构造。

5.2.2 直型孔

直型孔为最常见的孔，横断面为固定的圆形，纵断面为长方形。一般来讲，建立孔特征的操作方法有两种，一种是直接拖拽控制柄到参照，并在模型中双击尺寸值进行修改，完全用鼠标在绘图区中建立孔特征；第二种方式是通过孔特征操控面板的下滑面板建立孔特征。

两种方法各有其特点，建立的孔特征定位简单时，使用第一种拖拽的方式建立孔比较迅速。如果遇到孔特征的定位方式比较复杂时，可以利用下滑面板来完成孔的创建。在熟练这两种方式的基础上，交叉混合使用这两种方式，可在快速又简便的操作下建立孔特征。以图 5.9 为例，以第一种方式来说明直孔的创建方法，最后结果如图 5.9 所示。

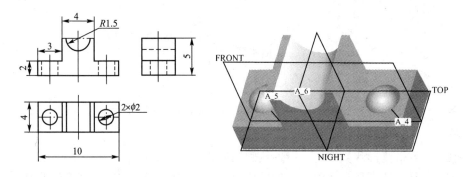

图 5.9　直孔

操作步骤如下。

步骤 1：新建一个文件，完成基础实体特征，如图 5.10 所示。

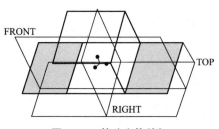

图 5.10　基础实体特征

步骤 2：建立直孔特征。

选取图 5.10 中加亮的面作为主参照→单击【孔特征】按钮 𝕀 →在放置面上看到了孔的形状→拖动控制柄到如图 5.11 所示的参照，在绘图区中双击修改参照尺寸值，修改孔的直径为 2→在操控面板中选择孔的深度为 ⊧ ⊧ →单击操控面板中的 ✓ 按钮，或直接单击鼠标中键完成孔特征的构建。

步骤 3：以同样的方法建立模型右侧孔，最后结果如图 5.12 所示。

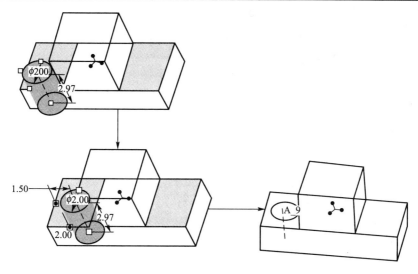

图 5.11 左侧直孔的创建

步骤 4：创建半圆孔。

选取实体前表面作为主参照→单击【孔特征】按钮→在放置面上看到了孔的形状→拖动控制柄到如图 5.13 所示的参照，在绘图区中双击修改参照尺寸值，修改孔的直径为 3→在图标板中选择孔的深度为 ⊒ ⊫→单击操控面板中的 ✔ 按钮，或直接单击鼠标中键完成孔特征的构建。

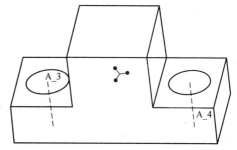

图 5.12 右侧直孔的创建

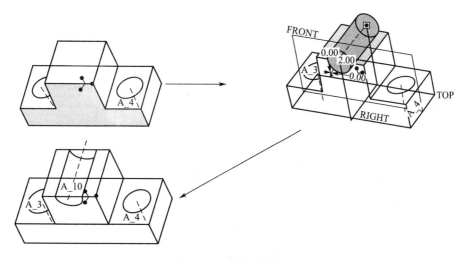

图 5.13 半圆孔的创建

5.2.3 草绘孔

草绘孔的截面由用户绘制剖面，放置方式与直孔相同，不同的是孔径和孔深都是通过草绘来定义的。

草绘孔的绘制原则与旋转特征的草绘相同。

都是以一条中心线作为旋转轴。

至少有一条线段垂直于中心线，若只有一条线段与中心线垂直，系统会自动将此线段与放置面对齐。

草绘截面必须为封闭截面，草绘孔类似于一个旋转切除特征。

草绘孔创建步骤如下。

步骤 1：单击特征工具栏中的【孔工具】按钮 或从下拉菜单中选择【插入】→【孔】命令，弹出孔特征操控面板，如图 5.14 所示。

步骤 2：单击操控面板中的【创建简单孔】按钮 ，此选项为系统默认选项。

步骤 3：单击操控面板中的【草绘】按钮 ，系统显示 2 个草绘孔选项，如图 5.15 所示。

打开现有的草绘轮廓 ：系统打开【文件打开】对话框，可以选择现有的草绘(.sec)文件作为草绘剖面。

激活草绘器以创建剖面 ：进入草绘环境，可创建一个新的草绘剖面（草绘轮廓）。

步骤 4：单击操控面板中的【创建剖面】按钮 ，进入草绘环境，绘制如图 5.15 所示的旋转剖面和旋转中心线，单击 按钮，退出草绘环境。

步骤 5：选取孔放置平面，定义孔的放置方式及放置尺寸。

图 5.14　孔特征操控面板

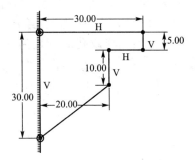

图 5.15　草绘剖面

步骤 6：单击操控面板中的 按钮或直接单击鼠标中键完成孔特征的构建，最后结果如图 5.16 所示。

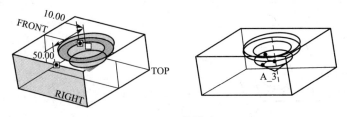

图 5.16　草绘孔

5.2.4　标准孔

标准孔是利用现有标准规格建立的孔，定义标准孔的放置参照与直孔相同，不同的地方在于：孔形状为标准形状，可以通过操控面板的下拉列表选择孔的标准，是否增加沉孔、埋头孔等，再利用【形状】面板修改其具体形状。

具体创建步骤如下。

步骤 1：单击特征工具栏中的【孔工具】按钮 或从下拉菜单中选择【插入】→【孔】命令，弹出孔特征操控面板，单击【创建标准孔】按钮，操控面板如图 5.17 所示。

图 5.17　标准孔特征操控面板

步骤 2：选择螺纹类型、螺纹规格、标准孔的形状。

步骤 3：打开操控面板的【形状】选项卡，编辑孔的尺寸。

步骤 4：选取孔放置平面，定义孔的放置方式及放置尺寸。

步骤 5：单击操控板中的 按钮或直接单击鼠标中键完成孔特征的构建。

操控面板上与标准孔创建有关的选项功能如下。

(1) 螺纹孔类型：有 3 种类型的螺纹孔。

ISO：国际标准螺纹。

UNC：粗牙螺纹。

UNF：细牙螺纹。

其中 ISO 应用最为广泛。

(2) ：增加沉孔。

在操控板上单击【增加沉孔】按钮 并选用指定深度设置，再选择【形状】选项，系统出现如图 5.18 所示的界面，再次单击可取消应用。输入沉孔直径和高度尺寸，拖动控制柄到参照，即可完成特征，如图 5.19 所示。

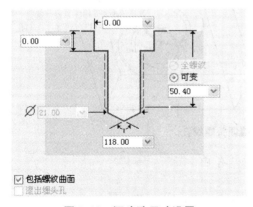

图 5.18　沉头孔尺寸设置

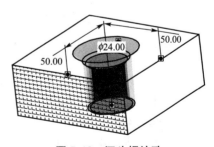

图 5.19　沉头螺纹孔

在如图 5.18 所示的界面中选中【包括螺纹曲面】复选框，则在完成孔的创建后，在绘图区螺纹曲面以"紫色"线显示，如图 5.20 所示，系统默认选中此复选框。

(3) ：增加埋头孔。

在操控面板上单击【埋头孔】按钮 ，并选用指定深度设置，再选择【形状】选项，系统出现如图 5.21 所示的界面，再次单击可取消应用。输入沉孔直径和高度尺寸，拖动控制柄到参照，即可完成特征，如图 5.22 所示。

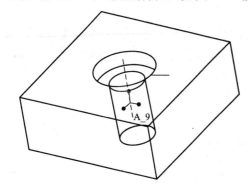

图 5.20　显示螺纹曲面

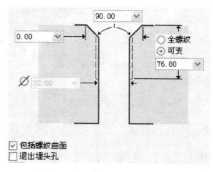

图 5.21　埋头孔尺寸设置

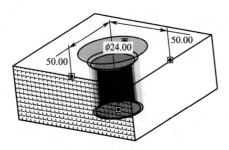

图 5.22　埋头螺纹孔

在上面的图形选项中若选中【退出埋头孔】复选框，则在创建孔时，两个端面都会增加埋头孔，如图 5.23 所示。

（4） ：【添加攻丝】按钮，此选项可以在螺纹或锥形，以及间隙或钻孔子类型之间切换。从简单孔切换到标准孔时，在默认情况下系统或选取【攻丝】。

（5） ：【创建锥孔】按钮，可创建形状如图 5.24 所示的锥孔。

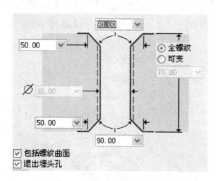

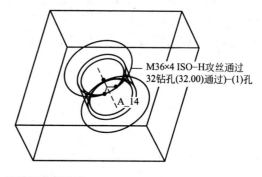

图 5.23　两端埋头螺纹孔

（6） ：【孔肩深度】按钮。此按钮具有钻孔肩部深度 和钻孔深度 两项。

（7） ：【创建钻孔】按钮。

（8） ：【创建间隙孔】按钮。

（9）【注释】：建立标准孔的注释。

在孔特征操作面板中，【注释】下滑面板只在标准孔中适用，用于建立标准孔的注释，如图 5.25 所示。完成标准孔的建立后，同时会显示在绘图区中。

如果不想在绘图区显示标准孔的注释，只需在

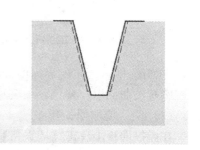

图 5.24　创建锥孔

【注释】下滑面板中取消【添加注释】复选框的小勾，就可以将它隐藏。

（10）【属性】：【属性】下滑面板用于获得孔特征的一般信息和参数信息，并可以重命名孔特征，如图 5.26 所示。

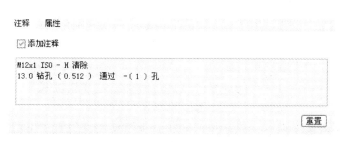

图 5.25　【注释】下滑面板　　　　　　　　图 5.26　【属性】下滑面板

注意： 在创建标准孔之前，一定要将系统单位改为毫米(mm)。

5.3　倒圆角特征

圆角是工程设计或制造中不可缺少的一个环节，光滑过渡可以使产品更加美观，几何边缘的光滑过渡对产品机械结构性能也是非常重要的，例如可以避免应力集中。圆角分为常数倒圆角、可变倒圆角、由曲线驱动的倒圆角和完全倒圆角。

常数倒圆角：圆角段具有恒定的半径。

可变倒圆角：圆角段具有多个半径。

由曲线驱动的倒圆角：圆角的半径由基准曲线驱动。

完全倒圆角：圆角会替换选定曲面。

1. 创建常数倒圆角

1）倒圆角创建方法

步骤 1：单击特征工具栏中的【倒圆角】工具按钮，或在下拉菜单中选择【插入】→【倒圆角...】命令，出现如图 5.27 所示的【倒圆角】操控面板。

步骤 2：选取要倒圆角的边，输入圆角半径（也可通过拖动手柄来改变圆角半径）。

步骤 3：单击操控板中的 按钮或直接单击鼠标中键完成圆角特征的构建。

图 5.27　【倒圆角】操控面板

提示： 倒圆角还有一个比较快速的创建方法，具体方法是配合过滤器在绘图区中用左键选取倒圆角的边线，选中的边线呈红色，按住右键在弹出的菜单中选择【倒圆角边】选项，如图 5.28 所示。拖动手柄来改变圆角半径或在绘图区中直接双击尺寸值进行修改，最后单击鼠标中键即可完成特征的创建。

图5.28　快捷菜单

2)【倒圆角】操控面板

在如图5.27所示的【倒圆角】操控面板中包含以下选项。

：【切换至设置模式】按钮。此选项为默认设置，用于具有"圆形"截面形状倒圆角的选项。

：【切换至过渡模式】按钮。此选项用于定义倒圆角特征的所有过渡。【过渡】类型对话框可设置显示当前过渡的默认过渡类型，并包含基于几何环境的有效过渡类型的列表。

【设置】下滑面板：在激活【切换至设置模式】按钮的状态下可使用【设置】下滑面板，该下滑面板包含以下选项，如图5.29所示。

（1）【设置集】列表框：包含当前所有倒圆角特征的所有倒圆角集，可用来添加、移除和修改倒圆角集。

（2）【截面形状】下拉列表：用来控制活动倒圆角集的截面形状。

（3）【圆锥参数】下拉列表：用于控制当前倒圆锥角的锐度。

（4）【创建方法】下拉列表：用于控制活动倒圆角集的创建方法。

（5）【完全倒圆角】按钮：单击此按钮可将活动倒圆角集切换为完全倒圆角。

（6）【通过曲线】按钮：单击此按钮，允许由选定的曲线驱动活动的倒圆角半径，以创建由曲线驱动的倒圆角。

（7）【参照】列表框：该列表框包含为倒圆角集所选取的有效参照。

图5.29　【设置】下滑面板

（8）【骨架】列表框：根据活动的倒圆角类型，可激活下列列表框。

① 驱动曲线：包含曲线的参照，由该曲线驱动倒圆角半径创建由曲线驱动的倒圆角。

② 驱动曲面：包含将由完全倒圆角替换的曲面参照。

③ 骨架：包含用于【垂直骨架】或【可变】曲面至曲面倒圆角集的可选骨架参照。

（9）【细节】按钮：用于打开【链】对话框以便修改链属性。

（10）【半径】列表框：用于控制活动倒圆角集半径的距离和位置。

【过渡】下滑面板：在激活【切换至过渡模式】按钮的状态下，【过渡】下滑面板可用，如图5.30所示。【过渡】列表框包含整个倒圆角特征的所有用户定义的过渡，可用来修改过渡。

【段】下滑面板：可执行倒圆角段管理，如图5.31所示。可查看倒圆角特征的全部倒圆角集，查看当前倒圆角集中的全部倒圆角段，修剪、延伸或排除这些倒圆角段，以及处理放置模糊问题。

图 5.30　【过渡】下滑面板

图 5.31　【段】下滑面板

【选项】下滑面板：如图 5.32 所示，包含以下选项。

①【实体】选项：以与现有几何相交的实体形式创建倒圆角特征。仅当选取实体作为倒圆角集参照时，此选项才可用。如果选取实体作为倒圆角集参照，则系统自动默认选中此选项。

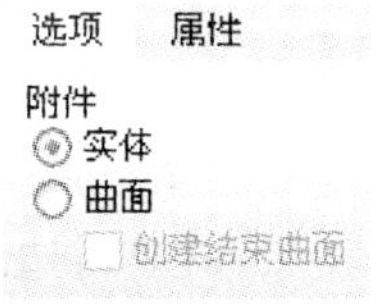

②【曲面】选项：与现有几何不相交的曲面形式创建倒圆角特征。仅当选取实体作为倒圆角集参照时，此选项才可用。

③【创建结束曲面】复选框：创建结束曲面，以封闭倒圆角特征的倒圆角段端点。仅当选取了有效几何以及【曲面】或【新面组】连接类型时，此复选框才为可用状态。

图 5.32　【选项】下滑面板

【属性】下滑面板：包含以下选项。

①【名称】文本框：用于显示或更改当前倒圆角特征的名称。

② 按钮：在系统浏览器中提供详细的倒圆角特征信息。

3）边或边链的选取

可以通过在一条或多条或者一个边链上进行选取来放置圆角。当有多条边时，可采取以下方法选取。

（1）按住 Ctrl 键＋鼠标单击所有边线。

（2）单击一条边，然后按住 Shift 键并单击这条边所在的面，就可以选中这个环形线链，如图 5.33 所示。

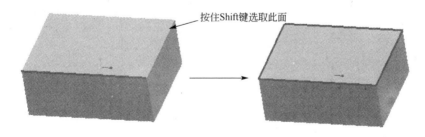

按住Shift键选取此面

图 5.33　面链选取

（3）依次选取链：选取一条边后，按住 Shift 键，再次选取这条边线，然后选取与其相连的元素，就可以依次添加元素，此方法常用于选取相切链的一部分，如图 5.34 所示。

（4）相切链的选取：选取一条边后，按住 Shift 键，再选取与第一条边相切的边线，即可选中相切连接的元素链，如图 5.35 所示。

（5）目的链的选取：在过滤器中选择【几何】选项，在绘图区中选目的链的任一条边线，再从过滤器中选择【智能】选项，将鼠标移动到刚才选取的那条边线，可以发现其他的边会被加亮，再单击鼠标左键即可，如图 5.36 所示。

图 5.34　依次链的选取

图 5.35　相切链的选取

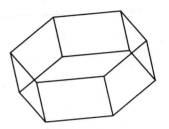

图 5.36　目的链的选取

2. 创建完全倒圆角

完全倒圆角是指将整个曲面用圆弧面来代替。完全倒圆角只有在选取了有效【完全】倒圆角参照（两条对边或两个面），并同时选取了【圆形】横截面形状与【滚动球】建立方式时才可以使用。完全倒圆角的创建方法如下。

步骤 1：单击【倒圆角工具】按钮 ，打开【倒圆角】操控面板。

步骤 2：按住 Ctrl 键来选取两条对边或两个曲面。

步骤 3：在【倒圆角】操控面板上选择【设置】选项卡，弹出上滑面板及选取图形参照，如图 5.37 和图 5.38 所示。

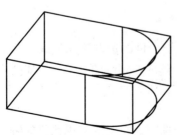

图 5.37　【设置】选项上滑面板

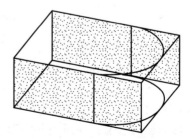

图 5.38　参照曲面选取

步骤 4：单击操控面板中的 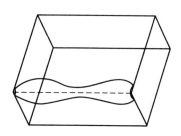按钮或直接单击鼠标中键完成倒圆角特征的构建。

3. 通过曲线倒圆角

通过曲线倒圆角是指特征的边沿着一条曲线进行倒圆角，圆角的半径由曲线到边的距离来决定，具体操作步骤如下。

步骤 1：单击【倒圆角】工具按钮 ，打开【倒圆角】操控面板。

步骤 2：选取要倒圆角的边。

步骤 3：在【倒圆角】操控面板上选择【设置】选项卡，弹出下滑面板，如图 5.39 所示。

图 5.39　通过曲线倒圆角

步骤 4：选取【通过曲线】选项，选取驱动曲线。

步骤 5：单击操控面板中的 按钮或直接单击鼠标中键完成倒圆角特征的构建。

4. 构建可变倒圆角

可变倒圆角是指有两个以上的圆角半径进行倒圆角，操作步骤如下。

步骤 1：单击【倒圆角】工具按钮 ，打开【倒圆角】操控面板。

步骤 2：选取要倒角的边，按住鼠标右键，弹出如图 5.40 所示的快捷菜单。

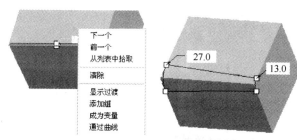

图 5.40　快捷菜单

步骤 3：从快捷菜单中选择【成为变量】命令，则在边线两端分别显示半径值。

步骤 4：修改半径值，可实现变半径倒圆角（也可通过拖动控制手柄实现）。

步骤 5：单击操控面板中的 ✔ 按钮或直接单击鼠标中键完成倒圆角特征的构建。

📖 **说明**：在某一半径数字处或在控制柄上单击鼠标右键，在弹出的菜单（图 5.41）中选择【添加半径】命令，可以增加半径控制点。使用此方法还可以继续添加更多的控制柄，并方便地调整控制点的位置及半径值。

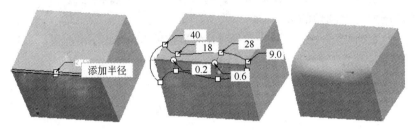

图 5.41　添加半径

5.4　倒角特征

在工程设计中，通常对零件的边或角作倒角处理，Pro/ENGINEER 提供了边倒角和拐角倒角两种倒角功能。选择【插入】下拉菜单中的【倒角】命令，或单击工具栏中的【倒角】按钮 ⬡，即可进行倒角操作。

边倒角：选取模型上的边线，移除材料形成一斜面。

拐角倒角：选取模型上的拐角，移除材料形成一斜面。

1. 边倒角

边倒角特征的创建步骤如下。

步骤 1：单击特征工具栏中的【倒角工具】按钮 ⬡，或从下拉菜单中选择【插入】→【倒角】→【边倒角...】命令，弹出【边倒圆角】操控面板，如图 5.42 所示。

步骤 2：选取要倒角的边。

步骤 3：选择倒角类型。

边倒角类型有以下几种。

D×D：对两平面以任意角度交错的边建立倒角特征，只需要输入倒角的距离 D 就可以，这种方式也是系统默认的一种方式，如图 5.43 所示。

图 5.42　【边倒圆角】操控面板

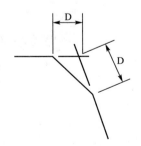

图 5.43　D×D

D1×D2：边两侧的倒角距离不相等，建立时要指定距离 D1 和距离 D2，如图 5.44 所示。

角度×D：设置一个距离 D 与一个角度形成倒角特征，须指定一个"参考面"作为该角度的基准，如图 5.45 所示。

45×D：在两相互垂直曲面的角线创建倒角，倒角和两个曲面都成 45°，并且沿每个曲面上的距离都为 D，如图 5.46 所示。

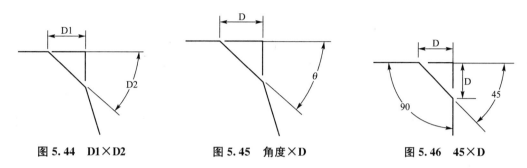

图 5.44 D1×D2　　　　图 5.45 角度×D　　　　图 5.46 45×D

步骤 4：输入倒角值(也可通过拖动手把来改变倒角值)。

步骤 5：单击操控面板中的 ✓ 按钮或直接按鼠标中键完成特征的构建。

2. 拐角倒角

拐角特征的创建步骤如下。

步骤 1：选择下拉菜单中的【插入】→【倒角】→【拐角倒角...】命令，出现【倒角(拐角)】对话框，如图 5.47 所示。

步骤 2：选取要倒角的顶点，弹出【选出/输入】菜单，如图 5.48 所示。该菜单命令的功能如下。

【选出点】：在蓝色激活边上选出一点来定义倒角在该边的长度。

【输入】：输入倒角在蓝色激活边上的输入值。

选择上述其中一个选项后，指定一个点或选择【输入】选项指定其输入值，然后系统自动激活其他边，继续定义其他的两条边线即可。

步骤 3：分别在 3 个边上给定切角的位置(或选择输入值)。

步骤 4：在特征创建对话框中单击【确定】按钮。

使用输入尺寸来获得的倒角效果如图 5.49 所示。

图 5.47 【倒角(拐角)】
　　对话框

图 5.48 【选出/
　　输入】菜单

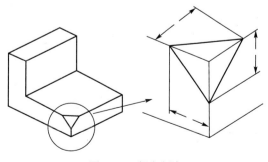

图 5.49 拐角倒角

5.5　抽　壳　特　征

抽壳特征常用于塑料或铸造零件，将成型品内部进行挖空，厚度薄且均匀，薄壁类零件设计时常用此功能。在抽壳厚度上来讲，抽壳分为相同厚度抽壳和不等厚度抽壳两种。

1.【壳】特征操控面板

单击特征工具栏中的【抽壳工具】按钮 🔲 或选择下拉菜单中的【插入】→【壳...】命令，出现【壳】特征操控面板，如图 5.50 所示。

图 5.50　【壳】特征操控面板

【壳】特征操控面板中包含下列选项。

【厚度】文本框：用于更改默认的壳厚度值。可输入新值，或在其下拉列表中选择最近使用过的值。

🖉：反向按钮，用于反向壳的创建侧。

【参照】下滑面板：用于显示当前壳特征，如图 5.51 所示。该下滑面板中包含下列选项。

（1）【移除的曲面】列表框：用于选取要移除的曲面。如果未选取任何曲面，则会创建一个封闭壳，将零件的整个内部都掏空，且空心部分没有入口。

（2）【非缺省厚度】列表框：用于选取要在其中指定不同厚度的曲面。可为此列表框中的每个曲面指定单独的厚度值。

【选项】下滑面板：用于设置排除曲面和细节，如图 5.52 所示。该下滑面板中的主要选项作用介绍如下。

图 5.51　【参照】下滑面板

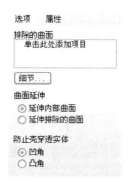

图 5.52　【选项】下滑面板

（1）【排除的曲面】列表框：用于选取一个或多个要从壳中排除的曲面。如果未选取任何要排除的曲面，则将壳化整个零件。

（2）【细节】按钮：单击该按钮打开如图 5.53 所示用来添加或移除曲面的【曲面集】

对话框。

📖 **注意**：通过【壳】操控面板访问【曲面集】对话框时不能选取面组曲面。

（3）【延伸内部曲面】单选按钮：用于在壳特征的内部曲面上形成一个盖。

（4）【延伸排除的曲面】当选按钮：用于在壳特征的排除曲面上形成一个盖。

【属性】下滑面板：用于设置壳的名称，与【倒圆角】操控面板中的【属性】下滑面板类似，在此不再赘述。

2. 相同厚度抽壳

步骤 1：单击特征工具栏中的【抽壳工具】按钮🔲或选择下拉菜单中的【插入】►【壳...】命令，打开【壳】特征操控面板。

步骤 2：选取要抽壳的面，如图 5.54 所示，按住 Ctrl 键可选取多个面。

步骤 3：在操控板上输入抽壳厚度或在绘图区中双击修改尺寸值。

步骤 4：单击操控面板中的✔按钮或直接单击鼠标中键完成特征的构建，最后结果如图 5.55 所示。

图 5.53　【曲面集】对话框

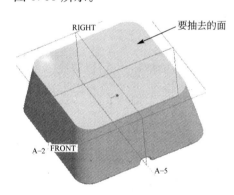

图 5.54　选取要抽壳的面

图 5.55　抽壳特征

3. 不等厚度抽壳

步骤 1：单击特征工具栏中的【抽壳工具】按钮🔲或选择下拉菜单中的【插入】→【壳...】命令，出现【壳】特征操控面板。

步骤 2：选取要抽去的面并给定抽壳厚度后，单击鼠标右键，弹出如图 5.56 所示的快捷菜单，选择【非缺省厚度】命令。

步骤 3：选取不等厚面并分别给定其厚度，如图 5.57 所示，按住 Ctrl 键可选取多个面。

步骤 4：单击操控面板中的✔按钮或直接单击鼠标中键完成特征的构建，最后结果如图 5.57 所示。

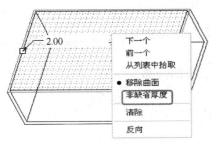

图 5.56　快捷菜单

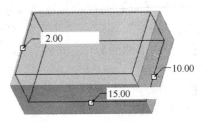

图 5.57　不等厚度抽壳特征

设置不等厚度抽壳也可以通过操控板中的参照上滑面板来进行设置，方法是单击【参照】弹出下滑面板。将【非缺省厚度】选择器单击激活，选取非等厚面并分别给定其厚度，按住 Ctrl 键可选取多个面。

4．体抽壳

在抽壳过程中，若没有选取要抽去的曲面，则会建立一个"封闭"的壳。整个零件内部为挖空状态，但无法进入该空心部分。比如说要将一个球体内部挖空，就可以使用这种抽壳。

操作步骤非常简单，直接单击特征工具栏中的【抽壳工具】按钮图或选择下拉菜单中的【插入】→【壳...】命令，出现抽壳特征操控面板，直接输入抽壳厚度，单击鼠标中键即可。

5.6　筋　特　征

筋特征在零件中是一种加强强度的结构，常用来加固设计中的零件，可以提高零件的抗弯强度。利用【筋】工具可快速创建简单的或复杂的筋特征。在 Pro/ENGINEER Wildfire 5.0 中，筋特征主要分为轮廓筋和轨迹筋两大类。

1．【轮廓筋】特征操控面板

单击特征工具栏中的【轮廓筋】工具按钮，或选择下拉菜单中的【插入】→【筋...】→【轮廓筋】命令，可打开如图 5.58 所示的【轮廓筋】特征操控面板。

图 5.58　【轮廓筋】特征操控面板

【轮廓筋】特征操控面板中包含下列选项。

【厚度】文本框：用于控制筋特征的材料厚度。文本框中包含最近使用的尺寸值。

：反向按钮，用于切换筋特征的厚度侧。

【参照】下滑面板：用于显示当前【轮廓筋】特征参照的相关信息并对其进行修改，如图 5.59 所示。该下滑面板中包含下列选项。

（1）【草绘】列表框：用于显示为轮廓筋特征选定的有效草绘特征参照。可使用快捷菜单中的【移除】命令移除草绘参照。【草绘】列表框每次只能包含一个有效的轮廓筋特征。可单击【定义】按钮通过定义草绘平面和草绘方向进入草绘环境绘制草绘特征参照。

（2）【反向】按钮：用于切换轮廓筋特征草绘的材料方向。

图 5.59　【参照】下滑面板

【属性】下滑面板：用于获取轮廓筋特征的信息并重命名筋特征，与【倒圆角】操控面板中的【属性】下滑面板类似。

2.【轮廓筋】特征的创建

可创建直筋和旋转筋两种类型的轮廓筋特征，但其类型会根据连接几何自动进行设置。对于轮廓筋特征，可执行普通的特征操作，如阵列、修改、重定义等。

轮廓筋特征的创建方法如下。

步骤 1：单击特征工具栏中的【轮廓筋】工具按钮，或选择下拉菜单中的【插入】→【筋...】→【轮廓筋】命令，打开【轮廓筋】特征操控面板。

步骤 2：选择【参照】→【定义】命令，进入草绘环境。

步骤 3：绘制筋剖面，然后退出草绘环境。

步骤 4：输入筋板厚度或在模型中双击修改尺寸值、指定筋板方向。

步骤 5：单击操控面板中的 ✔ 按钮或直接单击鼠标中键完成特征的构建。

📖 注意：筋特征的截面必须为开放截面。

下面用具体事例说明创建轮廓筋特征的过程。原始零件特征如图 5.60 所示。

步骤 1：单击特征工具栏中的【轮廓筋】工具按钮，或选择下拉菜单中的【插入】→【筋...】→【轮廓筋】命令，弹出【筋特征】操控面板。

步骤 2：在操控板中单击【参照】下滑面板，在下滑面板中单击【定义】按钮，弹出【草绘】对话框，选取"FRONT"基准平面为草绘面，可以发现参照面已经自动被选取，在对话框中单击【草绘】按钮进入草绘环境。

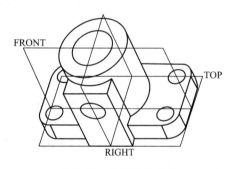

图 5.60　原始零件特征

步骤 3：进入草绘环境后，选取如图 5.61 所示的边线为参照线，绘制如图 5.62 所示的截面，绘制完毕，单击 ✔ 按钮退出草绘环境。

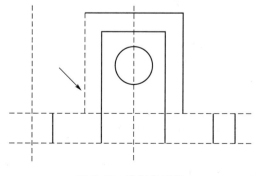

图 5.61　选择参照线

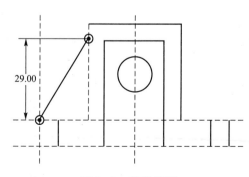

图 5.62　草绘截面

步骤 4：可以发现筋特征生成的方向箭头并没有指向实体材料，在操控面板上单击【参照】按钮，在【参照】上滑面板中单击【反向】按钮进行调整。

步骤 5：在操控面板中输入筋厚度 "7" 或在模型中双击修改尺寸值。

步骤 6：单击操控面板中的 ✔ 按钮或直接单击鼠标中键完成特征的构建，结果如图 5.63 所示。

步骤 7：右侧的筋用同样的方法来完成，最后结果如图 5.64 所示。

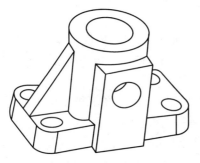 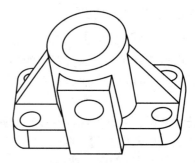

图 5.63　左侧筋特征　　　　　　　　　图 5.64　右侧筋特征

3.【轨迹筋】特征的创建

轨迹筋特征包含由轨迹定义的筋，还可包含每条边的倒圆角和拔模。轨迹筋经常被用在塑料零件中起加固结构的作用。这些塑料零件通常在腔槽曲面之间含有基础和壳或其他空心区域，腔槽曲面和基础必须由实体几何组成。通过在腔槽曲面之间草绘筋轨迹，或通过选取现有草绘来创建轨迹筋。

轨迹筋具有顶部和底部，底部是与零件曲面相交的一端，而筋顶部曲面由所选的草绘平面定义。轨迹筋的侧曲面会延伸至遇到的下一个可用实体曲面。筋草绘可包含开放环、封闭环、自交环或多环，可由直线、样条、弧或曲线组成。对于开放环，图元端点不必位于腔槽曲面上，系统会自动对他们进行修剪或延伸以符合腔槽曲面，但最好将草绘端点限制在实体几何内部。对于封闭环，则要求它必须位于腔槽中。

图 5.65 为创建有轨迹筋特征的示例。

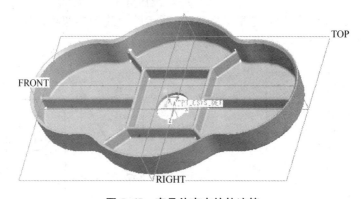

图 5.65　产品外壳中的轨迹筋

轨迹筋特征必须沿着筋的每一个点与实体曲面相接，如果出现如下情况，则无法创建轨迹筋特征。

（1）筋与腔槽曲面在孔或空白空间处相接。

（2）筋路径穿过基础曲面中的孔或切口。

下面介绍轨迹筋特征的创建过程。

步骤 1：单击特征工具栏中的【轨迹筋】工具按钮，或选择下拉菜单中的【插入】→【筋...】→【轨迹筋】命令，弹出【轨迹筋】特征操控面板，如图 5.66 所示。

图 5.66　【轨迹筋】特征操控面板

步骤 2：在【轨迹筋】操控面板中打开【放置】选项卡下的【放置】下滑面板，接着单击【放置】面板中的【定义】按钮，弹出【草绘】对话框。

步骤 3：选择草绘平面和草绘参照，单击【草绘】按钮，进入草绘模式，绘制筋轨迹的相应图元。图元端点不必位于腔槽曲面上，系统将会自动对它们进行修剪或延伸。

📖 说明：如果没有所需的平整面或基准面作为草绘平面，那么可以单击【基准平面】按钮 ，根据设计要求创建一个新基准平面作为草绘平面，草绘平面定义筋的顶部。

步骤 4：单击【完成】按钮 ，完成内部草绘并退出草绘模式。

步骤 5：定义筋属性。在宽度框 中输入筋的宽度； 按钮为【添加拔模】； 按钮为【在内部边上添加倒圆角】； 按钮为【在暴露边上添加倒圆角】。

步骤 6：在【轨迹筋】操控面板中打开【形状】选项卡下的【形状】面板，从中更改默认的拔模角度和倒圆角半径等，如图 5.67 所示。

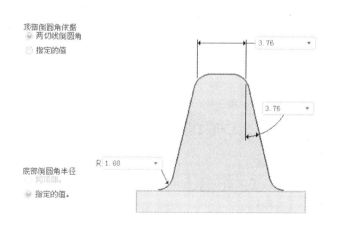

图 5.67　设置形状选项和形状参数

📖 说明：宽度值必须至少为倒圆角半径值的 2 倍，拔模角度必须介于 0°～30°。顶部倒圆角依据"两切线倒圆角"或"指定的值"，而底部倒圆角半径则可以被设置成"同顶部"或"指定的值"。

步骤 7：在轨迹筋操控面板中单击【完成】按钮 ，从而完成轨迹筋特征的创建。

5.7　拔 模 特 征

　　针对模具制造的要求，在设计过程中往往需要将零件的某些竖直面改为倾斜面，从而方便将零件从型腔中抽出，这就是对零件的拔模处理。

　　拔模特征将向单独曲面或一系列曲面添加一个介于 $-30°\sim30°$ 的拔模角度。仅当曲面是由圆柱面或平面形成时，才可拔模。曲面边的边界周围有圆角时不能拔模。不过，可以首先拔模，然后对边进行倒圆角过渡。

　　拔模特征从拔模枢轴上来讲可以分为两大类，一是"中性平面"，二是"中性曲线"；拔模特征从拔模角度上可以分为单角度拔模(固定拔模)和多角度拔模(可变拔模)。不管选择哪一类，有几个基本术语是相同的。

　　【拔模曲面】：要进行拔模操作的模型表面。

　　【拔模枢轴】：曲面围绕其旋转的拔模曲面上的线或曲线(也称作中立曲线)。可通过选取平面(在此情况下拔模曲面围绕它们与此平面的交线旋转)或选取拔模曲面上的单个曲线链来定义拔模枢轴。

　　【拖动方向】(拔模方向)：用于测量拔模角度的方向，通常为模具开模的方向。可通过选取平面(在这种情况下拖动方向垂直于此平面)、直边、基准轴或坐标轴来定义它。

　　【拔模角度】：拔模方向与生成的拔模曲面之间的角度。如果拔模曲面被分割，则可为拔模曲面的每侧定义两个独立的角度。拔模角度必须在 $-30°\sim30°$ 范围内。系统默认角度为 $1°$，可以直接进行修改。

　　1. 创建拔模特征的一般步骤

　　步骤 1：单击特征工具栏中的【拔模工具】按钮 ，或选择下拉菜单中的【插入】→【拔模...】命令，系统弹出【拔模】特征操控面板，如图 5.68 所示。

图 5.68　【拔模】特征操控面板

　　步骤 2：选取要拔模的曲面。

　　步骤 3：单击操控板中的【单击此处添加项目】按钮 ，选取一个平面、一条边或一条曲线作为拔模枢轴。

　　步骤 4：单击操控板中的【单击此处添加项目】按钮 ，选取一个平面、一条边、一个轴或两个点作为拖动方向。

　　步骤 5：修改拔模角及拔模方向，单击操控面板中的 按钮或直接单击鼠标中键完成特征的构建。

　　2.【拔模】特征操控面板

　　图 5.68 所示的【拔模】特征操控面板由以下内容组成。

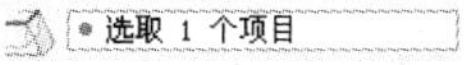

·选取 1 个项目：【拔模枢轴】列表框，用来指定拔模曲面上的中性直线或曲线，即曲面绕其旋转的直线或曲线。单击列表框可将其激活。最多可选取两个平面或曲面链。要选取第二枢轴，必须先用分割对象分割拔模曲面。

·单击此处添加项目：【拖动方向】列表框，用来指定测量拔模角所用的方向。可以选取平面、直边或基准轴、两点(如基准点或模型顶点)或坐标系。

反方向拖动按钮 ↗：用来反转拖动方向(由黄色箭头指示)。

【参照】下滑面板：包含在拔模特征和分割选项中使用的【参照】列表框，如图 5.69 所示。

【分割】下滑面板：包含分割选项，如图 5.70 所示。

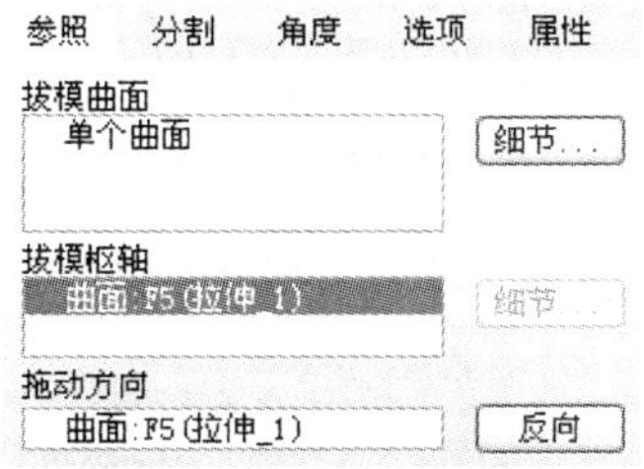

图 5.69 【参照】下滑面板

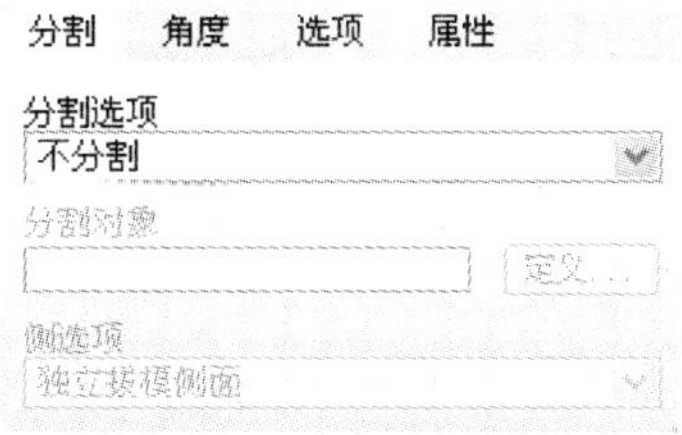

图 5.70 【分割】下滑面板

【角度】下滑面板：包含拔模角度值及其位置的列表，如图 5.71 所示。

【选项】下滑面板：包含定义拔模几何的选项，如图 5.72 所示。

图 5.71 【角度】下滑面板　　　　　图 5.72 【选项】下滑面板

【属性】下滑面板：包含特征名称和用于访问特征信息的图标，与【倒圆角】操控面板中的【属性】下滑面板类似，在此不再赘述。

3. 中性平面拔模

在中性平面拔模中，从分割对象上来讲分为不分割拔模、分割拔模和草绘分割拔模。

(1) 中性平面不分割拔模(基本拔模)：下面以示例说明这种拔模的具体操作方法，将图 5.73 所示的所有侧面进行 10° 拔模。

步骤 1：单击特征工具栏中的【拔模工具】按钮，系统弹出【拔模】特征操控面板。

步骤 2：选取任意一个侧面作为拔模面(若拔模面有相切面，系统将会自动选取所有相切面来进行拔模操作)。

步骤 3：在操控板的【拔模枢轴】收集器 中单击将其激活，然后选取模型上表面作为拔模枢轴。系统还使用它自动确定的拔模方向，并显示预览几何，如图 5.74 所示。

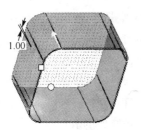

图 5.73　实体特征

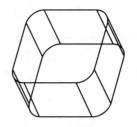

图 5.74　拔模特征

步骤 4：在操控板中输入拔模角度"10"或在模型中双击修改尺寸值，系统将更新预览几何，如图 5.75 所示。

步骤 5：现在可以清楚地看到拔模将材料从零件曲面移除。若要反向拔模角度，须在操控板中单击 ✕（反转角度以添加或去除材料）按钮。此处拔模将添加材料，如图 5.76 所示。

步骤 6：单击 ✔ 按钮完成拔模特征。

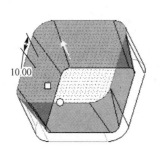

图 5.75　修改拔模角度

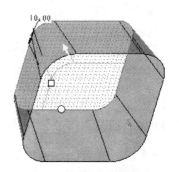

图 5.76　反向拔模角度

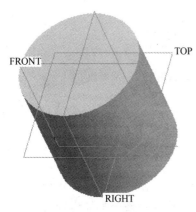

图 5.77　圆柱面

（2）中性平面分割拔模：平面分割，拔模参照面被中平面分为两部分，分别进行拔模操作而形成拔模斜度。

下面以具体的例子说明这种拔模的具体操作步骤。将图 5.77 中的圆柱面以"TOP"基准平面作为分割面拔模，将上侧拔模 15°，下侧拔模 10°。

步骤 1：单击特征工具栏中的【拔模工具】按钮，系统弹出【拔模】特征操控面板。

步骤 2：选取图 5.77 中的圆柱面为拔模面。

步骤 3：在操控面板的【拔模枢轴】收集器中单击将其激活，然后选取"TOP"基准平面作为拔模枢轴。

步骤 4：在操控面板中选择【分割】选项，弹出上滑面板，如图 5.78 所示。在【分割】选项中选择【根据拔模枢轴分割】选项，可以在模型中看到有两个角度尺寸，如图 5.79 所示。

步骤 5：在操控面板中输入拔模角度"15"和"10"或在模型中双击修改尺寸值，系统将更新预览几何，如图 5.80 所示。

步骤6：在操控面板中单击 ╳ 按钮，切换拔模角度反转。单击 ☑ 按钮完成拔模特征，最终结果如图5.81所示。

图5.78 【分割】选项上滑面板

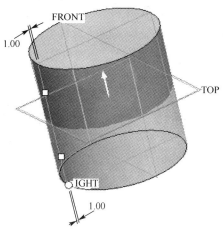

图5.79 输入拔模角度

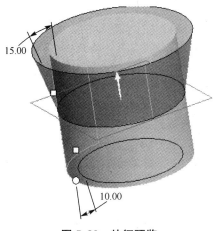

图5.80 特征预览

图5.81 中性平面分割拔模特征

（3）中性平面草绘分割拔模：草绘分割时拔模面被草绘截面分为内、外两个不同的区域，分别进行拔模操作。草绘的几何可以封闭也可以开放，但截面的形状要让系统能够明确判定拔模参照曲面的两个不同区域，如图5.82所示。

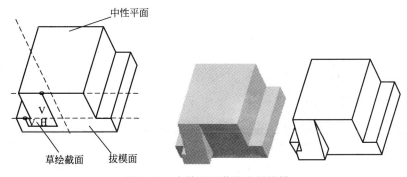

图5.82 中性平面草绘分割拔模

下面以实例说明这种拔模的具体操作步骤，将图 5.83 中的曲面进行草绘分割拔模。

步骤 1：单击特征工具栏中的【拔模工具】按钮，系统弹出【拔模】特征操控面板。

步骤 2：选取图 5.83 中的实体前表面为拔模面。

步骤 3：在操控板的【拔模枢轴】收集器中单击将其激活，然后选取 "RIGHT" 基准平面作为拔模枢轴。

步骤 4：在操控板中选择【分割】选项，弹出上滑面板。在分割选项中选择【根据分割对象分割】选项，此时分割对象被激活，如图 5.84 所示，单击【定义】按钮，弹出【草绘】对话框，选取零件的前表面为草绘面，在对话框中单击【草绘】按钮进入草绘环境。

图 5.83 原始实体特征

图 5.84 【分割】选项上滑面板

步骤 5：绘制截面如图 5.85 所示，单击 ✔ 按钮退出草绘。

步骤 6：可以在模型中看到有两个角度尺寸，在操控面板中第一个角度输入 "0"，第二个拔模角度输入 "15"，如图 5.86 所示。

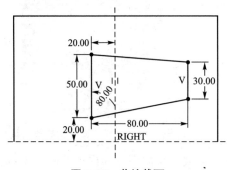

图 5.85 草绘截面

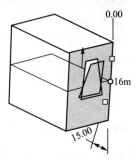

图 5.86 输入拔模角度

步骤 7：单击 ✔ 按钮完成拔模特征，最终结果如图 5.87 所示。

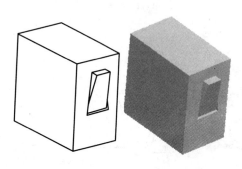

图 5.87 拔模特征

4．中性曲线拔模

在中性曲线拔模中，在分割对象上来讲分为不分割拔模、分割拔模和草绘分割拔模 3 类。

（1）中性曲线不分割拔模：下面以具体示例说明这种拔模的具体操作步骤，将图 5.88 所示的实体前表面进行 10° 拔模。

步骤 1：单击特征工具栏中的【拔模工具】按钮，系统弹出【拔模】特征操控面板。

步骤 2：选取实体前表面作为拔模面。

步骤 3：在操控板【拔模枢轴】收集器中单击将其激活，然后选取模型中的曲线作为拔模枢轴。

步骤 4：在操控板【拖动方向】收集器中单击将其激活，然后选取模型的上表面作为拖动方向，如图 5.88 所示。

步骤 5：在操控面板中输入拔模角度"10"或在模型中双击修改尺寸值，系统将更新预览几何，如图 5.89 所示。

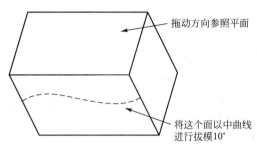

图 5.88　原始实体特征

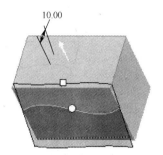

图 5.89　特征预览

步骤 6：单击☑按钮完成拔模特征。最终结果如图 5.90 所示。

（2）中性曲线分割拔模：曲线分割时模型中的拔模参照曲面被中曲线分割为两部分，分别进行拔模操作而形成拔模斜度。

下面以示例说明这种拔模的具体操作步骤，将图 5.88 所示的实体前表面以中曲线分割拔模，拔模角度上面为 15°，下面为 10°。

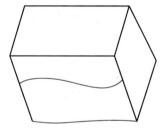

图 5.90　中性曲线不分割拔模特征

步骤 1：单击特征工具栏中的【拔模工具】按钮，系统弹出【拔模】特征操控面板。

步骤 2：选取实体前表面作为拔模面。

步骤 3：在操控板【拔模枢轴】收集器中单击将其激活，然后选取模型中的曲线作为拔模枢轴。

步骤 4：在操控板【拖动方向】收集器中单击将其激活，然后选取模型中的上表面作为拖动方向。

步骤 5：在操控面板中选择【分割】选项，弹出上滑面板。在分割选项中选择【根据拔模枢轴分割】选项，可以在模型中看到出现了两个角度尺寸，如图 5.91 所示。

步骤 6：在操控板中输入拔模角度"15"和"10"或在模型中双击修改尺寸值，系统将更新预览几何，如图 5.92 所示。

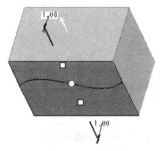

图 5.91　特征预览

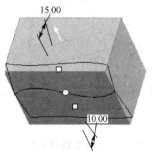

图 5.92　修改拔模角度

步骤 7：单击 ✔ 按钮完成拔模特征，最终结果如图 5.93 所示。

（3）中性曲线草绘分割拔模：下面以实例说明这种拔模的具体操作步骤，将图 5.94 中的曲面以草绘进行分割拔模。

步骤 1：单击特征工具栏中的【拔模工具】按钮，系统弹出【拔模】特征操控面板。

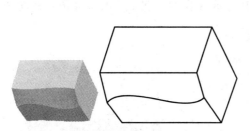

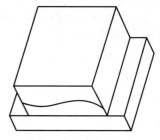

图 5.93　中性曲线分割拔模特征　　　　　　图 5.94　原始实体特征

步骤 2：选取实体前表面作为拔模面。

步骤 3：在操控板【拔模枢轴】收集器中单击将其激活，然后选取模型中的曲线作为拔模枢轴。

步骤 4：在操控板【拖动方向】收集器中单击将其激活，然后选取模型中的上表面作为拖动方向。

步骤 5：在操控面板中选择【分割】选项，弹出下滑面板。在【分割】选项中选择【根据分割对象分割】选项，此时分割对象被激活，如图 5.95 所示，单击【定义】按钮弹出【草绘】对话框，选取零件的前表面作为草绘面，在对话框中单击【草绘】按钮进入草绘环境。

步骤 6：绘制截面如图 5.96 所示，绘制结束，单击 ✔ 按钮退出草绘环境。

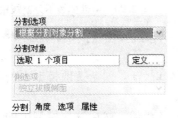

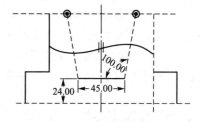

图 5.95　【分割】选项上滑面板　　　　　　图 5.96　草绘截面

步骤 7：在模型中可以看到有两个角度尺寸，在操控板中第一个角度输入"15"，第二个拔模角度输入"0"，如图 5.97 所示。

步骤 8：单击 ✔ 按钮，完成拔模特征的创建，最终结果如图 5.98 所示。

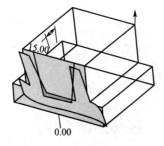

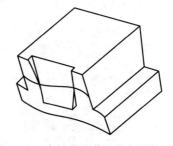

图 5.97　修改拔模角度　　　　　　图 5.98　中性曲线草绘分割拔模特征

5. 多角度拔模（可变拔模）

　　多角度拔模特征的倾斜度是可变的，拔模曲面以不同的倾斜角度形成拔模斜面。多角度拔模的创建过程和可变倒圆角很相似。在创建拔模的过程中，出现了角度参照之后，在操控柄处单击鼠标右键，弹出快捷菜单，选择【添加角度】命令，在拔模面上添加了一个角度参照，继续使用此方法可以添加更多的角度，分别修改这些角度值，最后完成结果如图 5.99 所示。

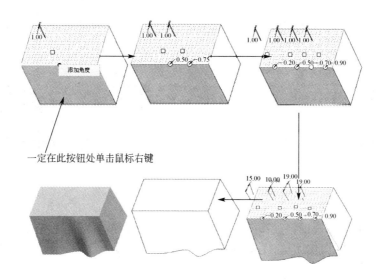

图 5.99　多角度拔模特征的创建

5.8　综　合　实　例

　　实例：创建如图 5.100 所示的产品外壳零件。

1. 创建基础实体特征

　　步骤 1：新建一个使用"mmns_part_solid"公制模板的实体零件文件，其文件名为 ex5_1.prt。

　　步骤 2：单击【拉伸】工具按钮，在【拉伸】特征操控面板中打开【放置】面板，单击【定义】按钮，弹出【草绘】对话框。

　　步骤 3：选择"TOP"基准平面作为草绘平面，以"RIGHT"基准平面作为"右"方向参照，单击【草绘】按钮，进入草绘模式。

　　步骤 4：绘制如图 5.101 所示的拉伸剖

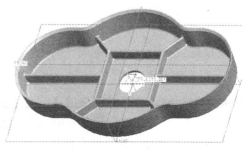

图 5.100　支座零件

面，然后单击【完成】按钮 ✔。

步骤 5：设置侧 1 的拉伸深度为"30"。

步骤 6：在【拉伸】特征操控面板中单击【完成】按钮，创建的拉伸实体特征如图 5.102 所示。

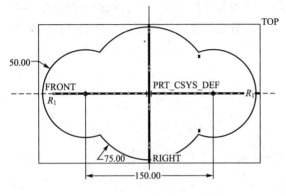

图 5.101　绘制拉伸剖面

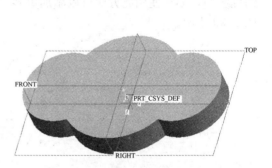

图 5.102　创建的拉伸实体特征

2. 创建拔模斜度

步骤 7：在右工具栏中单击【拔模】按钮，打开【拔模】特征操控面板。

步骤 8：按住 Ctrl 键选择如图 5.103 所示的 4 个侧曲面作为要拔模的曲面。

步骤 9：单击操控面板中的【拔模枢轴】收集器，将其激活，接着选择"TOP"基准平面定义拔模枢轴。

步骤 10：在【拔模】特征操控面板的【角度】框 ◢ 中输入"5"，即设置拔模角度为 5°。

步骤 11：在【拔模】特征操控面板中单击【完成】按钮，完成拔模操作后的模型效果如图 5.104 所示。

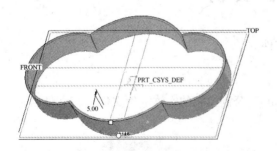

图 5.103　指定拔模曲面

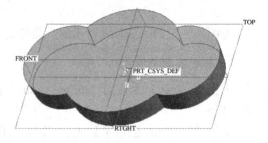

图 5.104　完成拔模操作

3. 创建倒圆角 1

步骤 12：在右工具栏中单击【倒圆角】按钮，打开【倒圆角】特征操控面板。

步骤 13：设置当前倒圆角集的圆角半径为"20"。

步骤 14：按住 Ctrl 键分别选择如图 5.105 所示的 4 条边。

步骤 15：在【倒圆角】特征操控面板中单击【完成】按钮。

4. 创建倒圆角 2

步骤 16：在右工具栏中单击【倒圆角】按钮，打开【倒圆角】特征操控面板。

步骤 17：设置当前倒圆角集的圆角半径为"5"。

步骤 18：选择如图 5.106 所示的 1 条边链。

步骤 19：在【倒圆角】特征操控面板中单击【完成】按钮，完成的倒圆角特征如图 5.107 所示。

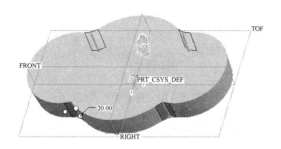

图 5.105　选择倒圆角的边参照

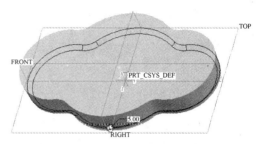

图 5.106　选择要倒圆角的边参照

5. 创建壳特征

步骤 20：在右工具栏中单击【壳】特征按钮，打开【壳】特征操控面板。

步骤 21：在壳特征操控面板的【厚度】尺寸框中输入"3"。

步骤 22：选择要移除的曲面，以确定壳的开口面，如图 5.108 所示。

步骤 23：在壳特征操控面板中单击【完成】按钮，完成的壳特征如图 5.109 所示。

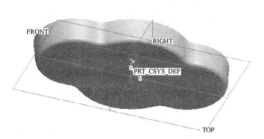

图 5.107　完成的倒圆角 2

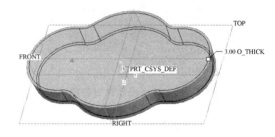

图 5.108　选择要移除的曲面

6. 创建孔特征

步骤 24：在右工具栏中单击【孔】特征按钮，打开【孔】特征操控面板。

步骤 25：在【孔】特征操控面板中单击左部的【创建简单孔】按钮 ⬚，接着单击右侧的【使用预定义矩形定义钻孔轮廓】按钮 ⬚，在 ⌀ 框中输入钻孔的直径为"30"。选择深度选项 ⬚ 为(穿透)。

步骤 26：在壳的内底面单击以定义主放置参照，接着打开【放置】面板，类型选项为【线性】，激活【偏移参照】收集器，选择"RIGHT"基准平面，接着按住 Ctrl 键选择"FRONT"基准平面，并将它们的偏移距离均改为 0。

步骤 27：在【孔】特征操控面板中单击【完成】按钮，完成的孔特征如图 5.110 所示。

7. 创建边倒角特征

步骤 28：在右工具栏中单击【边倒角】按钮，打开【边倒角】特征操控面板，默认是激活【集】模式▦。

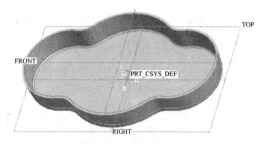

图 5.109　抽壳效果

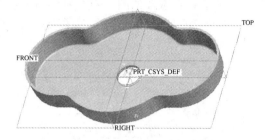

图 5.110　创建的孔特征

步骤 29：在【边倒角】特征操控面板中的【标注形式】框中选择"D×D"，接着在 D 文本框中输入"2"。

步骤 30：选择如图 5.111 所示的边链参照。

步骤 31：在【边倒角】特征操控面板中单击【完成】按钮，得到如图 5.112 所示的边倒角特征。

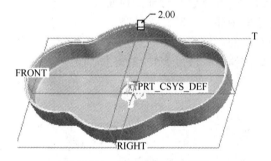

图 5.111　选择相切边链参照

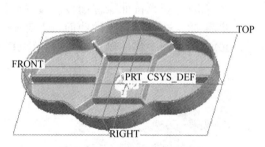

图 5.112　完成的边倒角特征

8. 创建轨迹筋特征

步骤 32：在右工具栏中单击【轨迹筋】按钮，打开【轨迹筋】特征操控面板。

步骤 33：在右工具栏中单击【基准平面】按钮▱，弹出【基准平面】对话框。选择"TOP"基准平面作为偏移参照，设置指定方向的偏移距离为平移"15"，如图 5.113 所示，然后单击【确定】按钮，从而创建 DTM1 基准平面。

步骤 34：在【轨迹筋】特征操控面板中单击出现的【退出暂停模式，继续使用此工具】按钮▶。

步骤 35：在【轨迹筋】特征操控面板中打开【放置】选项卡下的【放置】面板，接着单击【放置】面板中的【定义】按钮，弹出【草绘】对话框，选择 DTM1 基准平面作为草绘平面，以"RIGHT"基准平面作为"右"方向参照，单击【草绘】对话框中的【草绘】按钮，进入草绘模式。

步骤 36：绘制如图 5.114 所示的图形以定义轨迹筋，然后单击【完成】按钮，完成内部草绘并退出草绘模式。

图 5.113　创建基准平面 DTM1

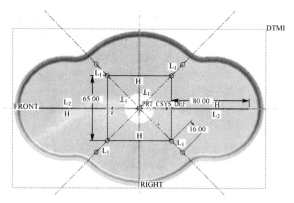

图 5.114　草绘

步骤 37：定义筋属性。在【宽度】框 中输入筋的宽度为"3"，并单击【添加拔模】按钮 、【在内部边上添加倒圆角】按钮 和【在暴露边上添加倒圆角】按钮 ，如图 5.115 所示。

图 5.115　定义筋属性

步骤 38：设置形状选项及参数。在【轨迹筋】特征操控面板中打开【形状】面板，设置如图 5.116 所示的形状选项及参数。可以接受 Pro/ENGINEER 提供的默认的形状参数设置。

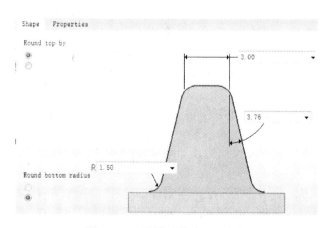

图 5.116　设置形状选项及参数

步骤 39：在【轨迹筋】特征操控面板中单击【完成】按钮，完成轨迹筋特征的创建，如图 5.117 所示。

9. 保存文件

步骤 40：单击【保存】按钮，弹出【保存】对话框。指定要保存到的目录，然后单击【确定】按钮。

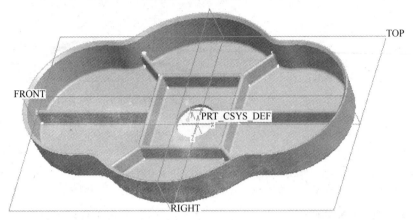

图 5.117　完成轨迹筋特征

5.9　小　　结

　　本章主要介绍了在基础实体特征上创建各种放置实体特征的基本方法及一般步骤，这些放置实体特征包括孔特征、圆角特征、倒角特征、抽壳特征、筋特征和拔模特征，其主要内容如下。

　　(1) Pro/ENGINEER 中可以创建直孔、草绘孔及标准孔 3 种类型的孔特征：结合【孔】特征操控板(图标板)的使用方法，从孔的类型、孔的尺寸及孔的放置位置 3 个方面讲述了这三类孔特征的一般创建流程。

　　(2) 倒圆角在实际设计过程中应用非常广泛：倒圆角的类型可以分为一般倒圆角和高级倒圆角。本章只介绍了一般倒圆角，重点介绍了常数、可变、完全倒圆角、曲线驱动四类圆角及倒圆角边线的选取技巧，来帮助大家掌握创建圆角的基本过程。

　　(3) 倒角也是运用较多的一种放置实体特征：本章详细介绍了创建边倒角与顶角的基本过程。

　　(4) 抽壳通常是用在创建薄壳类零件：本章详细介绍了创建相同厚度抽壳、不等厚度抽壳和体抽壳的一般过程。

　　(5) 筋特征在零件中是起支撑作用、加固设计的零件：本章通过实例详细说明了筋特征的创建过程。

　　(6) 拔模在模具方面应用非常广泛：本章详细介绍了中性平面拔模、中性曲线拔模及其草绘分割类型，又通过实例详细说明了每种分割拔模的创建过程，还介绍了多角度拔模的创建方法。

5.10　思考与练习

1. 思考题

　　(1) 创建孔特征有哪些定位方式？有何区别？

（2）简述草绘孔与普通孔的区别，草绘孔有何用途？

（3）简述倒圆角与倒角的区别。

（4）抽壳特征有何用途？

2. 练习题

（1）按图 5.118 所示的工程图绘制零件的三维实体模型。

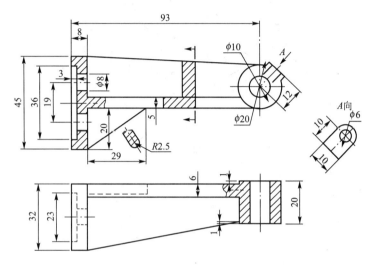

图 5.118　练习题(1)图

（2）按图 5.119 所示的工程图绘制零件的三维实体模型。

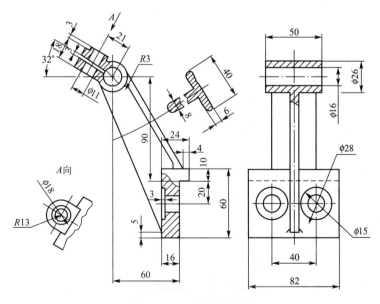

图 5.119　练习题(2)图

（3）创建图 5.120 所示的支座零件。

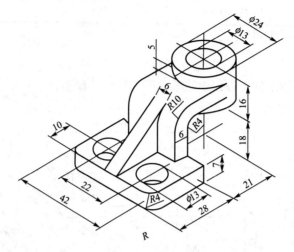

图 5.120　支座零件

第6章
实体特征的编辑

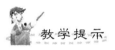

教学提示

直接创建的实体特征通常不能完全符合设计的要求，这时就需要通过特征的编辑命令来对特征进行编辑，同时也可以改变特征的参照和定形、定位尺寸，大大增加了设计的灵活性。编辑命令是建模过程中使用频率较高的特征操作工具，可以实现特征的复制、镜像、阵列、群组等。

教学要求

本章要求学生熟悉复制特征、镜像特征、阵列特征和特征群组的常用方法，熟练运用所学的知识对特征进行各种编辑操作。

6.1 特 征 操 作

在 Pro/ENGINEER 中有一组命令是专门针对特征进行操作的，这一组命令在【特征】菜单下。在菜单栏中选择【编辑】→【特征操作】命令，打开【特征】菜单管理器，如图 6.1 所示。

图 6.1 【特征】菜单

6.1.1 特征复制

在产品建模的过程中，经常需要创建一些相同的实体特征，如果一一创建这些实体的话，工作量很大，而且容易出错。利用 Pro/ENGINEER 5.0 系统提供的特征复制功能则可以解决上述麻烦，【复制】命令可以以选定特征为母本生成一个与其完全相同或相似的另外一个特征，是特征操作中的常用命令。

复制特征时，可以改变下列内容：参照、尺寸值和放置位置。

在 Pro/ENGINEER 中启动【复制】命令的方法如下。

步骤 1：在下拉菜单中选择【编辑】→【特征操作】命令，打开【特征】菜单管理器。

图 6.2 【复制特征】菜单

步骤 2：选择【特征】菜单中的【复制】命令，即可打开【复制】菜单，如图 6.2 所示。

【复制特征】菜单列出了复制特征的不同选项，各选项命令的功能如下。

1. 指定放置方式

【新参照】：使用新的放置面与参考面来复制特征，此时可以改变复制特征的参照、尺寸值和放置位置。

【相同参考】：使用与原模型相同的放置面与参考面来复制特征，此时可以改变复制特征的尺寸和放置位置。

【镜像】：通过一平面或一基准镜像来复制特征。Pro/ENGINEER 自动镜像特征，而不显示对话框。此时复制特征的尺寸不可改变，放置位置自动确定。

【移动】：以"平移"或"旋转"这两种方式复制特征。平移或旋转的方向可由平面的法线方向或由实体的边、轴的方向来定义。此时可以改变复制特征的尺寸值和放置位置。且该选项允许超出改变尺寸所能达到的范围之外的其他转换。

2. 指定要复制的特征

【选取】：直接在图形窗口内单击选取要复制的原特征。

【所有特征】：选取模型的所有特征。

【不同模型】：从不同的模型中选取要复制的特征。只有使用【新参照】时，该选项可用。

【不同版本】：从当前模型的不同版本中选择要复制特征。

【自继承】：从继承特征中复制特征。

3. 指定原特征与复制特征之间的尺寸关系

【独立】：复制特征的尺寸与原特征的尺寸相互独立，没有从属关系，即原特征的尺寸发生了变化，新特征的尺寸不会受到影响。

【从属】：复制特征的尺寸与原特征的尺寸之间存在关联，即原特征的尺寸发生了变化，新特征的尺寸也会随之改变。该选项只涉及截面和尺寸，所有其他参照和属性都不是从属的。

1. 【新参照】方式复制（NewRefs）

使用【新参照】方式进行特征复制时，需重新选择特征的放置面与参考面，以确定复制特征的放置平面。

回顾特征建立的过程可知，建立一个特征（无论是草绘特征还是放置特征）首先要选择特征草绘或放置参照：主参照和放置参照。这些参照可以是基准面、边、轴线等。【新参照】方式复制时，要重新选择与原参照作用相同的参照来定位新的复制特征。例如，如果原特征是一个孔特征，而主参照是一个平面，选择线性定位的次参照是主参照平面上的两条边线，则复制的孔特征需要重新选择一个新的平面作为主参照，同时要指定该平面上的两条边来取代原来的次参照的两条边以定位新的复制孔。

📖 提示：如果原特征以平面作为次参照定位，复制特征时系统会提示选择平面用以代替原定位平面，如果原特征以边定位，则系统会提示选择边线用以定位，总而言之，新参照的类型与原特征的对应参照形式相同，起相同的作用。

下面举例说明用【新参照】复制特征的操作过程。

复制如图 6.3 所示的孔特征。

步骤 1：选择【编辑】→【特征操作】命令，打开【特征】菜单。

步骤 2：选择【复制】选项，系统显示【复制特征】菜单。

步骤 3：依次选择【新参照】→【选取】→【独立】→【完成】命令。

📖 提示：此时系统会在命令提示区显示"选择要复制的特征"。

步骤 4：在图形窗口内用鼠标单击选择要复制的孔特征，然后在【选取】对话框中单击【确定】按钮。在【选取特征】子菜单中选择【完成】命令。

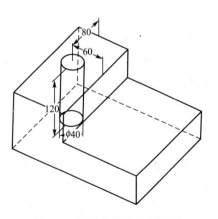

图 6.3 带孔特征的几何模型

步骤 5：系统弹出【组元素】和【菜单管理器】对话框，如图 6.4 和图 6.5 所示。在本例中不改变复制特征的尺寸，直接单击【菜单管理器】中的【完成】命令。

图 6.4 【组元素】对话框　　　　　图 6.5 【组可变尺寸】菜单

📖 **说明**：在【组元素】对话框内，系统列出了完成复制操作所需要重新定义的 3 个元素：可变尺寸、参照以及再生操作。由于当前正在定义"可变尺寸"元素，因此系统在菜单管理器窗口内显示了可以变化的孔特征尺寸。此时若选择改变孔的定形和定位尺寸，也就是孔的直径、孔深度和两个定位尺寸，则复制出与原特征相似的孔特征，大小和定位均已改变。也可以选择不改变这些尺寸，这时复制出定形尺寸与原特征相同的特征，但其定位由于选择了新的参照而改变了其空间位置。

　　当在【组可变尺寸】菜单中移动鼠标指针以选择可更改尺寸的时候，图形窗口内相应的尺寸数值会突出显示，另外，在命令提示区和图形窗口也会显示此尺寸的当前值。

图 6.6 【参考】菜单

　　步骤 6：系统弹出【参考】菜单，如图 6.6 所示。同时，原特征的主参照会加亮显示并在命令提示区内显示信息"选取曲面对应于加亮的曲面"。这实际上是要求用户为孔特征选择新的主参照。

　　本例中，欲选择如图 6.7(a)所示的平面作为复制特征的主参照，因此选择【参考】菜单中的【替换】命令。此时系统会再次弹出【参考】菜单，同时原特征的次参照会依次加亮显示，并在提示窗口内显示提示信息"选取平面对应于加亮的平面"。这实际上要求用户为孔特征选择新的次参照，依次选择如图 6.7(b)所示的两个平面作为新的次参照。

📖 **提示**：如果原特征的定位参照不是平面而是边线，则系统会在选择定位参照时提示"选取边对应加亮边"。

　　【参考】菜单中各选项的功能如下。

　　【替换】：为复制特征选取新参照。

　　【相同】：指明原始参照应用于复制特征。

　　【跳过】：跳过当前参照，以便以后可重定义参照。

　　【参照信息】：提供解释放置参照的信息。

　　步骤 7：系统弹出【组放置】子菜单，如图 6.8 所示。选择【完成】选项即完成特征的复制，系统回到【特征】菜单。选择【完成】选项可关闭【特征】菜单，或者选择其他命令，以继续进行其他操作。

　　从图 6.7(c)中的复制结果可以看出，新的孔特征与原孔特征外形尺寸保持一致，但是位于不同的平面上，说明它们的主参照是不相同的。因为在步骤 5 中没有修改孔的

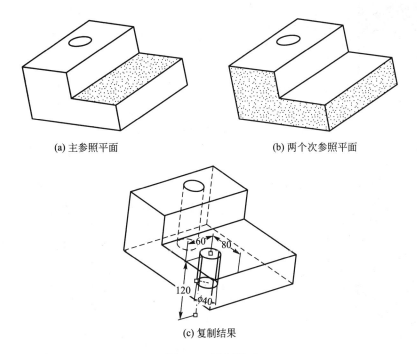

(a) 主参照平面　　　　　　　　　(b) 两个次参照平面

(c) 复制结果

图 6.7　新参照面

尺寸，因此孔被完全复制，只是改变了参照。在接下来的例子中将改变复制特征的尺寸。

　　2.【相同参考】方式复制（SameRefs）

图 6.8　【组放置】菜单

　　【相同参考】复制方式相对于【新参照】复制方式，没有与【参照】有关的内容，从而不需要重新定义参照。此时只能在同一个参照下改变原特征的定位尺寸和定形尺寸。仍以复制图 6.3 中的孔特征为例，说明【相同参考】的复制过程。

　　步骤 1：选择【编辑】→【特征操作】命令，打开【特征】菜单。

　　步骤 2：【复制】选项，系统显示【复制特征】菜单。

　　步骤 3：选择【相同参考】→【选取】→【独立】→【完成】命令。

📖 提示：此时系统会在命令提示区显示"选择要复制的特征"。

　　步骤 4：用鼠标选择图 6.3 几何模型中的孔作为要复制的特征，选择【选取特征】子菜单中的【完成】命令。此时系统也会弹出【组元素】对话框，并在图形窗口内显示这个孔特征上可供更改的尺寸。

　　在如图 6.9 所示的菜单中选择要改变的孔径尺寸和两个定位尺寸后，选择【完成】命令。系统弹出如图 6.10 所示的尺寸编辑栏，依次输入新的孔径和定位尺寸，并单击☑按钮完成尺寸修改。

图6.9 【组可变尺寸】菜单　　　　　　　图6.10 尺寸编辑栏

📖 **说明**：因为在本例中选择了【相同参考】选项，从而不需要定义新参照。

复制结果如图6.11所示。

从复制以后得到的结果（对比图6.11和图6.3）可以看出，新的孔特征与原孔特征位于一个平面上，说明它们的主参照是相同的，次参照也和原孔特征一致。由于在步骤4中修改了孔径和两个定位尺寸，所以孔的大小和位置也随之发生了变化。

3.【镜像】方式复制（Mirror）

【镜像】复制命令允许将选定的特征相对于选定的对称面进行对称的复制操作，从而得到原特征的副本。可以使用镜像工具将已经创建完成的特征快速复制，以提高设计效率。

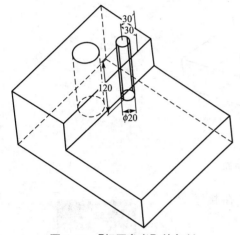

图6.11 【相同参考】的复制

在使用【镜像】复制特征的时候，与一般的镜像操作一样需要确定两个要素：其一是镜像对象，另外一个是镜像平面。即在复制时首先要选择复制特征，然后选择镜像平面。在选择镜像平面的时候，可以有两种方式，一是选择几何模型上现有的平表面或基准平面，二是在复制过程中建立一个新的基准平面。另外，与前面介绍的复制特征类似，在镜像特征的时候，也可以选择【独立】或【从属】，这两个选项的含义与前面介绍的一样，这里不再赘述。

本节将采用图6.3中的几何模型为例来演示镜像特征的操作过程。分选择现有平面为镜像平面和创建新的基准平面来作为镜像平面两种情况说明。

（1）选择现有的平面（平表面或基准平面）作为镜像平面。

步骤1：选择【编辑】→【特征操作】命令，打开【特征】菜单。

步骤2：选择【复制】选项，系统显示【复制特征】菜单。

步骤3：选择【镜像】→【选取】→【独立】→【完成】命令。

📖 **提示**：此时系统会在命令提示区中提示"选择要复制的特征"。

步骤4：在图形窗口中选择孔特征，选择【选取特征】菜单中的【完成】命令。此时会弹出如图6.12所示的【设置平面】菜单，选择其中的【平面】选项。提示区提示"选择一个

图6.12 【设置平面】菜单

平面或创建一个基准以其作镜像"，在图形窗口内选择如图 6.13 所示的镜像平面，系统即刻完成了镜像操作，其镜像复制结果如图 6.14 所示。

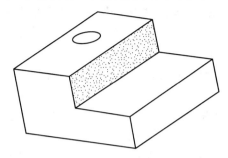
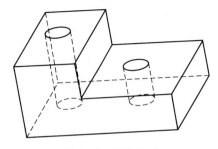

图 6.13　选择现有平面作为镜像平面　　　　图 6.14　镜像结果

（2）创建新基准面作为镜像平面。

本例介绍如何创建一个新的平面来作为镜像平面，具体步骤如下。

步骤 1：选择【编辑】→【特征操作】命令，打开【特征】菜单。

步骤 2：选择【复制】选项，系统显示【复制特征】菜单。

步骤 3：选择【镜像】→【选取】→【独立】→【完成】命令。

提示：此时系统会在命令提示区中提示"选择要复制的特征"。

步骤 4：在图形窗口中选择孔特征，选择【选取特征】菜单中的【完成】命令。此时会弹出【设置平面】菜单。选择其中的【产生基准】选项，弹出如图 6.15 所示的【基准平面】菜单。

步骤 5：选择【穿过】选项，然后选择几何模型上的一条边作为参照，再次选择【穿过】选项，选择另外一条边作为参照，如图 6.16 所示。通过这两条边线会产生一个新的基准平面 DTM1，特征将以此基准面作为镜像平面完成镜像复制，镜像结果如图 6.17 所示。

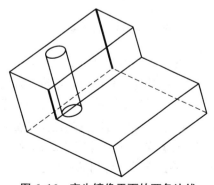

图 6.15　【基准平面】菜单　　　　　图 6.16　产生镜像平面的两条边线

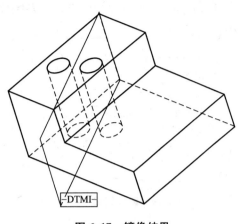

图 6.17　镜像结果

利用【基准平面】菜单，还可以用多种方法产生基准平面，例如【法向】、【平行】、【偏移】等，关于这些选项的用法已经在介绍基准平面的时候进行了详细介绍，读者可自行复习以前的内容。

提示：如果在创建基准平面的过程中，发现定义的基准平面不满足要求，可以选择【基准平面】菜单底部的【重新开始】选项，就可以重新开始定义过程。

由此可见，创建新基准面作为镜像平面是镜像和创建基准面这两个命令的综合应用，可以大大增加用户创建几何模型的灵活性。

4.【移动】方式复制（Move）

【移动】复制是以移动的方式进行选定特征的复制方式，将选定的特征按照一定的移动方式复制到指定的位置，复制过程中同样可以选择是否更改选定特征的尺寸。移动方式又分为【平移】和【旋转】两种。

（1）【平移】复制。

以复制图 6.18 中所示圆柱体特征为例，介绍【平移】方式，复制操作的步骤如下，结果如图 6.19 所示。

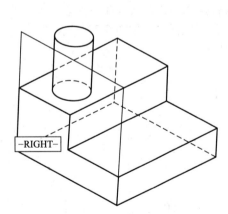

图 6.18　带拉伸圆柱特征的几何模型

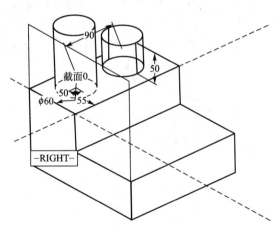

图 6.19　圆柱特征复制结果

步骤 1：选择【编辑】→【特征操作】命令，打开【特征】菜单。

步骤 2：选择【复制】选项，系统显示【复制特征】菜单。

步骤 3：选择【移动】→【选取】→【独立】→【完成】命令。

步骤 4：在图形窗口内选择圆柱体特征，单击【选取】对话框中的【确定】按钮，再选择【选取特征】菜单中的【完成】选项。此时会弹出【移动特征】菜单，如图 6.20 所示。选择【平移】选项，弹出【一般选取方向】菜单。在这个菜单中，可以选取确定移动方向的方法。选择【平面】选项，然后选取 "RIGHT" 平面，该平面的法向即为移动方向，在图形区上用红色箭头表示。

确定移动方向的方法包括 3 种，如图 6.21 所示。

【平面】：特征的移动方向与选定平面的法线方向平行。

【曲线/边/轴】：特征的移动方向与直线、边界线或轴线的方向平行。

【坐标系】：特征的移动方向与坐标轴的轴向平行。

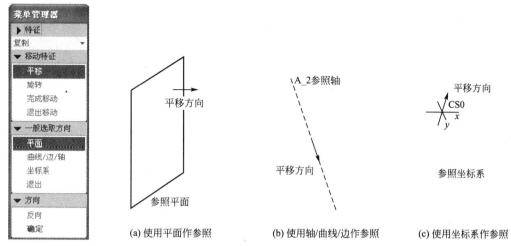

图 6.20　【移动特征】菜单　　　　　　　图 6.21　设定平移方向

步骤 4：直接单击【确定】按钮，默认红色箭头代表的方向作为移动方向。若选择
【方向】菜单中的【反向】命令可以改变红色箭头的方向，也就是复制特征的移动方向。

步骤 5：系统在窗口上部弹出编辑栏，输入偏距距离 90，单击 ✓ 按钮或者按 Enter 键
完成。在【移动特征】菜单中，选择【完成移动】选项。此时系统弹出【组元素】对话框
和【组可变尺寸】菜单，系统询问是否要改变新特征的尺寸。在本例中，更改高度值为
50，然后单击【组元素】对话框中的【确定】按钮即可完成平移复制操作，如图 6.19 所
示，特征沿 "RIGHT" 基准面的法向移动了 90，同时高度降低为 50。

（2）【旋转】复制。

【旋转】复制与【平移】复制的过程类似，只不过其移动的方式由【平移】改为【旋
转】。当使用【旋转】方法复制特征时，需要指定一个旋转轴和旋转方向，用户也可以使
用平面、曲线\边\轴、坐标系等作为参照
（图 6.20）。使用平面作为参照时，用户还需要
指定平面上一点，平面在该点的法线即被指定为
旋转轴；使用曲线\边\轴作为参照时，将这些参
照所在直线作为旋转轴；使用坐标系作为参照
时，选择其中一个坐标轴作为旋转轴。

下面以复制图 6.22 所示的孔特征为例，说
明【旋转】复制的步骤，结果如图 6.21 所示。
此孔由【孔】命令创建，采用径向定位方式
定位。

步骤 1：选择【编辑】→【特征操作】命令，

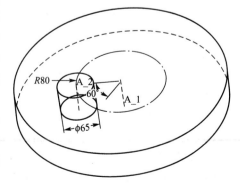

图 6.22　带孔特征的几何模型

打开【特征】菜单。

步骤 2：选择【复制】选项，系统显示【复制特征】菜单。

步骤 3：选择【移动】→【选取】→【独立】→【完成】命令。

步骤 4：选择孔特征，单击【选取】对话框中的【确定】按钮，再选择【选取特征】菜单中的【完成】命令。在【移动特征】菜单中，选择【旋转】命令。系统弹出【选取方向】菜单，如图 6.23 所示，选择【曲线/边/轴】命令。选取图 6.24 中圆柱体的中心轴线 A_1，此时在图形窗口内会出现一个红色箭头，它代表了确定旋转角度时所使用的右手螺旋方向，可以根据需要在【方向】菜单中选择【反向】命令来调节旋转角度的方向，然后单击【确定】按钮完成。

注意：在选取方向的时候，实际上选取的是旋转轴的方向。

步骤 5：系统弹出编辑栏要求输入旋转角度。输入 "135"，单击 ☑ 按钮或者按 Enter 键。在【移动特征】菜单中选择【完成移动】选项。在弹出的【组元素】对话框以及【组可变尺寸】菜单中修改孔径，选择【组可变尺寸】中的【完成】命令，然后单击【组元素】对话框中的【确定】按钮，此时就完成了【旋转】复制操作，如图 6.24 所示。

图 6.23　旋转复制菜单

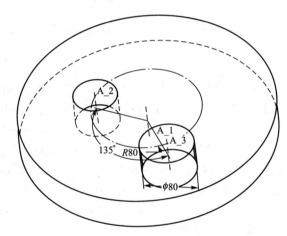

图 6.24　旋转复制

5. 复制实体操作实例

实例：创建如图 6.25 所示的零件

1) 创建第一个拉伸特征

步骤 1：创建新文件 ex6_1.prt。

步骤 2：选择【插入】→【拉伸】命令，弹出【拉伸特征】控制面板。

步骤 3：设置草绘平面，选取 "TOP" 基准平面作为绘图平面，"RIGHT" 基准平面为参考平面，方向选取 "右"。

步骤 4：进入草绘环境，绘制如图 6.26(a)所示的草绘截面并标注尺寸。单击 ✔ 按钮完成草绘，设定拉伸高度为 36。结果如图 6.26(b)所示。

步骤 5：创建拉伸移除特征。设置草绘平面，选取第一个拉伸特征的较长的一侧面为绘图平面，其他设置默认，进入草绘平面，绘制如图 6.27(a)所示的草绘截面并标注尺寸。

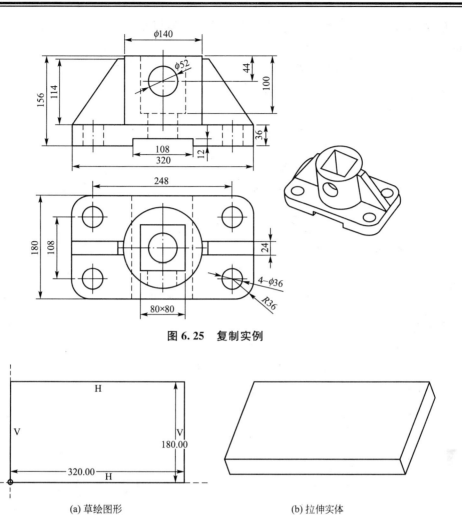

图 6.25　复制实例

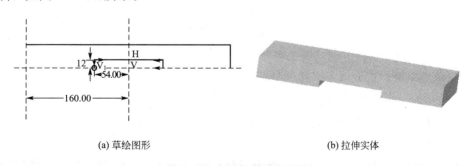

(a) 草绘图形　　　　　　　　　　　　　(b) 拉伸实体

图 6.26　创建拉伸特征

单击 ✔ 按钮完成草图绘制。单击 ▱ 按钮移除特征，输入拉伸长度 180，回车完成拉伸移除材料，如图 6.27(b)所示。

(a) 草绘图形　　　　　　　　　　　　　(b) 拉伸实体

图 6.27　创建拉伸移除特征

2) 创建第二个拉伸特征

步骤 1：选择【插入】→【拉伸】命令，弹出【拉伸特征】控制面板。

步骤 2：设置草绘平面，选取第一个拉伸特征的顶面为绘图平面，其他设置默认，进入草绘平面。

步骤 3：进入草绘环境，绘制如图 6.28(a)所示的草绘截面并标注尺寸。单击 ✓ 按钮完成草绘，设定拉伸高度为 120，结果如图 6.28(b)所示。

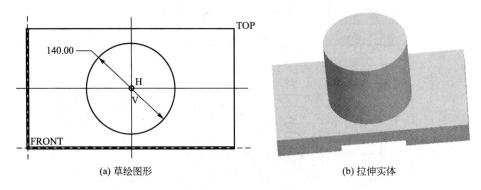

(a) 草绘图形　　　　　　　　　　(b) 拉伸实体

图 6.28　创建拉伸特征

步骤 4：在拉伸圆柱上创建拉伸移除特征。设置草绘平面，选取第一个拉伸特征的顶面为绘图平面，其他设置默认，进入草绘环境。绘制如图 6.29(a)所示的草绘截面并标注尺寸。单击 ✓ 按钮完成草绘，单击 按钮移除特征，设定拉伸高度为 100，结果如图 6.29(b)所示。

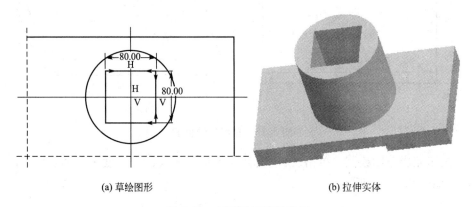

(a) 草绘图形　　　　　　　　　　(b) 拉伸实体

图 6.29　创建拉伸移除特征

步骤 5：在拉伸圆柱上创建第二个拉伸移除特征。

设置草绘平面，选取第一个拉伸特征的底面为绘图平面，其他设置默认，进入草绘环境。绘制如图 6.30(a)所示的草绘截面并标注尺寸。单击 ✓ 按钮完成草图绘制，单击 按钮移除特征，设定拉伸属性为与所有曲面相交 ，结果如图 6.30(b)所示。

3）创建圆角特征

选中第一个拉伸特征的棱边线，单击工具栏中的 按钮，在图形区拉动控制柄或者直径输入圆角值 36，结果如图 6.31 所示。

4）创建孔特征

步骤 1：在工具栏内单击 按钮，再单击第一个拉伸特征的上表面作为孔特征的放置

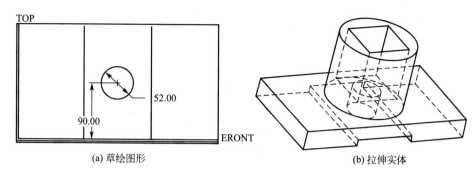

(a) 草绘图形　　　　　　　　　　　　　　　　(b) 拉伸实体

图 6.30　创建拉伸移除特征

面，选择第一个拉伸特征的相邻两侧面作为线性定位参照，分别输入偏移值 36，孔深 36，按 Enter 键完成孔特征的创建，如图 6.32 所示。

图 6.31　创建倒圆角特征

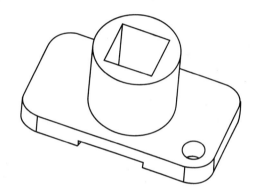

图 6.32　创建孔特征

步骤 2：用【相同参考】方式复制孔特征。

① 选择【编辑】→【特征操作】命令，打开【特征】菜单。

② 选择【复制】选项，系统显示【复制特征】菜单。

③ 选择【相同参考】→【选取】→【独立】→【完成】命令。

④ 用鼠标点选图 6.32 中的孔，选择【选取特征】子菜单中的【完成】命令。此时系统会弹出【组元素】对话框，选择 Dim 3，即短边方向上的定位尺寸，选择【完成】命令。在系统弹出的尺寸编辑栏内依次输入新定位尺寸 144，并单击☑按钮完成尺寸修改。结果如图 6.33 所示。

步骤 3：用镜像方式复制孔特征。

① 选择【编辑】→【特征操作】命令，打开【特征】菜单。

② 选择【复制】选项，系统显示【复制特征】菜单。

③ 选择【镜像】→【选取】→【独立】→【完成】命令。

步骤 4：在如图 6.33 所示的图形窗口中选择一个孔特征，选择【选取特征】菜单中的【完成】命令。在弹出的【设置平面】菜单中选择其中的【平面】选项。提示区提示“选择一个平面或创建一个基准以其作镜像”，在图形窗口内选择 DTM1，系统即刻完成了镜像操作，其镜像复制结果如图 6.34 所示。

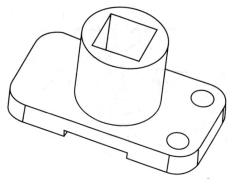

图 6.33 【相同参照】复制孔特征

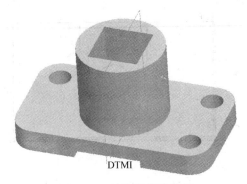

DTMI

图 6.34 镜像复制孔特征

步骤 5：用移动方式复制孔特征。

(1) 选择【编辑】→【特征操作】命令，打开【特征】菜单。

(2) 选择【复制】选项，系统显示【复制特征】菜单。

(3) 选择【移动】→【选取】→【独立】→【完成】命令。

(4) 在如图 6.35(a)所示的图形窗口内选择左上角的孔特征，单击【选取】对话框中的【确定】按钮，再选择【选取特征】菜单中的【完成】选项。此时会弹出【移动特征】菜单。选择【平移】选项，弹出【一般选取方向】菜单。选择【平面】选项，然后选取"FRONT"平面，该平面的法向即为移动方向，在图形区上用红色箭头表示。

(5) 直接单击【确定】按钮，在弹出编辑栏的输入偏距距离 108，单击 ☑ 按钮或者按 Enter 完成。移动复制结果如图 6.35(b)所示。

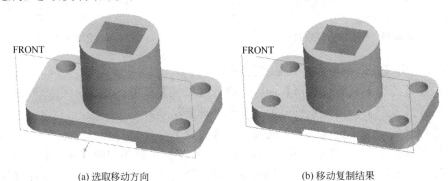

(a) 选取移动方向   (b) 移动复制结果

图 6.35 复制孔特征

5) 创建肋特征

步骤 1：在工具栏中单击 ◢ 按钮，打开【肋创建】控制面板，选择【参照】→【定义...】命令，弹出【设置草绘平面】对话框，选取如图 6.36(a)所示的 DTM2 为绘图平面，其他设置默认，进入草绘环境。绘制如图 6.36(b)所示的草绘截面并标注尺寸。单击 ✔ 按钮完成草绘并退出，肋特征自动生成，结果如图 6.36(c)所示。

步骤 2：利用移动方式复制肋特征。

(1) 选择【编辑】→【特征操作】命令，打开【特征】菜单。

(2) 选择【复制】选项，系统显示【复制特征】菜单。

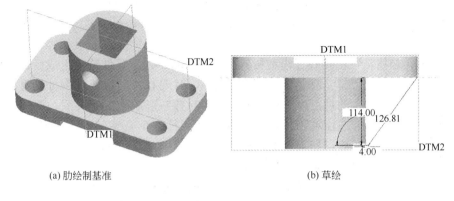

(a) 肋绘制基准　　　　　　　　　　　　　　　　　(b) 草绘

(c) 肋特征形成

图 6.36　创建肋特征

（3）选择【移动】→【选取】→【独立】→【完成】命令。

（4）选择肋特征，单击【选取】对话框中的【确定】按钮，再选择【选取特征】菜单中的【完成】命令。在【移动特征】菜单中选择【旋转】命令。系统弹出【选取方向】菜单，选择【曲线/边/轴】命令。选取如图 6.37(a)所示圆柱体的中心轴线 A_1，然后选择【确定】选项完成。

（5）在系统弹出的编辑栏中输入旋转角度值 180，单击 ☑ 按钮或者按 Enter 键。在【移动特征】菜单中选择【完成移动】选项。在弹出的【组元素】对话框以及【组可变尺寸】菜单中，直接选择【组可变尺寸】中的【完成】命令，然后单击【组元素】对话框中的【确定】按钮，此时就完成了【旋转】复制操作，如图 6.37(b)所示。

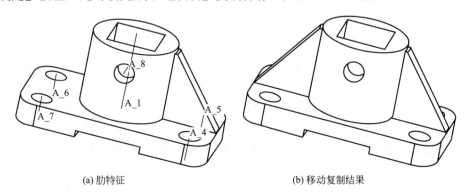

(a) 肋特征　　　　　　　　　　　　　　　　　(b) 移动复制结果

图 6.37　旋转移动复制肋特征

（6）保存文件，然后关闭当前工作窗口。

6.1.2 重新排序

特征的顺序是指特征出现在【模型树】选项卡中的序列。零件特征生成后，可以根据

图 6.38 【选取特征】
菜单和【选取】对话框

需要改变特征的生成顺序，对现有特征重新排序可能更改模型的外观。由于特征建立时相互参照形成了父子关系，调整顺序时应该注意子特征不能移到父特征之前，父特征不能移到子特征之后，如果要做这样的操作，必须首先更改特征之间的父子关系。重新排序的操作步骤如下。

步骤 1：在下拉菜单栏中选择【编辑】→【特征操作】命令，在打开的【特征】菜单管理器中选择【重新排序】命令，打开如图 6.38 所示的【选取特征】菜单。

步骤 2：在【模型树】选项卡中选择要重新排序的特征（如图 6.39 中的"孔 1"特征），然后单击【选取】对话框中的【确定】按钮，再次单击【选取特征】菜单中的【完成】按钮，系统

打开如图 6.40 所示的【确认】菜单。

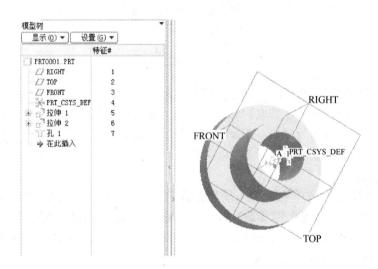

图 6.39 重新排序前的模型

步骤 3：根据系统提示（图 6.41），单击【确认】菜单中的【确认】按钮，此时"孔 1"特征重新排序到"拉伸2"特征的上面，如图 6.42 所示。

步骤 4：在【特征】菜单中单击【完成】按钮，完成重新排序。从图 6.42 中可以看出，虽然没有对特征进行修改或添加删除，但由于重新排序，整个模型的效果发生了很大变化。

图 6.40 【确认】菜单

还有一种更简单的重新排序方法，只需打开模型树，选择某一个要更改顺序的特征，按住鼠标左键将其拖放至相应位置即可。

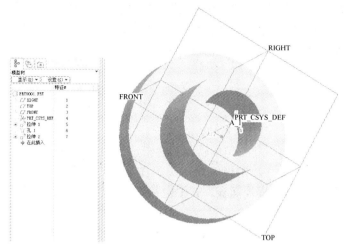

· 仅有的重排序可能是在特征[6]前插入[7]。
⇨特征#7 将插到特征#6之前。确认/取消。

图 6.41　系统提示　　　　　　　　　　　图 6.42　重新排序后的模型

6.1.3　插入特征模式

　　一般在建立新的特征时，Pro/ENGINEER 会将该特征建立在所有已建立的特征之后（包括隐藏特征）。零件建模过程中，如果发现一个特征应创建在某些已有特征之前，则可以使用【插入特征模式】任意地插入特征，改变建构的顺序。

　　插入特征模式的操作方法如下。

　　步骤 1：在下拉菜单中选择【编辑】→【特征操作】命令，在打开的【特征】菜单管理器中选择【插入模式】命令，打开如图 6.43 所示的【插入模式】菜单。

　　步骤 2：在【插入模式】菜单中选择【激活】命令，则打开【选取】对话框，同时系统提示"选取在其后插入的特征"，然后在【模型树】选项卡中选取一个特征，则【在此插入】定位符就会移到该特征之后，如图 6.44 所示。同时位于【在此插入】定位符之后的特征在绘图区中暂不显示。

图 6.43　【插入模式】菜单

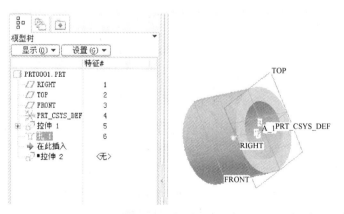

图 6.44　图形显示

　　步骤 3：单击【特征】菜单中的【完成】按钮即可完成操作，然后在【在此插入】定位符的当前位置进行新的特征创建。创建完成后可右击【在此插入】定位符并选择打开的

【取消】命令，在【在此插入】定位符返回到默认位置。

还有一种更简单的插入特征方法，打开模型树，选取【在此插入】定位符，按住鼠标左键将其拖放至相应位置即可。

6.2　镜　像　几　何

镜像可以将选定的特征相对于选定的对称面进行对称操作，从而得到与原特征完全对称的新特征。单击镜像几何工具图标 ⚝ 或者选择【编辑】→【镜像】命令，都可以打开【镜像几何】操控面板，其中包括【参照】、【选项】和【属性】选项卡，如图 6.45 所示。

图 6.45　【镜像几何】面板

下面以图 6.46 所示带孔和圆角特征的几何模型为例，介绍【镜像】命令，操作步骤如下。

步骤 1：按住 Ctrl 键，选择孔特征和孔上的圆角特征

步骤 2：单击镜像几何工具图标，打开【镜像几何】操控面板。面板上的镜像平面选项提示"选取一个项目"。

步骤 3：选择图形区内的 DTM1 基准面作为镜像参考平面。单击 ☑ 按钮，完成镜像操作。

镜像结果如图 6.47 所示。可见在 DTM1 面的另一侧，对称生成了孔特征和圆角特征的一个副本。

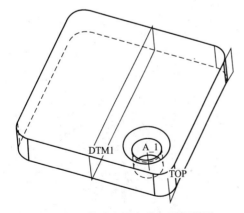

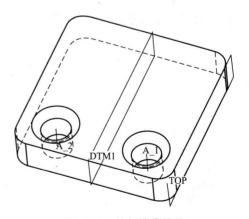

图 6.46　带孔和圆角特征几何模型　　　　图 6.47　特征镜像结果

📖提示：【镜像】命令不仅能够实现实体上的某些特征的镜像，还能够实现整个实体的镜像，例如在本例中，若选择了整个几何模型为镜像对象，DTM2 平面为镜像平面，则镜像结果如图 6.48 所示。

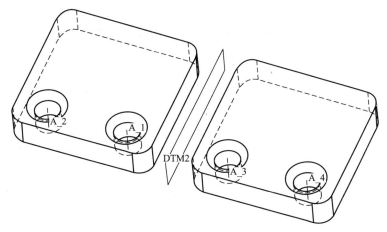

图 6.48　几何模型整体镜像

6.3　阵　列　特　征

【阵列】命令可以根据一个特征，在一次操作中复制出多个完全相同的特征，创建过程中，可以利用不同的菜单选项来控制特征的排列方式。在建模过程中，如果需要建立许多相同或类似的特征，如手机的按键、法兰的固定孔等，就需要使用阵列特征。

系统允许只阵列一个单独特征。要阵列多个特征，可创建一个组，然后阵列这个组。创建组阵列后，也可取消阵列或分解组以便对其中的特征进行单独修改。

要执行【阵列】命令，先选取要阵列的特征，然后在【编辑特征】工具栏中单击 按钮，或选择【编辑】→【阵列】命令，或在模型树中右击特征名称，然后从快捷菜单中选取【阵列】命令，系统弹出【阵列】特征操控面板，如图 6.49 所示。

图 6.49　【阵列】特征操控面板

【阵列】操控面板分为对话栏和下滑面板两个部分。对话栏中包括阵列类型的下拉列表框，在默认情况下会选择【尺寸】类型，如图 6.49 所示。而对话框中的其他内容则取决于所选择的阵列类型。

Pro/ENGINEER Wildfire 5.0 提供了以下 8 种阵列类型。

【尺寸】：通过使用驱动尺寸并指定阵列的增量变化来创建阵列。尺寸阵列可以是单向的，也可以是双向的。

【方向】：通过指定方向并使用拖动句柄设置阵列增长的方向和增量来创建阵列。方向阵列也可以是单向或双向。

【轴】：通过使用拖动句柄设置阵列的角增量和径向增量来创建径向阵列。也可将阵列拖动成为螺旋形。

【表】：通过使用阵列表并为每一阵列实例指定尺寸值来创建阵列。

【参照】：通过参照另一阵列来创建阵列。

【填充】：通过根据选定栅格用实例填充区域来创建阵列。

【曲线】：通过将特征沿着曲线的轨迹放置来创建阵列

【点】：通过利用基准点的位置来放置特征创建阵列

阵列特征按阵列尺寸的再生方式分【相同】、【可变】及【一般】3种类型，如图6.49所示。这3种类型可以在【选项】选项卡中根据需要选择。下面分别介绍这3种类型的特点。

【相同】：产生相同类型的特征阵列，它是生成速度最快，也最简单的阵列类型。但是具有如下限制条件。

（1）所有阵列特征大小相同。

（2）所有阵列特征放置在同一曲面上。

（3）所有阵列特征不可与放置曲面边、任何其他实体边或放置曲面外任何特征的边相交。

📖 提示：在【相同】阵列中，系统不对阵列中的特征之间是否存在重叠进行检查。因为这种检查会减慢阵列的再生，且无法显示使用相同阵列的优点。用户必须自己对重叠情况进行检查。如果不想自己检查，可使用一般阵列。

【可变】：用于产生变化类型的阵列特征。【可变】阵列比【相同】阵列复杂。系统对【可变】阵列做如下假设。

（1）阵列特征大小可变化。

（2）所有阵列特征可放置在不同曲面上。

（3）所有阵列特征不能与其他实体相交。

【一般】：是最灵活的阵列再生方式，可用于产生各种类型的阵列特征。【一般】阵列允许创建极复杂的阵列。

系统对一般阵列特征的实体不做假设。因此，Pro/ENGINEER 计算每个单独实体的几何，并分别对每个特征求交。特征阵列后，可用该选项使特征与其他实体接触、自交，或与曲面边界交叉。

接下来分别详细介绍前6种最常用的阵列方式。

6.3.1 【尺寸】阵列

【尺寸】阵列实质上就是用特征的定形和定位尺寸作为阵列的方向驱动尺寸，当选定驱动尺寸并给出在该尺寸方向上的增量和数量时就可以创建所需的阵列了。阵列的方向可以是单向的，此时只需要选择一个方向；也可以是双向的，此时需要选择两个驱动尺寸，如图6.50所示。

【尺寸】阵列特征操控面板如图6.51所示。操控面板中各选项的功能如下。

阵列第一方向的用户界面，用号码1标。

（1）包含阵列第一方向成员数量的文本框，默认为2。为此方向中的阵列选取至少一个尺寸后，此文本框即可用。

（2）阵列第一方向的尺寸收集器，单击收集器将其激活，然后选取阵列尺寸。

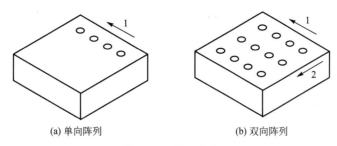

(a) 单向阵列　　　　　　　　　　(b) 双向阵列

图 6.50　阵列方向

阵列第二方向的用户界面(可选)，用号码 2 标识。

(1) 包含阵列第二方向成员数量的文本框。

(2) 阵列第二方向的尺寸收集器。

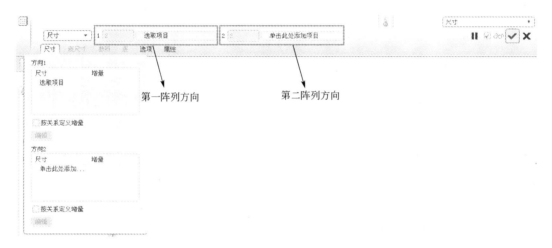

图 6.51　【尺寸】阵列操控面板

　　在阵列特征操控面板中要选择阵列方向，分别用 1 和 2 表示阵列的两个方向，在方向后面的灰色文本框中的数字 2 是默认的阵列方向上的特征数目，当把阵列的驱动尺寸选中后，阵列成员数量的文本框就被激活，可以输入阵列特征数目。在【尺寸】下滑面板中(图 6.51)也可以打开方向 1 和方向 2 的尺寸收集框。

　　下面以实例说明尺寸阵列特征的创建过程。阵列特征是圆柱体，尺寸如图 6.52 所示，这个圆柱体共有 4 个定形和定位尺寸，这 4 个尺寸分别决定了圆柱体的直径、高度和其在长方体上的定位。选择两个定位尺寸"20"和"30"作为阵列尺寸驱动的第一和第二方向，同时在这两个方向上选择圆柱体的定形尺寸：高度"40"和直径"10"作为 驱动尺寸。所以阵列的结果是在这两个方向上圆柱体的直径逐渐增大，高度逐渐增加。

　　具体操作步骤如下。

　　步骤 1：选择要阵列的特征，即图 6.52 中的圆柱体。

　　步骤 2：在【编辑特征】工具栏中单击 ▦ 按钮，打开【阵列】特征操控面板，如图 6.51 所示。此时系统会在图形窗口内显示这个圆柱体的尺寸，如图 6.52 所示。

　　步骤 3：接受默认的【尺寸】阵列类型，选择下滑面板上的【尺寸】选项，打开阵列【方向】对话框，如图 6.53 所示。

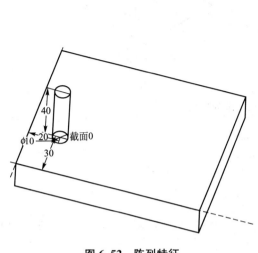

图 6.52 阵列特征

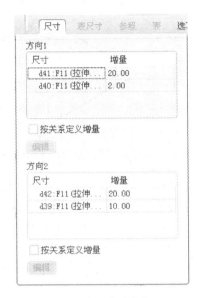

图 6.53 阵列方向

步骤 4：在【方向 1】中的尺寸选项中单击，然后在图形窗口中单击选择尺寸"30"，这个尺寸控制着圆柱体的圆心到基准面的距离，图中并未显示出基准面，给出增量"20"，按住 Ctrl 键继续选择圆柱体的直径尺寸"10"，给出增量"2"。

提示：此时的直径尺寸"10"将附属于方向 1，在方向 1 中同时选择这两个尺寸的结果是圆柱体的直径在方向一上逐渐增大。

步骤 5：同理，在方向 2 中单击，在图形窗口种选择尺寸"30"，给出增量"20"按住 Ctrl 键选择尺寸"40"，给出增量"10"。

提示：尺寸增量也可以为负数，其正负决定由特征产生的阵列是靠近还是远离特征参照的尺寸。

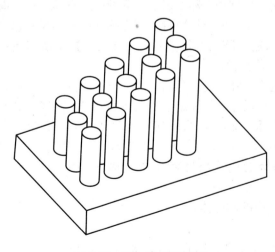

图 6.54 【尺寸】阵列结果

步骤 6：在阵列成员数量框中分别填入对应阵列方向的个数。单击☑按钮或者直接按 Enter 键结束，完成阵列操作。

创建结果如图 6.54 所示。

提示：如果使用一个特征来作为阵列的原特征，则创建该阵列之后，这个特征就变成了阵列的组成部分，不能再独立操作。

如果在【方向】对话框中将尺寸驱动方向设置为如图 6.55 所示的方向，即将圆柱体的定位尺寸"20"和"30"设为在同一个方向中，阵列的结果如图 6.56 所示。

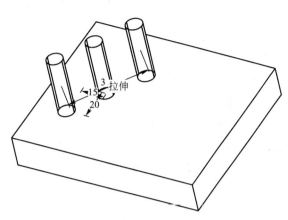

图 6.55　【方向】收集框　　　　　图 6.56　复合尺寸阵列

【尺寸】阵列除了前面所述的线性阵列，还可以进行圆周阵列，只不过此时需要选择一个角度作为驱动尺寸，圆周阵列参见课后练习，这里不作过多叙述。

6.3.2 【方向】阵列

【方向】阵列通过先选择平面、边或坐标系等方式来确定一个阵列方向，再指定尺寸值和行列数的阵列方式创建阵列特征。【方向】阵列的操控面板如图 6.57 所示。【方向】阵列除了阵列方向的选择控制方式不同外，其他的操作与尺寸阵列相同。

图 6.57　【方向】阵列操控面板

在【方向】阵列操控面板中用号码"1"标识阵列第一方向，其中包括如下内容。

第一方向参照收集器：单击收集器以激活它，然后选择第一方向参照。

　：该图标按钮用于反向第一方向的阵列增量的方向。

阵列第一方向成员数量的文本框：默认为"2"，可键入任意数值。指定阵列方向后此文本框变为可用。

指定第一方向增量值的组合框：指定阵列方向后此框也变为可用。

类似地，阵列第二方向的用户界面(可选)用号码"2"标识，包括如下内容。

第二方向参照收集器：单击收集器将其激活，然后选取参照。

　：该图标按钮用于反向第二方向的阵列增量的方向。

阵列第二方向成员数量的文本框。

用于设定第二方向增量值的组合框。

下面以图 6.52 中的圆柱特征为例说明【方向】阵列的具体操作步骤。

步骤 1：选择要阵列的特征，即图 6.52 所示的圆柱体，然后选择【阵列】命令。

步骤 2：将默认的【尺寸】阵列方式改为【方向】阵列，打开【方向】阵列特征操控面板。

步骤 3：选择图 6.58(a)中的边作为方向 1，键入第一方向的阵列成员数为"6"，各成员之间的距离为"60"。

步骤 4：单击第二方向收集器，选择图 6.58(b)中所示的边作为方向 2，键入第二方向的阵列成员数为"4"，各成员之间的距离为"60"。

提示：如果要创建可变阵列，可以在【尺寸】下滑面板中添加要改变的尺寸，操作方法同尺寸阵列。

系统阵列选定特征后的结果如图 6.59 所示。

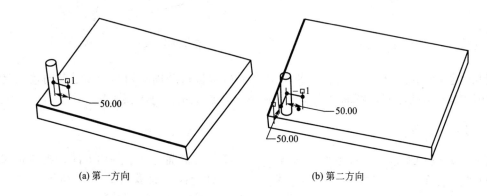

(a) 第一方向　　　　　　　(b) 第二方向

图 6.58 【方向】阵列

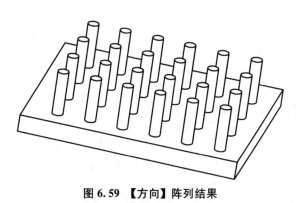

图 6.59 【方向】阵列结果

创建或重定义方向阵列时，可以随时更改以下项目。

阵列方向上的间距：直接在图形窗口内拖动放置句柄以调整间距，或在操控面板文本框中键入增量。

各个方向中的阵列成员数：在操控板文本框中键入成员数，或通过在图形窗口中双击进行编辑修改。

特征尺寸：可使用操控板上的【尺寸】下滑面板来更改阵列特征的尺寸。

阵列成员的方向：要更改阵列的方向，向相反方向拖动放置句柄，单击 按钮，或在操控面板文本框中键入负增量。

6.3.3 【轴】阵列

【轴】阵列方式通过选取旋转轴作为参照将特征沿圆周进行阵列，而且可以在没有角度尺寸作为尺寸参照时进行圆周阵列。【轴】阵列允许在两个方向放置成员：第一方向上，阵列成员绕轴线旋转，默认【轴】阵列按逆时针方向等间距地放置成员；第二方向上，阵列成员被添加在径向方向。

【轴】阵列操控面板如图 6.60 所示。

图 6.60　【轴】阵列操控面板

在【轴】阵列操控面板中用号码"1"标识阵列第一方向，其中包括如下内容。

第一方向参照收集器：单击收集器以激活它，然后选取一个轴作为阵列的中心轴线。

：该图标按钮用于反向第一方向的阵列增量的方向。

阵列第一方向成员数量的文本框：默认为"2"，可键入任意数值。指定阵列方向后此义本框变为可用。

指定第一方向增量值的组合框：指定方向后此框也变为可用。

：该图标按钮用于切换在阵列中是否设定阵列角度范围。默认情况下，阵列角度范围文本框不可用，阵列成员按设定的角度增量在第一方向分布。用户根据需要，可单击按钮，此时阵列角度范围文本框可用，输入角度范围后，阵列成员在该设定角度内范围内等距分布，同时第一方向的角度增量输入框不可用。

类似地，阵列第二方向的用户界面(可选)用号码"2"标识，包括如下内容。

第二方向参照收集器：单击收集器将其激活，然后选取参照。

：该图标按钮用于反向第二方向的阵列增量的方向。

阵列第二方向成员数量的文本框。

用于指定第二方向增量值的组合框。

：该图标按钮可控制阵列成员的方向是否垂直于径向方向。

下面以图 6.61 为例说明轴阵列的具体操作步骤。

步骤 1：选择要阵列的特征，即图 6.61 所示的圆柱体，然后选择【阵列】命令。

步骤 2：将默认的【尺寸】阵列方式改为【轴】阵列，弹出【轴】阵列操控面板。

步骤 3：选择图 6.61 中所示的基准轴 A _ 2 作为轴阵列的中心。指定第一方向成员的数量为"6"，角度增量为"60"。如果不选择第二方向，则阵列结果如图 6.62(a)所示。

步骤 4：单击第二方向收集器，第二方向成员被自动加在径向方向，键入第二方向的阵列成员数为"3"，各成员之间的距离为"15"。

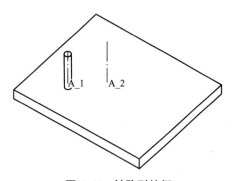

图 6.61　轴阵列特征

步骤 5：单击 按钮或者直接按 Enter 键完成阵列操作，阵列结果如图 6.62(b)所示。

提示：如果要创建可变阵列，可以在【尺寸】下滑面板中添加要改变的尺寸，操作方法同尺寸阵列。

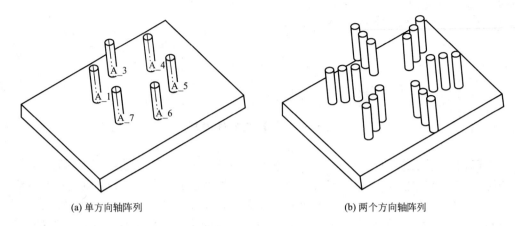

　　　　　(a) 单方向轴阵列　　　　　　　　　　　　　　(b) 两个方向轴阵列

图 6.62　【轴】阵列结果

6.3.4　【表】阵列

　　【表】阵列是通过使用阵列表并为每一个阵列特征指定空间位置和本身尺寸来控制阵列的形成。使用【表】阵列工具可创建复杂的、不规则的特征阵列或组阵列。

　　所谓阵列表，它是一个可以编辑的表格，其中为阵列的每个特征副本都指定了唯一的尺寸，可以使用阵列表创建复杂或不规则的特征阵列，如图 6.63 所示。

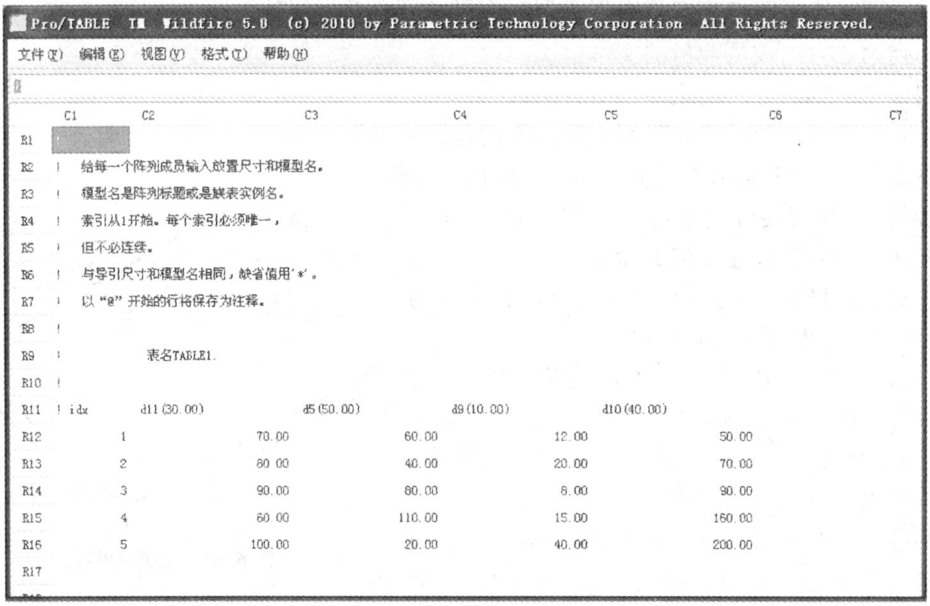

```
 Pro/TABLE II  Wildfire 5.0  (c) 2010 by Parametric Technology Corporation  All Rights Reserved.

文件(F)  编辑(E)  视图(V)  格式(T)  帮助(H)

        C1        C2            C3            C4            C5            C6        C7
R1
R2      !  给每一个阵列成员输入放置尺寸和模型名。
R3      !  模型名是阵列标题或是族表实例名。
R4      !  索引从1开始。每个索引必须唯一，
R5      !  但不必连续。
R6      !  与导引尺寸和模型名相同，缺省值用 '*'。
R7      !  以 "8" 开始的行将保存为注释。
R8      !
R9      !        表名TABLE1.
R10     !
R11     ! idx   d11(30.00)      d5(50.00)     d9(10.00)     d10(40.00)
R12      1        70.00           60.00         12.00         50.00
R13      2        80.00           40.00         20.00         70.00
R14      3        90.00           80.00          8.00         90.00
R15      4        60.00          110.00         15.00        160.00
R16      5       100.00           20.00         40.00        200.00
R17
```

图 6.63　阵列表

　　用户可以为一个阵列建立多个阵列表，这样通过更改阵列的驱动表，就可以方便地修改阵列。在创建阵列之后，可以随时修改阵列表来控制阵列的形式。

下面以阵列，图 6.64 所示的圆柱体特征为例，介绍【表】阵列的创建方法。

步骤 1：选取图 6.64 所示的圆柱体。然后在工具栏中单击【阵列】工具按钮 ，此时将打开【阵列】特征操控面板。系统默认选择的阵列类型是【尺寸】阵列。

步骤 2：在阵列类型下拉列表中选取【表】，打开表阵列的操控面板，如图 6.65 所示。

其中【表】特有的选项有如下几个。

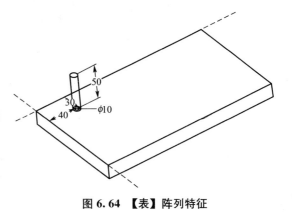

图 6.64　【表】阵列特征

图 6.65　【表】阵列特征的操控面板

【表尺寸】下滑面板：如图 6.66(a) 所示，其中主要包括阵列表中的尺寸的收集器。

【表】下滑面板：如图 6.66(b) 所示，其中包含用于创建阵列的表收集器。每一行包括一个表索引，以及相关的表名称。在【名称】列中单击，然后键入新名称即可更改表名。如果在收集器的表索引项上单击鼠标右键，则会弹出快捷菜单，其中包括下列命令。

(a)【表尺寸】收集器　　　　(b)【表】对话框

图 6.66　【表尺寸】及【表】下拉列表框

【添加】：可以添加并编辑阵列的另一个驱动表。退出编辑器之后，新表就会出现在收集器列表的底部。

【移除】：从收集器中移除选定的阵列表。

【应用】：激活所选的表。激活的表就是阵列的当前驱动表。

【编辑】：编辑所选的表。编辑表的时候，可以用【文件】菜单中的选项，将表以 .ptb 的格式保存到磁盘，或者读入以前保存的 .ptb 文件。在完成编辑之后，选择【文件】→【退出】命令，即可将表保存到阵列中。

【读取】：读取用户以前保存的阵列表文件(.ptb 文件)。

【写入】：用来保存所选的阵列表。这个表将保存在当前 Pro/E 工作目录下，文件名称是＜表名称＞.ptb。

步骤 3：激活要包括在阵列表中的尺寸收集器，在图形窗口内选择要包括在阵列表中的尺寸。按住 Ctrl 键可以选择多个尺寸。此时【表尺寸】对话框中就列入所选的尺寸。在本例中，将圆柱体的两个定形和两个定位尺寸全部选中。

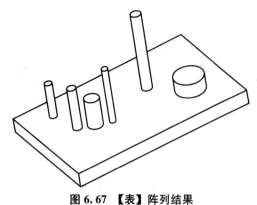

图 6.67 【表】阵列结果

步骤 4：在操控面板中，单击【编辑】按钮，此时会打开表编辑器窗口。表中包含索引列，其他列中包括选定的驱动尺寸。在编辑器窗口中为各个阵列成员输入对应的尺寸值，如图 6.63 所示。然后选择窗口上的文件菜单中的【退出】命令即可。

步骤 5：单击 ☑ 按钮或者直接按 Enter 键，即可生成特征阵列，如图 6.67 所示。

6.3.5 【参照】阵列

【参照】阵列将一个特征阵列复制在其他阵列特征的"上部"，也即借助原有阵列创建新的阵列，创建的参照阵列数目与原阵列数目一致。

📖 提示：（1）要创建参照阵列特征，模型中必须已存在阵列特征，才能使用【参照】类型阵列新特征。

（2）并不是任何特征都可建立参照阵列，只有待阵列特征的参照与被原有阵列特征的参照相一致时才可以，如同轴孔、阵列孔的圆角、倒角等特征均可建立参照阵列。

【参照】阵列的建立比较简单，下面以图 6.68 为例（图 6.68 中的孔特征和倒圆角是同轴特征，并将孔特征先阵列）说明其操作步骤。

图 6.68 【参照】阵列

步骤 1：选取图 6.68 所示的倒圆角特征，在工具栏中单击【阵列】工具按钮 ▦，系统自动选择【参照】类型，弹出如图 6.69 所示的【参照】特征操控面板。

图 6.69 【参照】特征操控面板

步骤 2：在特征操控面板中，单击 ☑ 按钮，即可生成参照阵列。生成的参照阵列如图 6.70 所示。

📖 提示：如果选定特征属于无法以其他方式阵列的类型（例如倒圆角或倒角），则系统将立即创建此特征的【参照】阵列，而不会出现阵列命令操控面板。

使用参照阵列后，原阵列和新阵列之间存在父子关系，改变父阵列，则对应的子阵列也随之改变阵列尺寸。改变孔阵列的两个阵列方向上的成员间距和数量后，子阵列也即改变，如图 6.71 所示。

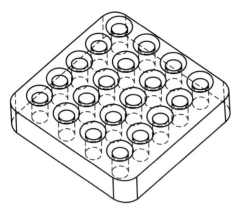

图 6.70　【参照】阵列结果

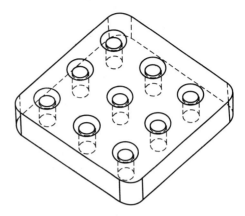

图 6.71　父阵列编辑结果

6.3.6　【填充】阵列

【填充】阵列用于在某一指定的区域以用户指定的方式填充阵列特征。在创建【填充】阵列的时候，特征的副本会定位在栅格上，并填充整个区域。可以从【填充】阵列的控制面板中选取一个栅格模板（例如矩形、圆形、三角形），并指定栅格参数（例如阵列成员的中心距、圆形和螺旋形栅格的径向间距、阵列成员中心与区域边界间的最小间距以及栅格围绕其原点的旋转角度等）。

在定义阵列填充的区域时，可以草绘基准曲线或者选取现有的基准曲线。

【填充】阵列根据栅格、栅格方向和成员间的间距，从原点出发从而确定成员的位置。草绘的区域以及与边界的最小间距决定可以创建多少成员以及在什么位置创建成员。如果成员的中心位于草绘边界的最小间距范围之内，则将创建这个成员。最小间距不会改变成员的位置。

下面以创建图 6.72 所示的零件为例，说明【填充】阵列的操作步骤。

步骤 1：选取几何上的椭圆形凸起特征作为阵列对象，然后在窗口右侧工具栏内单击阵列工具按钮 ，打开阵列工具操控面板。

步骤 2：在操控面板的【阵列类型】下拉列表框中选择【填充】选项，此时操控面板将显示有关

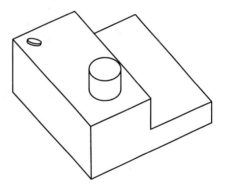

图 6.72　【填充】阵列模型

【填充】阵列的选项，如图 6.73 所示。操控面板中各选项的功能如下。

图 6.73　【填充】操控面板

　　：草绘内部剖面作为阵列填充的区域。激活草绘截面收集器可添加或删除一个草绘。

　　　：选取阵列填充的栅格模板。

　　　：以正方形方式阵列分隔成员。

　　　：以菱形方式阵列分隔成员。

　　　：以同心圆方式阵列分隔成员。

　　　：以螺旋形方式阵列分隔成员。

　　　：沿草绘曲线边界分隔成员。

　　　：设置阵列成员中心之间的间距。

　　　：设置阵列成员中心和草绘边界之间的最小距离。负值表示允许阵列成员中心位于草绘之外。

　　　：设置栅格绕原点的旋转角度。

　　　：设置圆形或螺旋栅格的径向间距。

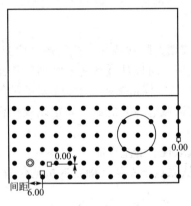

图 6.74　【填充】阵列预览视图

步骤 3：选择【参照】→【定义...】命令，打开【草绘】对话框，设置草绘平面、草绘参照，进入草绘环境，开始绘制阵列填充的区域。选用【边】命令，选择环类型，选中图 6.72 中拉伸特征的最上方的表面的边线。单击 ✔ 按钮退出草绘。

提示：在退出草绘器之后，系统会马上根据默认设置显示阵列栅格的预览视图，如图 6.74 所示，每个成员的位置都用点来表示。若不希望某些位置出现阵列特征，用鼠标直接单击预览视图中的对应位置的点就可以消除。

步骤 4：系统默认的栅格类型是【方形】。按照图 6.75 所示更改栅格、栅格方向、成员之间的间距等参数。

步骤 5：在特征操控面板中，单击 ✔ 按钮，即可生成特征阵列，结果如图 6.76 所示。

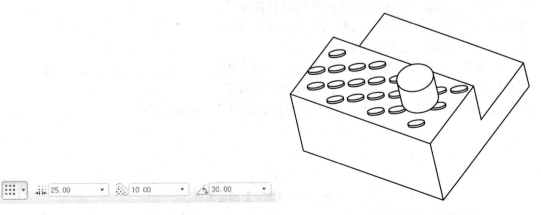

图 6.75　阵列参数　　　　　　　　　**图 6.76　【填充】阵列结果**

6.4　特　征　群　组

特征群组是 Pro/ENGINEER Wildfire 提供的一个很重要的概念，其功能类似于 Office Word 中的【组合】命令，即将一些顺序生成的特征组成一个组，用户对该组的任何特征的操作都将被应用于整个组的所有特征。该功能在复杂造型的编辑、复制、阵列处理时特别有用。

创建特征群组的方式有以下两种。

(1) 在图形区按住 Ctrl 键单击选取多个特征后，在【编辑】下拉菜单中选择【组】命令，特征组就创建了，在系统浏览器内，用图标 表示特征组。

如果选取的特征中间有其他的特征，系统会弹出对话框询问"是否组合所有其间的特征?"，单击【是】按钮，则成功创建群组，否则系统退出群组创建。

(2) 在模型树内按住 Ctrl 键单击选取多个特征后右击，在弹出的快捷菜单内选择【组】命令或者选择【编辑】下拉菜单中的【组】命令，完成群组创建。

创建后的群组相当于一个整体，对群组进行操作，相当于对群组内的每一个特征进行相同的操作。这样用户就可以将相关的特征组成一个群组，同时完成多个特征的操作以提高工作效率。

下面以图 6.77 中的孔和圆角特征为例，介绍建立群组和对群组进行复制操作的过程。

具体步骤如下。

步骤 1：在模型树内按住 Ctrl 键单击选取孔特征和圆角特征后，右击弹出快捷菜单，选择【组】命令，完成特征群组操作，默认组的名称为"组 LOCAL ＿ GROUP"，如图 6.78 所示。

步骤 2：选择【编辑】→【特征操作】命令，打开【特征操作】菜单。

步骤 3：选择【复制】命令，系统显示【复制特征】菜单。

步骤 4：选择【镜像】→【选取】→【独立】→【完成】命令。

步骤 5：在模型树中选择"组 LOCAL ＿ GROUP"，此时孔和圆角特征同时被选中。然后选择"DTM1"平面，完成特征群组的镜像复制。复制结果如图 6.79 所示。

图 6.77　带孔和倒圆角特征的几何模型　　　图 6.78　创建群组　　　图 6.79　复制群组

6.5　特征的隐含、恢复和删除

可以使用【隐含】命令将特征暂时隐藏，也可以使用【删除】命令将其彻底删除。两者的区别是隐含的特征可以视需要随时使用【恢复】命令恢复，而删除的特征则将被永久删除。

【隐含】命令主要用于以下场合。

在"零件"模块下：隐藏零件中某些较复杂的特征，如复杂圆角、阵列的特征等，以节省再生或清除残影的时间。

在"装配"模块下：进行复杂特征的装配时，使用【隐含】命令隐藏各组合件中较不重要的特征，以减少再生的时间。

隐藏某个特征以尝试不同的设计效果。

特征的隐含操作方法如下。

步骤 1：在模型树或工作区中选取某个或几个特征，单击鼠标右键调出相应的快捷菜单，选择【隐含】选项，或者选择主菜单中的【编辑】→【隐含】命令。

步骤 2：若要隐含的特征没有子特征，则系统显示如图 6.80 所示的【隐含】对话框，提示加亮的特征将被隐含，单击【确定】按钮即可完成操作。

步骤 3：若要隐含的特征是其他特征的父特征，则系统会将其所有的子特征都以高亮度的方式呈现在主窗口中，并显示如图 6.81 所示的【隐含】对话框，其上的【选项】按钮提供子特征的高级显示方式。

图 6.80　【隐含】对话框

图 6.81　【隐含】对话框

步骤 4：单击【隐含】对话框上的【选项】按钮，系统显示如图 6.82(a)所示的【子项处理】对话框，在【子项】列表中选择处理对象，使用下拉菜单进行处理。

【状态】菜单如图 6.82(b)所示，各个选项的功能如下。

【隐含】：隐含高亮显示的子特征。

【保留】：暂时略过高亮显示的子特征，留待稍后再作处理。

【冻结】：冻结该高亮显示的特征并让其留在原位，此选项仅用于装配模块中的装配组件。

【编辑】菜单如图 6.82(c)所示，各个选项的功能如下。

【替换参照】：更改子特征的绘图平面与参考平面等参照元素以断绝父子关系。

【重定义】：对子特征进行重新定义。

步骤 5：对子特征处理完成后，即可单击【确定】按钮完成隐含操作。

如果要恢复隐含特征可以选择【编辑】→【恢复】命令，如图 6.83 所示。

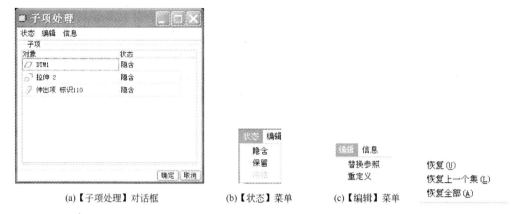

| (a)【子项处理】对话框 | (b)【状态】菜单 | (c)【编辑】菜单 |

图 6.82　【子项处理】对话框及其菜单　　　　图 6.83　【恢复】命令

特征的删除也有与特征隐含类似的两种操作方法，这里不再介绍。

6.6　修改特征

Pro/ENGINEER 作为一个强大的参数化建模软件，它的一个重要特点就是能够对模型特征的参数进行修改。

修改特征指的是修改特征的尺寸，是比较常用的操作之一，操作步骤如下。

步骤 1：在模型树中右击特征，并选择【编辑】命令。

步骤 2：工作区中显示特征的相关尺寸，双击某一尺寸，输入数值或关系式。

步骤 3：单击 按钮让系统按照新数值重新计算生成模型。

使用【编辑】进行设计变更时有以下几点需特别注意。

使用【编辑】命令仅能修改特征的尺寸，并不能改变特征的参数，若要改变特征的参数，如深度定义方式、剪切的方向等，则需使用【编辑定义】命令。

若要改变特征长出或剪切的方向，不可使用【编辑】直接将深度尺寸改为一个负值，应使用【编辑定义】以改变特征长出的方向。

6.7　重定义特征

重定义特征用来对特征的定义进行修改，基本上相当于对特征进行重新构建，不但可以改变特征的尺寸，还可以修改特征的参数。

在模型树或工作区中选取某一特征，单击鼠标右键调出相应的快捷菜单，单击【编辑定义】按钮，系统显示相应的界面，即可进行重新定义。

在建立特征时主要有 3 种操作界面，操控面板、特征建立对话框及基准建立对话框，如图 6.84 所示。因此，在对这些特征进行重新定义时，也会出现这 3 种界面。

(a) 操控面板

(b) 特征建立对话框　　　　　　　(c) 基准建立对话框

图 6.84　重定义特征界面

6.8　综合实例

实例：创建如图 6.85 所示的零件。

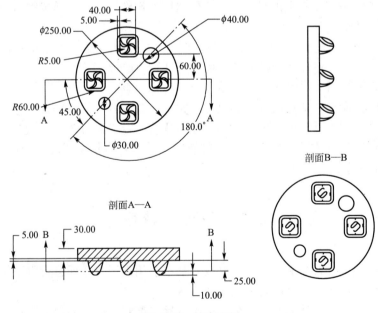

图 6.85　综合实例

1. 创建拉伸特征

步骤 1：创建新文件 ex6_2.prt。

步骤 2：选择【插入】→【拉伸】命令，弹出【拉伸特征】控制面板。

步骤 3：设置草绘平面，选取"TOP"基准平面为绘图平面，"RIGHT"基准平面为参考平面，方向选取"右"。

步骤 4：进入草绘环境，绘制如图 6.86 所示的草绘截面。

步骤 5：单击草绘工具栏中的 ✓ 按钮，完成截面的绘制。

步骤 6：在拉伸面板中输入深度值 30，并单击【确定】按钮，结束拉伸的创建。拉伸结果如图 6.87 所示。

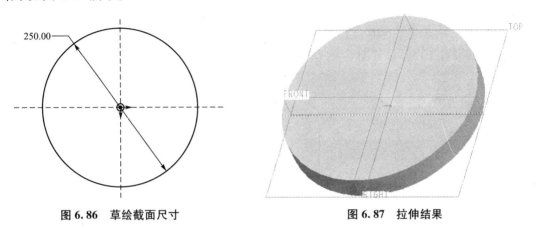

图 6.86　草绘截面尺寸　　　　　　　　　　图 6.87　拉伸结果

2. 建立混合特征

步骤 7：在下拉菜单中选择【插入】→【混合】→【伸出项...】命令，弹出【混合选项】菜单。

步骤 8：在【混合选项】菜单中选择【平行】→【规则截面】→【草绘截面】→【完成】命令，弹出【平行混合】对话框和【属性】菜单。选择【属性】菜单中的【光滑】→【完成】命令，弹出【设置草绘平面】菜单。

步骤 9：单击【使用先前的】按钮，选用与前面相同的草绘平面与参考平面，进入草绘环境。在草绘环境中绘制如图 6.88 所示的第一个混合截面。

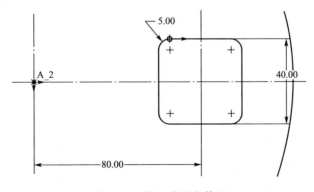

图 6.88　第一个混合截面

步骤 10：在绘图窗口中单击鼠标右键，弹出快捷菜单，选择【切换剖面】命令，此时刚绘制完毕的第一个截面颜色变淡，可开始绘制第二个混合特征截面。

步骤 11：在草绘环境中绘制如图 6.89 所示的第二个特征截面，注意起始点的位置。

步骤 12：再在绘图窗口中单击鼠标右键，弹出快捷菜单，选择【切换截面】命令，此时刚绘制完毕的第二个截面颜色变淡，可开始绘制第三个混合特征截面。

步骤 13：使用【点】命令在前面截面的中心位置画一点，然后执行【草绘】→【特征工具】→【混合顶点】命令，生成第三个混合特征截面，即中心一个【混合顶点】。

步骤 14：单击草绘工具栏中的 ✓ 按钮，完成截面的绘制。

步骤 15：输入混合截面间的深度距离"25"、"10"，单击 ☑ 按钮，回到【平行混合】对话框。

步骤 16：单击【平行混合】对话框中的【确定】按钮，完成平行混合实体特征的创建。完成的混合实体特征如图 6.90 所示。

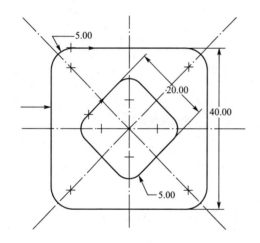

图 6.89　第二个混合截面

图 6.90　混合实体特征

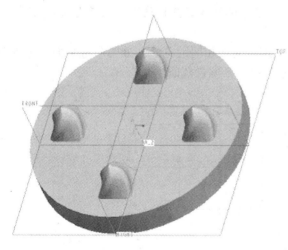

图 6.91　【轴】阵列特征

3．建立阵列特征

步骤 17：选择混合实体特征，选择【阵列】命令。

步骤 18：将默认的【尺寸】阵列方式改为【轴】阵列，弹出【轴】阵列操控面板。

步骤 19：选择如图 6.77 所示的基准轴 A _ 2 作为轴阵列的中心。指定第一方向成员的数量为"4"，角度增量为"90"。如果不选择第二方向，则阵列结果如图 6.91 所示。

4．建立拉伸去除材料特征

步骤 20：单击 ⬚ 按钮，打开【拉伸】特征操控面板。

步骤 21：进行草绘设置。选取"TOP"基准平面作为绘图平面，"RIGHT"基准平面为参考平面，方向选取"右"。

步骤 22：单击【草绘】按钮，系统进入草绘状态，使用默认尺寸参考。使用【边】命令绘制如图 6.92 所示的草绘截面。截面绘制完毕，单击工具栏中的 ✓ 按钮，系统回到【拉伸】特征操控面板。

步骤 23：单击 ☑ 按钮，建立去除材料拉伸特征。设定拉伸深度为 5。

步骤 24：单击【拉伸】特征操控面板中的 ☑ 按钮，完成拉伸去除材料特征的建立，如图 6.93 所示。

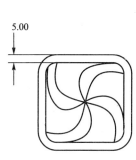

图 6.92 草绘截面

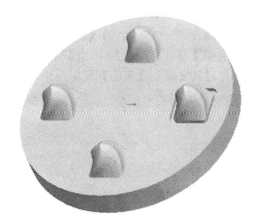

图 6.93 拉伸去除材料特征

5. 建立参考阵列特征

步骤 25：选取前面完成的拉伸去除材料特征，在工具栏中单击【阵列】工具按钮 ▦，系统自动选择【参照】类型，弹出【参照】特征操控面板。

步骤 26：在特征操控面板中，单击 ☑ 按钮，即可生成参照阵列。生成的参照阵列如图 6.94 所示。

6. 建立孔特征

步骤 27：选取上平面为主参照，单击孔特征工具图标按钮 ⬚，弹出【孔特征】的操控面板。

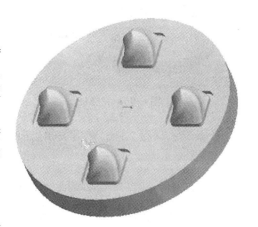

图 6.94 参照阵列特征

步骤 28：在【放置】面板中选择【径向/直径】选项，选取"FRONT"面和"A_2"轴线为次参照，输入径向半径尺寸"80"，角度"45"。

步骤 29：输入孔的直径"30"，孔深为"通孔"，单击鼠标中键结束孔特征的创建，如图 6.95 所示。

7. 建立复制特征

步骤 30：选择【编辑】→【特征操作】命令，打开【特征】菜单。

步骤 31：选择【复制】选项，系统显示【复制特征】菜单。

步骤 32：选择【移动】→【选取】→【独立】→【完成】命令。

步骤 33：选择孔特征，单击【选取】对话框中的【确定】按钮，选择【选取特征】菜单中的【完成】命令。在【移动特征】菜单中，选择【旋转】命令。系统弹出【选取方向】菜单，选择【曲线/边/轴】命令。选取"A＿2"轴线，此时在图形窗口内会出现一个红色箭头，它代表了确定旋转角度时所使用的右手螺旋方向，可以根据需要调节旋转角度的方向，然后选择【正向】命令。

步骤 34：在窗口底部输入旋转角度"90"，按 Enter 键。在【移动特征】菜单中选择【完成移动】选项。在弹出的【组元素】对话框以及【组可变尺寸】菜单中，修改孔径为"40"，选择【组可变尺寸】中的【完成】命令，然后单击【组元素】对话框中的【确定】按钮，此时就完成了【旋转】复制操作，如图 6.96 所示。

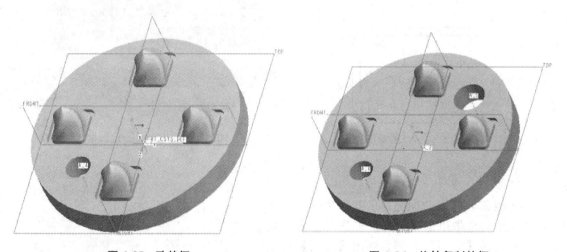

图 6.95　孔特征　　　　　　　　　　　图 6.96　旋转复制特征

步骤 35：保存文件，然后关闭当前工作窗口。

6.9　小　　结

本章重点介绍了特征的复制方法，包括复制、阵列和群组等。熟练掌握这些方法对图形的绘制有很大帮助，可以大大提高工作效率。同时，利用这些复制命令还可以建立特征间的尺寸和参考关系，形成参数关系便于修改。

6.10　思考与练习

1. 思考题

（1）复制特征分为哪几种方式？各自的特点是什么？

（2）几种阵列方式的特点和主要操作步骤是什么？

（3）创建组特征的目的以及在操作中的注意事项是什么？

2．练习题

（1）使用【新参照】命令复制如图 6.97 所示的孔特征。

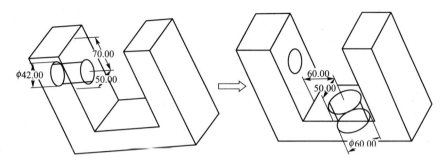

图 6.97　练习题(1)图

（2）使用【镜像】命令完成如图 6.98 所示的模型。

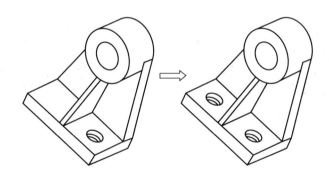

图 6.98　练习题(2)图

（3）使用【镜像】、【旋转】命令完成如图 6.99 所示的模型。

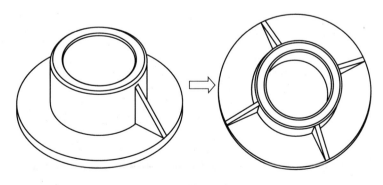

图 6.99　练习题(3)图

(4) 使用【阵列】命令完成如图 6.100 所示的模型。

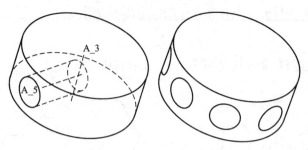

图 6.100　练习题(4)图

(5) 使用【阵列】命令中的"轴"和"尺寸"方式,分别完成如图 6.101 所示的模型。

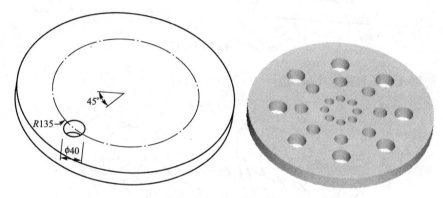

图 6.101　练习题(5)图

第7章
创建高级实体特征

教学提示

Pro/ENGINEER 提供了一些高级实体特征建模工具，可建立较为复杂的模型。所谓高级实体特征，是指某些较复杂的实体形状用一般的实体特征方法无法实现，或者实现起来非常繁琐困难，而用高级特征的命令，可以较轻捷地实现。这些高级实体特征包括可变剖面扫描、扫描混合、螺旋扫描、轴特征、唇特征、法兰特征、环形槽特征、耳特征、槽特征等。

教学要求

本章主要介绍可变剖面扫描、扫描混合、螺旋扫描、轴特征、唇特征、法兰特征、环形槽特征、耳特征、槽特征等几种高级实体造型的基本概念和方法。通过本章的学习，读者要掌握 Pro/ENGINEER 几种高级实体造型的建模方法。

7.1 扫 描 混 合

扫描混合命令使用一条轨迹线与几个剖面来创建一个实体特征，这种特征同时具有扫描与混合的效果。

7.1.1 基本概念

选择【插入】→【扫描混合…】命令，打开【扫描混合】特征操控面板，如图 7.1 所示。操控面板中各按钮的功能如下。

图 7.1 【扫描混合】特征操控面板

□：扫描为实体特征。

□：扫描为曲面特征。

☑：实体或曲面去除材料。

□：建立薄体特征。

☑：更改方向。

图 7.2 【参照】面板

【参照】：选择【参照】选项，打开如图 7.2 所示的面板。

在【轨迹】栏中系统显示选择作为原始轨迹线的名称，要选择多于一条轨迹线（轮廓线），应按住 Ctrl 键进行选择。在扫描混合中，最多只能定义如下两条轨迹。

原始轨迹线：此轨迹线是扫描的轨迹线，即截面开始于原始轨迹的起点，终止于原始轨迹的终点，控制特征的走向，需要首先指定。

第二轨迹（可选）：无法使用次要轨迹来约束截面的变化，但可以作为扫描混成的垂直轨迹或 X 轨迹，这样就可以控制扫描混成截面的定位和方向。

在【剖面控制】栏中有 3 种变截面控制形式供用户选择。

【垂直于轨迹】：剖面始终垂直于法向轨迹线。法向轨迹线可以是原始轨迹线或其他辅助轨迹线。指定法向轨迹线后，还需确定剖面坐标系的 X 轴或 Y 轴。

在【水平/垂直控制】框中选择【X 轴迹】方式，此时系统用由剖面坐标系原点指向 X 轴迹和剖面交点的矢量代表 X 轴正向。若选择【自动】方式，则在起点处由用户选择参照确定 X 轴，参照可选基准平面/平面、基准线、边、轴线或坐标系等。

【垂直于投影】：扫描过程中，特征截面始终垂直于一条假想的曲线，该曲线是某条轨迹在指定平面的投影曲线。若选择该选项，应该选择一个参考方向，单击 反向 按钮使参考方向反向。

【恒定的法向】：截面的法向与指定的参照方向保持平行。

【截面】：选择【截面】选项，打开如图 7.3 所示的【截面】面板。在扫描混成中，添加截面有两个方法，分别是草绘截面和选择截面。

图 7.3　【截面】面板

📖 提示：

（1）要使用草绘截面，首先要选择轨迹上的一个点作为【截面位置】，才能激活【草绘】选项，这个点可以是基准点也可以是曲线的端点。

（2）扫描混成至少需要两个截面，就是起点和终点的两个截面。扫描混成可以不限于两个截面，理论上可以有无数个截面。要添加其他截面，需选择插入，然后选择新截面的【截面位置】点激活新截面的【草绘】按钮，单击进入新的截面草绘环境，进行截面的创建。

（3）在扫描混合中，要求不同的截面之间的混合点数要一致，如果第一个截面有 4 个混合点，以后的截面都应该有 4 个混合点。如果某个截面的端点和其他截面的端点数目不一致，使用混合顶点的方法来创建额外的混合点。操作方法是：选择要作为混合顶点的端点，然后激活右键菜单，在右键菜单中选择混合顶点，对于封闭截面，起点不能创建为混合顶点。

【相切】：选择【相切】选项，打开如图 7.4 所示的面板。对于在生成的几何和已有的几何有连接的情况，如果混合轨迹是垂直于已有几何的端面的话，便可以设置相切选项。设置的时候需要替截面中的每一边选择要相切的面。对于点截面有两种连接方式：尖点和光滑。

【选项】：选择【选项】选项，打开如图 7.5 所示的面板。截面属性变化的控制是一个重要的特性，可以设置截面的周长变化或者截面面积变化。例如对于面积变化，激活【选项】页的【面积】列表框后，选择一个需要添加面积控制的基准点并输入想控制的面积值然后按 Enter 键便可。按住 Ctrl 键并选择基准点可以添加更多的控制点。

图 7.4　【相切】面板

图 7.5　【选项】选项面板

📖 提示：建立扫描混合特征时必须遵循以下规则。

（1）所有的截面与轨迹线必须相交。

（2）若轨迹线为封闭线，则至少要有两个截面，而且其中必须有一个在轨迹线的起点上。

（3）若轨迹线为开放式，则必须定义首尾两个端点的截面。

7.1.2　扫描混合特征的创建方法

扫描混合特征基本的创建方法如下（例子 "ex7_1.prt"）。

步骤 1：在下拉菜单中选择【插入】→【扫描混合…】命令，系统弹出如图 7.1 所示的

【扫描混合】面板。

步骤 2：单击 ⬚ 按钮以创建扫描混合实体特征。

步骤 3：打开【参照】面板选取原始轨迹线。系统在原始轨迹线旁显示"原点"，在图形窗口中选择的轨迹线高亮显示（系统的默认颜色为红色），如图 7.6 所示。

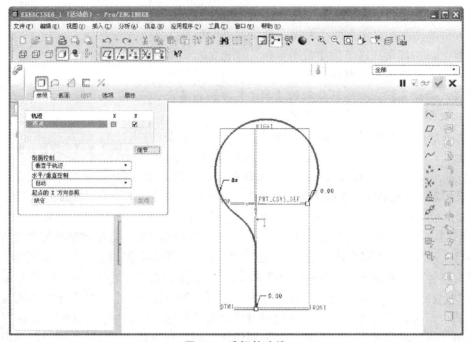

图 7.6 选择轨迹线

步骤 4：在【参照】面板的【剖面控制】栏中选择剖面定位方式，如选【垂直于轨迹】选项。

步骤 5：打开【截面】面板，选择【选取截面】或【草绘截面】命令。

步骤 6：绘制截面或选定已有的截面。使用草绘截面时，首先要选择轨迹上的一个点作为【截面位置】，系统激活【草绘】选项；并可以在绘制截面之前，在【旋转】文本框中输入截面旋转角度，如图 7.7 所示；然后选择【草绘】选项进行截面的绘制。通过【插入】选项进行截面的绘制，如图 7.8 所示。开放轨迹至少需要两个截面。对于"牛角"类模型可以用一个点截面来替代一个截面，如图 7.9 所示。

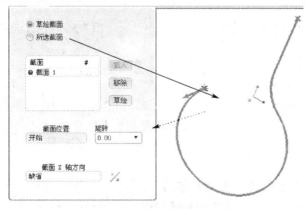

图 7.7 选择点添加草图

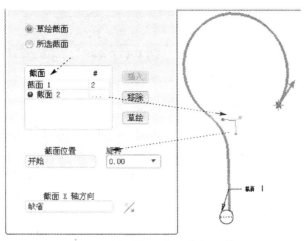

图 7.8　选择【插入】和点插入草图

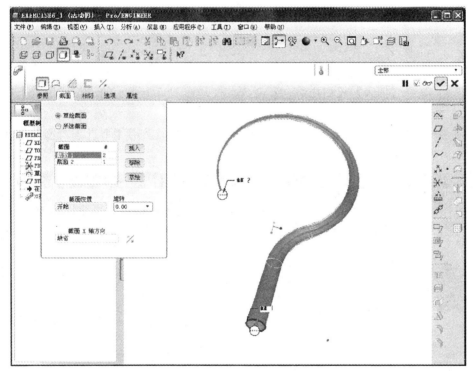

图 7.9　点截面

步骤 7：单击【属性】按钮输入特征名称。最后单击 ⬚ 按钮预览几何，单击 ☑ 按钮，完成扫描混合特征的建立，如图 7.10 所示。

7.1.3　创建扫描混合实体特征实例

下面通过创建一个衣钩的实例操作，学习混合扫描的操作。

步骤 1：新建文件 "ex7_2.prt"。

步骤 2：单击基准特征工具栏中的 ⬚ 按钮，以 "TOP" 面为草绘平面，接受默认的草绘参照，建立如图 7.11 所示的基准线。

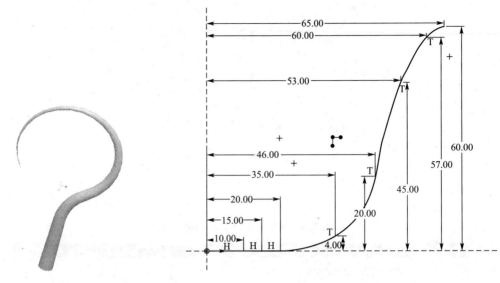

图 7.10　扫描混合实体特征　　　　　　　　　　　　　**图 7.11　基准线**

步骤 3：选择【插入】→【扫描混合】命令，打开如图 7.1 所示的【扫描混合】特征操控面板。

步骤 4：打开【参照】面板，选择基准线原始轨迹线，采用【垂直于轨迹】剖面控制方式，如图 7.12 所示。

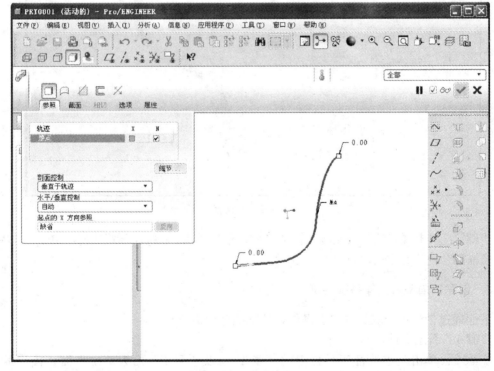

图 7.12　选择轨迹线

步骤 5：打开【截面】面板，选择【草绘截面】选项，开始草绘截面。在如图 7.13 所示的截面位置依次进行草图截面的添加。

步骤 6：在【截面位置】中，选取如图 7.13 所示的第一点，并在【旋转】中接受默认的 0°，如图 7.14 所示。单击【草绘】按钮系统自动调整视角，显示草绘平面，并设置好草绘尺寸参照。画一个圆心在原点，直径为 60 的圆。重新生成后单击 按钮。

步骤 7：单击【插入】按钮添加截面，选取如图 7.13 所示的第二点为【截面位置】。在【旋转】中接受默认的 0°。单击【草绘】按钮，画一个圆心在原点，直径为 52 的圆。重新生成后单击 按钮。

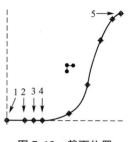

图 7.13　截面位置

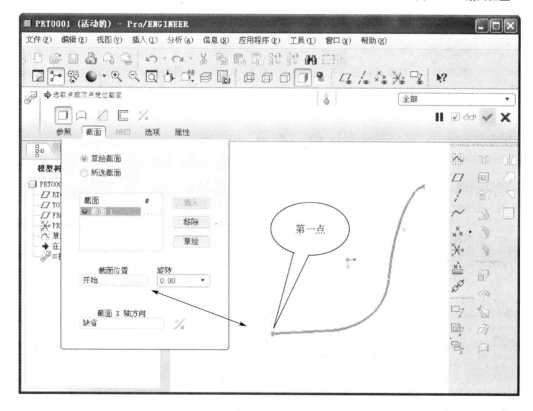

图 7.14　选取第一点激活【草绘】

步骤 8：单击【插入】按钮添加截面，选取如图 7.13 所示的第三点为【截面位置】。在【旋转】中接受默认的 0°。单击【草绘】按钮，画一个圆心在原点，直径为 16 的圆。重新生成后单击 按钮。

步骤 9：单击【插入】按钮添加截面，选取如图 7.13 所示的第四点为【截面位置】。在【旋转】中接受默认的 0°。单击【草绘】按钮，画一个圆心在原点，直径为 12 的圆。重新生成后单击 按钮。

步骤 10：单击【插入】按钮添加截面，选取如图 7.13 所示的第五点为【截面位置】。在【旋转】中接受默认的 0°。单击【草绘】按钮，画一个圆心在原点，直径为 8 的圆。重新生成后单击☑按钮。

步骤 11：单击 ⚙ 按钮预览几何，单击☑按钮，完成特征创建，如图 7.15 所示。

步骤 12：在衣钩的小端头加入倒圆角特征，圆角半径为 $R3$，完成的衣钩模型如图 7.16 所示。

步骤 13：保存文件，然后关闭当前工作窗口。

图 7.15　扫描混合特征　　　　　图 7.16　加入倒圆角特征后实体模型

7.2　螺 旋 扫 描

螺旋扫描是沿着一旋转面上的轨迹线来扫描以产生螺旋状的特征。特征的建立需要有旋转轴、轮廓线、螺距、截面四要素。用螺旋扫描命令可以创建弹簧和螺纹。

7.2.1　基本概念

在下拉菜单中选择【插入】→【螺旋扫描】命令，在下一级菜单中选择【伸出项…】或【薄板伸出项…】或【切口…】或【薄板切口…】命令，系统弹出如图 7.17 所示的【螺旋扫描】对话框和【属性】菜单。在【属性】菜单中可设置螺旋扫描特征的属性。

创建螺旋扫描特征时需要确定定位方式及轨迹螺旋特性。

图 7.17　【螺旋扫描】对话框和【属性】菜单

1. 截面定位方式

在【属性】菜单中有如下两种截面定位方式。

【穿过轴】：螺旋剖面所在的平面通过旋转轴。

【垂直于轨迹】：螺旋剖面所在的平面与轨迹线垂直。

2. 螺距及螺旋线方向

螺旋扫描的轨迹线是通过旋转面的轮廓线及螺距来定义的。

螺距是螺旋轨迹各圈在旋转面轴线上的投影间距，结合螺旋轨迹圈径决定了螺旋线升角，螺距可分为【常数】和【可变的】两种。

【常数】：螺距数值为常量。

【可变的】：螺距数值为变量。在同一轮廓线上，不同区段可设置不同的螺距值。

螺旋轨迹按螺旋上升方向分为【右手定则】和【左手定则】两种。

【右手定则】：建立右旋转。

【左手定则】：建立左旋转。

3. 轮廓线

整个螺旋轨迹位于一组连续的 360°的旋转面上，该旋转面由草绘轮廓线绕一中心线旋转而成。轮廓线草绘时应注意下列规则。

必须绘制一条中心线作为旋转面轴线。

绘制轮廓线应为开放链，任意点的切线不应与中心线垂直。

如果截面定位采用【垂直于轨迹】方式，轮廓线内各段应相切。

绘制实体链的起点即为螺旋扫描起始点。

4. 截面

实体特征为伸出项时，扫描截面应为封闭链；为薄板类型或面特征时，可使用开放链。

5. 可变螺距

若选择螺距可变，在绘制截面后，系统要求输入轮廓起点和终点处的螺距值，弹出如图 7.18 所示的独立窗口显示一条沿轮廓的螺距曲线及如图 7.19 所示的螺距【控制曲线】菜单，菜单中各命令的作用如下。

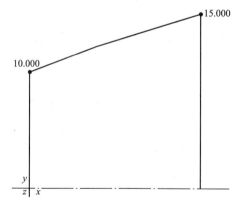

图 7.18　螺距控制曲线

图 7.19　【控制曲线】菜单

【增加点】：选取草绘轮廓或中心线上的点作为螺距控制点，并输入该点的螺距值。

【删除】：删除螺距控制点。

【改变值】：编辑起、终点及各螺距控制点的螺距值。

轮廓线上草绘实体端点、草绘点和中心线上的草绘点均可作为螺距控制点。在控制点处可指定不同的螺距值，从而在螺旋轨迹各处形成不同的螺旋升角。

7.2.2　螺旋扫描特征的创建方法

螺旋扫描特征基本的创建方法如下。

步骤 1：在下拉菜单中选择【插入】→【螺旋扫描】命令，在下一级菜单中选择【伸出项…】或【薄板伸出项…】或【切口…】或【薄板切口…】命令，系统弹出如图 7.17 所示的【螺旋扫描】对话框和【属性】菜单。

步骤 2：在【属性】菜单中设置特征属性。

步骤 3：选择草绘平面与参考平面，绘制旋转中心线和轮廓线。

步骤 4：绘制截面。

步骤 5：输入螺距值。

步骤 6：预览并完成螺旋特征。

建立变螺距螺旋扫描的操作步骤与建立定螺距螺旋扫描的步骤略有不同，将在后面以实例说明其操作步骤。

📖 提示：（1）扫描截面应放置在轮廓线的起点（箭头所在的一端）。若要更改轮廓线的起点，可使用下拉菜单中的【草绘】→【特征工具】→【起始点】命令。

（2）为保证成功生成模型，螺距的尺寸一般应大于扫描截面的高度尺寸。

7.2.3　创建螺旋扫描实体特征实例

下面通过创建一个变螺距弹簧的实例操作，学习螺旋扫描的操作。

步骤 1：新建文件"ex7_3. prt"。

步骤 2：在下拉菜单中选择【插入】→【螺旋扫描】→【伸出项…】命令，系统弹出如图 7.17 所示的【螺旋扫描】对话框和【属性】菜单。

步骤 3：定义螺旋扫描属性。在【属性】菜单中选择【可变的】→【穿过轴】→【右手定则】→【完成】命令。

步骤 4：弹出如图 7.20 所示的【设置草绘平面】和【选取】菜单，接受默认的【新设置】和【平面】选项，选择"FRONT"面作为草绘平面；接受如图 7.21 所示的默认草绘参照，选择【确定】→【缺省】命令进入草绘环境。

图 7.20　【设置草绘平面】和
【选取】菜单

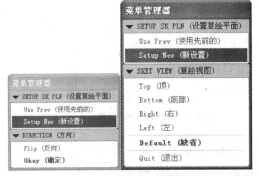

图 7.21　草绘参照菜单

步骤 5：绘制如图 7.22 所示的旋转轴和轮廓线，绘制完毕后单击 ✅ 按钮。

步骤 6：定义螺距。在【在轨迹起始输入节距值】文本框中输入螺距值"17"，单击 ✅ 按钮；在【在轨迹末端输入节距值】文本框中输入螺距值"6"，单击 ✅ 按钮。系统弹出如图 7.23 所示的 PICH_GRAPH 窗口及螺距【控制曲线】菜单。

　　步骤 7：在螺距【控制曲线】菜单中选择【增加点】命令，在绘图窗口选择轮廓线上的中间分割点，在显示的文本框中输入螺距值"30"，单击 ☑ 按钮得到如图 7.24 所示的结果。在如图 7.19 所示的螺距【控制曲线】菜单中选择【完成/返回】命令，然后再选择【完成】命令，完成螺距的定义，进入截面绘制。

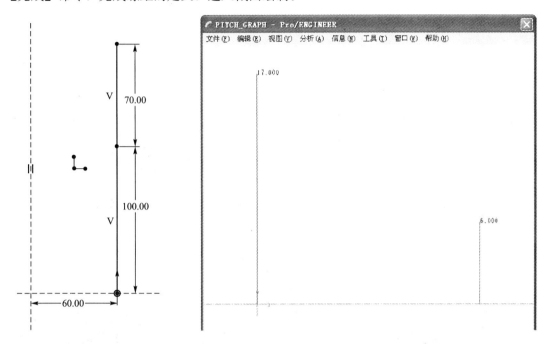

图 7.22　旋转轴和轮廓线　　　　　　　　　　　　图 7.23　PICH_GRAPH 窗口

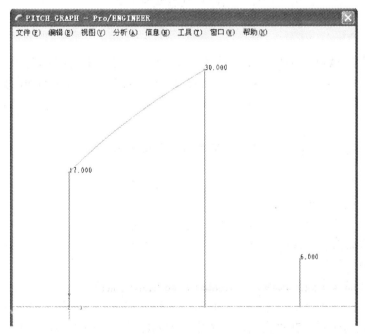

图 7.24　增加点后的 PICH_GRAPH 窗口

步骤 8：绘制截面。在起始中心绘制一直径为"12"的圆，如图 7.25 所示。

步骤 9：单击草绘命令工具栏中的 ✓ 按钮，然后单击【螺旋扫描】对话框中的 预览 按钮预览几何，最后单击 确定 按钮，完成螺旋扫描特征的创建，如图 7.26 所示。

步骤 10：保存文件，然后关闭当前工作窗口。

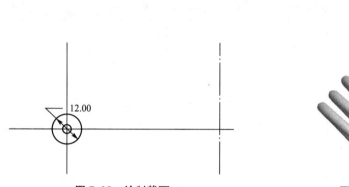

图 7.25　绘制截面

图 7.26　变螺距弹簧模型

7.3　可变剖面扫描

可变剖面扫描命令用于建立一个可变化的截面，此截面将沿着轨迹线和轮廓线进行扫描操作。截面的形状大小将随着轨迹线和轮廓线的变化而变化。当给定的截面较少，轨迹线的尺寸很明确，且轨迹线较多时，则较适合使用可变剖面扫描。可用现有的基准线作为轨迹线或轮廓线，也可在构造特征时绘制轨迹线或轮廓线。

7.3.1　基本概念

选择【插入】→【可变剖面扫描…】命令，或单击特征工具栏中的 按钮，打开如图 7.27 所示的【可变剖面扫描】特征操控面板。操控面板和各按钮的功能如下。

图 7.27　【可变剖面扫描】特征操控面板

　：扫描为实体特征。

　：扫描为曲面特征。

　：打开截面草绘器，以创建或修改草绘扫描截面。

　：实体或曲面去除材料。

　：建立薄体特征。

【参照】：选择【参照】选项，打开如图 7.28 所示的面板。

在【轨迹】栏，系统显示选择作为原始轨迹线的名称，要选择其他轨迹线（轮廓线），应按住 Ctrl 键进行选择。在可变剖面扫描中，用到的特殊轨迹线有如下 4 种。

原始轨迹线：此轨迹线是截面经过的路线，即截面开始于原始轨迹的起点，终止于原始轨迹的终点，需要首先指定。此线可由多线段构成，但各线段间需相切。在轨迹列表中原始轨迹线称为"原点"，各辅助轨迹线称为"链♯"，如图 7.28 所示。

X 轴迹线：此轨迹线确定 X 轴方向并限定剖面 X 轴扫描轨迹。在轨迹列表中选中 X 栏中的方向框即可指定该属性，原始轨迹线不可指定"X 轴迹线"。

法向轨迹线：用来在【垂直于轨迹】方式中确定剖面扫描时的垂直方向，即 Z 轴方向。在轨迹列表中选中 N 栏中的方向框即可指定该属性。

图 7.28　【参照】选项面板

相切轨迹线：用来确定剖面绘制时的相切参照。当轨迹线由边链形成时才能使用该属性。扫描面将在该轨迹处与轨迹所位于的一系列参照相切。若边链由两"排"面相交而成，还可切换扫描面与哪一排参照面相切。在轨迹列表中选中 T 栏中的方向框即可指定该属性，该栏中两个方框分别代表边链两侧的参照面，若边链仅有一侧有参照，则其中一个方框将灰显表示不可选。

在【剖面控制】栏中有 3 种变截面控制形式供用户选择。

【垂直于轨迹】：剖面始终垂直于法向轨迹线。法向轨迹线可以是原始轨迹线或其他辅助轨迹线。指定法向轨迹线后，还需确定剖面坐标系的 X 轴或 Y 轴。

在【水平/垂直控制】框中选择【X 轴迹】方式，此时系统用由剖面坐标系原点指向 X 轴迹和剖面交点的矢量代表 X 轴正向。若选择【自动】方式，则在起点处由用户选择参照确定 X 轴，参照可选基准平面/平面、基准线、边、轴线或坐标系等。

【垂直于投影】：扫描过程中，特征截面始终垂直于一条假想的曲线，该曲线是某条轨迹在指定平面的投影曲线。若选择该选项，应该选择一个参考方向，单击 反向 按钮使参考方向反向。

【恒定的法向】：截面的法向与指定的参考方向保持平行。

在选取线链建立轨迹线时需注意下列原则。

（1）若作为轨迹线的线链包含多段边/基准线，则在选取时首先选中其中一段，将光标放在其上并按住 Shift 键，系统会弹出提示表明当前的线链选取方式。右击可切换至其他选取方式，单击可确定使用当前选取方式。再按照当前选取方式的要求进行操作即可得到所需轨迹。

（2）若剖面控制为【垂直于轨迹】方式，则原始轨迹线内各段必须相切；若为【垂直于投影】方式，则原始轨迹线的投影线必须相切，而原始轨迹线内各段不必一定相切。

（3）辅助轨迹线端点可落在原始轨迹线上，但不可与原始轨迹线相交。

（4）所有轨迹必须能与扫描剖面相交，各轨迹长度不一致，此时系统按最短原则确定扫描起点和终点。

图 7.29　【选项】面板

【选项】：选择【选项】选项，打开如图 7.29 所示的【选项】面板。在该面板选择扫描形式为可变剖面扫描还是恒定剖面扫描。若扫描为曲面，在该面板设定扫描曲面的端面为开口还是封闭，以及设定草绘面在原始轨迹线中的位置。

7.3.2　可变剖面扫描特征的创建方法

步骤 1：选择【插入】→【可变剖面扫描】命令，或单击特征工具栏中的 按钮，打开如图 7.27 所示的【可变剖面扫描】特征操控面板。

步骤 2：单击 □ 按钮以创建可变剖面扫描实体特征。

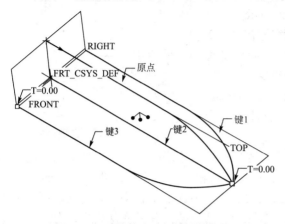

图 7.30 原始轨迹线和辅助轨迹线

步骤 3：打开【参照】面板选取原始轨迹线和其他辅助轨迹线。系统在各轨迹线旁显示其名称，原始轨迹线旁显示"原点"，在图形窗口中选择的轨迹线高亮显示（系统的默认颜色为红色），如图 7.30 所示。

📖 提示：（1）单击鼠标右键，在弹出的快捷菜单中选择【移除】命令，可移走用于可变剖面扫描的轨迹线，但不能移走原始轨迹线，只能替换。在轨迹线列表中选中某轨迹线后，再在图形区选取其他线链可建立新轨迹线替换原轨迹线。

（2）单击原始轨迹线后再单击其上的方向箭头可切换起点位置（方向箭头处即起点）。

步骤 4：在【参照】面板的【剖面控制】栏中选择剖面定位方式，如选【垂直于轨迹】选项；在【轨迹】栏中定义各轨迹线特殊属性。

步骤 5：单击 ☑ 按钮，打开草绘工作环境，草绘扫描截面，如图 7.31 所示。

📖 提示：草绘截面轮廓线应该与辅助轨迹线相交。

步骤 6：单击【属性】按钮输入特征名称。最后单击 ⬚ 按钮预览几何，单击 ☑ 按钮，完成特征创建，如图 7.32 所示。

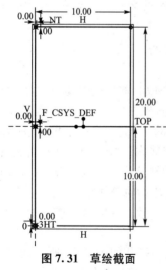

图 7.31 草绘截面

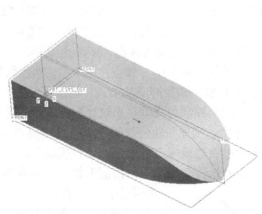

图 7.32 可变剖面扫描实体特征

7.3.3 创建可变剖面扫描实体特征实例

下面通过创建一个瓶子的实例操作，学习可变剖面扫描的操作。

步骤 1：新建文件"ex7_5.prt"。

步骤 2：单击基准特征工具栏中的 ▦ 按钮，以"TOP"面作为草绘平面，接受默认的草绘参照，分别建立如图 7.33、图 7.34、图 7.35 所示的 3 条基准线。

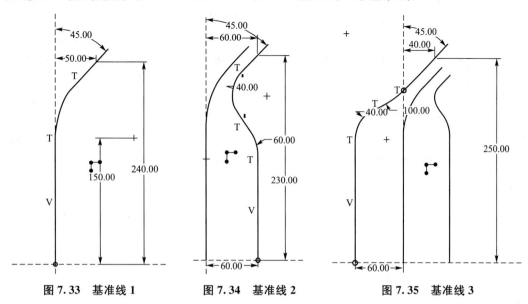

图 7.33　基准线 1　　　　　图 7.34　基准线 2　　　　　图 7.35　基准线 3

步骤 3：选择【插入】→【可变剖面扫描…】命令，或单击特征工具栏中的 按钮，打开如图 7.27 所示的【可变剖面扫描】特征操控面板。

步骤 4：打开【参照】面板，选择基准线 1 为原始轨迹线，基准线 2、基准线 3 为辅助轨迹线，其中基准线 2 作为 X 轨迹线，采用【垂直于轨迹】剖面控制方式，如图 7.36 所示。

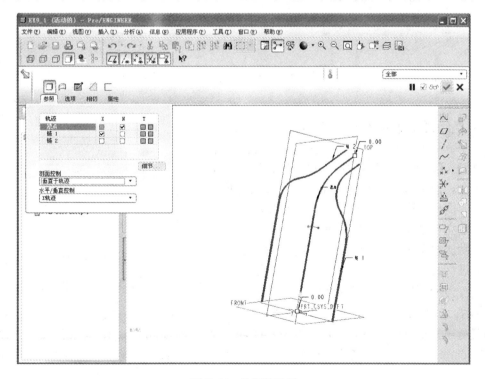

图 7.36　选择轨迹线

步骤 5：单击 ☑ 按钮，打开草绘工作环境，草绘如图 7.37 所示的扫描截面，单击 ☑ 按钮。

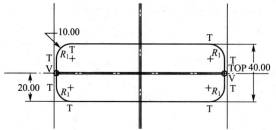

图 7.37　草绘截面

步骤 6：单击 按钮预览几何，单击 ✔ 按钮，完成如图 7.38 所示的特征创建。

步骤 7：单击特征工具栏中的 按钮，取壁厚为"2"，进行抽壳操作，完成的特征如图 7.39 所示。

步骤 8：保存文件，然后关闭当前工作窗口。

图 7.38　可变剖面扫描实体特征

图 7.39　完成的瓶子特征

7.4　轴　特　征

在【插入】菜单的【高级】子菜单下，有如图 7.40 所示的 6 个工程特征，分别是【轴】、【唇】、【法兰】、【环形槽】、【耳】、【槽】特征，这些特征是一些基本特征的组合，使用起来并不复杂而且可以加快建模速度。与圆角、倒角等构建特征相似，不能独立创建，它的创建必须建立在已存在的基础特征上。

在默认情况下这 6 个特征在【高级】菜单中不可见，通过配件文件 config.pro 中配置选项 allow_anatomic_features 为 yes 使它们可见。

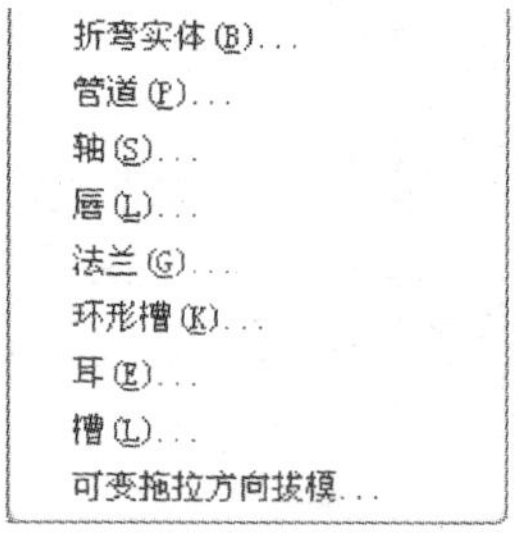

```
折弯实体(B)...
管道(P)...
轴(S)...
唇(L)...
法兰(G)...
环形槽(K)...
耳(E)...
槽(L)...
可变拖拉方向拔模...
```

图 7.40　【高级】菜单

📖提示：配置过程如下：选择下拉菜单中的【工具】→【选项】命令，打开如图 7.41 所示的【选项】配置对话框，在【显示】选择栏中选择 config.pro，在【选项】中输入 allow_anatomic_features，【值】设置为 yes，单击 添加/更改 按钮，单击 确定 按钮完成配置的更改。

图 7.41　【选项】配置对话框

7.4.1　基本概念

　　轴特征与草绘孔特征相似，两者都必须先绘制旋转截面图，然后将其放置在模型上产生特征。只不过草绘孔特征是通过从实体零件模型中围绕轴线旋转剪切材料的方法获得的，而轴特征是从实体零件模型中围绕轴线旋转添加材料的方法获得的。

　　选择【插入】→【高级】→【轴特征…】命令，系统弹出如图 7.42 所示的【轴特征】对话框和【位置】菜单。

　　创建轴特征时需要确定放置方式及指定参照。

图 7.42　【轴特征】对话框和【位置】菜单

　　1．轴特征的放置方式

　　在【位置】菜单中有 4 种截面定位方式，分别为线性、径向、同轴、在点上。这些放置位置与孔的放置方法一致。前面 3 种都必须先选择放置面(平面、曲面)或基准轴作为主参照，再选择次参照。只有轴特征建立在已有的基准点上时，只要选取基准点作为主参照，不需要再选次参照。

　　2．截面

　　在创建截面图形时，应遵循以下原则。

　　必须绘制一条竖直中心线作为旋转轴。

　　至少有一条线段垂直于中心线，系统会把绘制截面的最顶层置于放置平面上；若只有一条线段与中心线垂直，系统会自动将此线段与放置面对齐。

　　草绘截面必须为封闭截面并只能在中心线的一侧绘制，草绘孔类似于一个旋转特征。

7.4.2 轴特征的创建方法

轴特征基本的创建方法如下。

步骤 1：打开文件 "ex7_6.prt"。

步骤 2：在下拉菜单中选择【插入】→【高级】→【轴特征…】命令，系统弹出如图 7.42 所示的【轴特征】对话框和【位置】菜单。

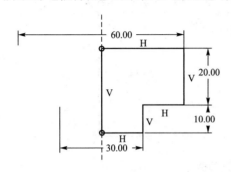

图 7.43　草绘截面

步骤 3：在【位置】菜单中设置特征的放置方式为线性，选择【完成】命令，系统自动进入草绘截面。

步骤 4：绘制截面如图 7.43 所示的截面，绘制完毕后单击 ✓ 按钮退出截面的绘制。

步骤 5：选取上表面为轴特征放置平面，接着选取如图 7.44 所示的边线为第一参照，并在【与参考的距离】文本框中输入 50，单击 ✓ 按钮；然后再选取上表面宽度方向的边线为第二参照，输入【与参考的距离】为 75，单击 ✓ 按钮。

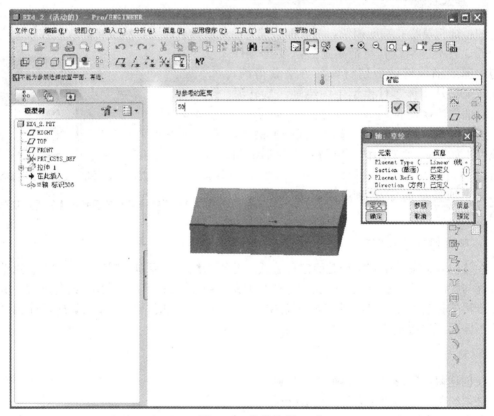

图 7.44　边线选择

步骤 6：单击【轴特征】对话框中的【预览】按钮预览几何，然后单击【确定】按钮，完成如图 7.45 所示轴特征的构建。

图 7.45　轴特征

7.5　唇　特　征

唇特征是通过沿着所选模型边偏移曲面来构建的，唇特征既可以是去除材料特征，也可以是伸出项特征。通常用于上下两个零件边缘的连接。

7.5.1　基本概念

选择【插入】→【高级】→【唇特征…】命令，弹出如图 7.46 所示的【边选取】菜单，开始唇特征的建构。

创建唇特征时需要设置的参数如下。

1. 唇轨迹的选取

有单一、链、环 3 种唇轨迹边线的选取方式，如图 7.46 所示。

2. 选取要偏移的曲面和设置偏移值

图 7.46　【边选取】
菜单

指定构建唇所要的偏移曲面，唇特征的顶层表面与偏移曲面有相同的形状。唇的偏移值即唇高，值可以是正值也可以是负值。输入为正值时，唇特征为伸出项特征；输入为负值时，则唇特征为切口特征。唇的偏移方向是由垂直于参照平面的方向确定的。

3. 唇厚度

在【输入从边到拔模曲面的距离】提示栏中输入的是唇厚度。

4. 选取拔模参照曲面与拔模斜度

拔模参照曲面可以是平面或者基准。如果偏移曲面为平面的时候，可以选取偏移曲面作为拔模参照平面。如果偏移曲面不是平面或者欲使唇特征的创建方向不垂直于偏移曲面时，应选其他参照曲面。

7.5.2　唇特征的创建方法

唇特征基本的创建方法如下。

步骤 1：打开文件 "ex7_7..prt"。

步骤 2：在下拉菜单中选择【插入】→【高级】→【唇特征…】命令，系统弹出如图 7.46 所示的【边选取】菜单。

步骤 3：在【边选取】菜单中设置选取方式为链，选取如图 7.47 所示的边线，选择【完成】命令。

步骤 4：选择要偏移的曲面。在"选取要偏移的曲面（与加亮的边相邻）"的提示下选择如图 7.48 所示的曲面。

图 7.47　选取边线

图 7.48　选取偏移曲面

步骤 5：在提示文本框"输入偏移值"中输入唇高 6，并单击☑按钮。

图 7.49　【设置平面】菜单

步骤 6：在提示文本框"输入从边到拔模曲面的距离"中输入唇厚 5，并单击☑按钮。

步骤 7：系统弹出如图 7.49 所示的【设置平面】菜单，接受默认选项，再次选取偏移曲面作为拔模参照曲面，在提示文本框"输入拔模角"中输入拔模角 5，并单击☑按钮，完成如图 7.50 所示唇特征的建构。

📖 **提示：**

当把上面的唇高设置为 -6，而其他操作步骤和参数都完全一样时，生成的是如图 7.51 所示的切除材料唇特征。

图 7.50　唇特征

图 7.51　切除材料唇特征

7.6　法　兰　特　征

法兰特征是附着在模型其他旋转表面上的旋转特征，经常用在模型上建构旋转型的伸出项特征，如轴上的轴肩等。下面介绍其创建方法。

步骤 1：新建文件 ex7_8.prt。

步骤 2：单击按钮，以"FRONT"面作为草绘平面，建构一个如图 7.52 所示，直径为 50，长度为 100 的轴。

步骤 3：在下拉菜单中选择【插入】→【高级】→【法兰特征…】命令，系统弹出如图 7.53 所示的【选项】菜单。

图 7.52　创建轴

图 7.53　【选项】菜单

【可变的】选项表示旋转角度是用户指定的。

步骤 4：选择 360 和【单侧】选项，单击【完成】按钮，系统弹出如图 7.54 所示的【设置草绘平面】菜单。

步骤 5：接受【新设置】和【平面】；选取"TOP"面为草绘平面，选择【确定】→【缺省】命令，进入截面的绘制。

图 7.54　【设置草绘平面】菜单

步骤 6：绘制如图 7.55 所示的截面，单击 ☑ 按钮，退出草绘截面，完成如图 7.56 所示的法兰特征的创建。

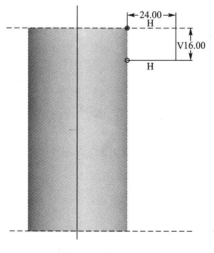

图 7.55　草绘截面

图 7.56　法兰特征

📖提示：（1）需要绘制一条中心线作为法兰特征的旋转轴。

（2）截面必须开放，且其端点要与附着特征的表面对齐。

（3）当选择【可变的】选项的时候，退出草图绘制后，需要输入旋转角度。

7.7   环形槽特征

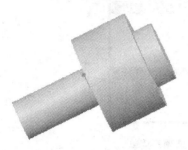

环形槽特征是一种切口特征，它的特性、参数意义、建构方法和流程与法兰特征基本相同。法兰特征是添加材料特征，而环形槽特征是切口特征。经常用于在模型上创建轴颈、退刀槽和密封槽等。下面介绍其创建方法。

步骤 1：打开文件"ex7_9.prt"，如图 7.57 所示。

步骤 2：在下拉菜单中选择【插入】→【高级】→【环形槽特征…】命令，系统弹出如图 7.53 所示的【选项】菜单。

步骤 3：选择 360 和【单侧】选项，选择【完成】选项，系统弹出如图 7.54 所示的【设置草绘平面】菜单。

图 7.57   实体特征

步骤 4：接受【新设置】和【平面】；选取"FRONT"面为草绘平面，选择【确定】→【缺省】命令，进入截面的绘制。

步骤 5：绘制如图 7.58 所示的截面，单击 ✓ 按钮，退出草绘截面，完成如图 7.59 所示的环形槽特征的创建。

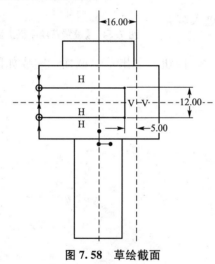

图 7.58   草绘截面

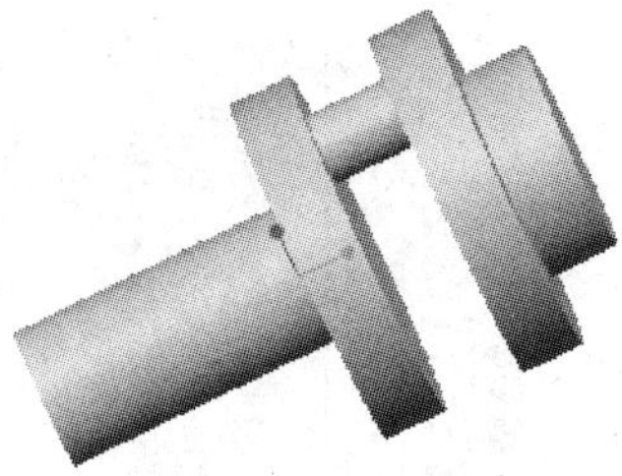

图 7.59   环形槽特征

7.8   耳　特　征

耳特征是附着在模型某个特征的表面上，并从该表面的边线处向外产生一个类似拉伸特征的伸出项特征。耳特征在边线处可以折弯，类似钣金折弯的功能。

7.8.1   基本概念

选择【插入】→【高级】→【耳特征…】命令，弹出如图 7.60 所示的【选项】菜单，开始耳特征的建构。

创建耳特征时需要设置的参数有如下几个。

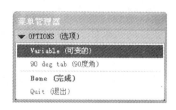

1. 选项的设置

如图 7.60 所示，有【可变的】和【90 度角】两个
选项。

【可变的】是用户可以指定折弯的角度。

【90 度角】表示生成的耳折弯角度为 90°。

图 7.60　【选项】菜单

2. 选取草绘平面和绘制截面

耳的草绘平面与耳的附着面相邻，它们之间可以成任意角度。耳的截面必须开放，且
其端点应与耳的附着面的边线对齐，并且与该边线连接的两条直线必须同该边线垂直。耳
特征的长度必须足够用来折弯。

3. 参数设定

需要设定的参数有：耳的深度，也即耳的厚度；耳的折弯半径；在【选项】中选可变
的情况下，输入折弯角度。

7.8.2　耳特征的创建方法

耳特征基本的创建方法如下。

步骤 1：打开文件“ex7_10.prt”，如图 7.61 所示。

步骤 2：在下拉菜单中选择【插入】→【高级】→【耳特征…】命令，系统弹出如图 7.60
所示的【选项】菜单。

步骤 3：在【选项】菜单中选择【可变的】命令，选择【完成】命令。系统弹出如
图 7.62 所示的【设置草绘平面】菜单。

步骤 4：接受【新设置】和【平面】；选取如图 7.63 所示的上平面为草绘平面，选择
【确定】→【缺省】命令，进入截面的绘制。

图 7.61　实体特征

图 7.62　【设置草绘平面】菜单

图 7.63　选取草绘平面

步骤 5：绘制如图 7.64 所示的截面，单击 ✓ 按钮，退出草绘截面。

步骤 6：输入耳的厚度，在提示文本框“输入耳的深度”中输入耳厚 5，并单击 ✓
按钮。

步骤 7：输入折弯半径，在提示文本框“输入耳的折弯半径”中输入耳厚 5，并单击

按钮。

步骤 8：输入折弯角度，在提示文本框"输入耳折弯角"中输入折弯角为 60，并单击
按钮，完成如图 7.65 所示耳特征的建构。

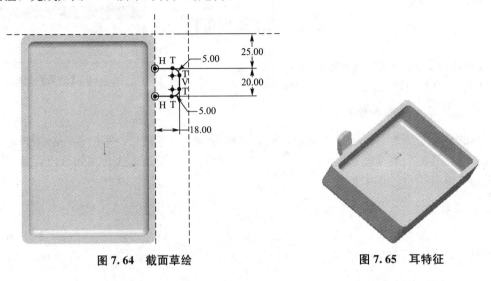

图 7.64　截面草绘　　　　　　　　　　　　　图 7.65　耳特征

7.9　槽　特　征

槽特征是一种去除材料的特征。去除材料的方式很多，例如拉伸、旋转、扫描、混合
等。不同的去除材料的方式与基本特征中对应特征的操作过程相似。只不过在这里是通过
菜单的方式进行操作。下面以拉伸槽特征为例进行槽特征建构方法的说明。

步骤 1：打开文件"ex7_11.prt"，如图 7.66 所示。

步骤 2：在下拉菜单中选择【插入】→【高级】→【槽特征…】命令，系统弹出如图 7.67
所示的【实体选项】菜单。

步骤 3：在【实体选项】菜单中选择【拉伸】和【实体】命令，选择【完成】命令。
系统弹出如图 7.68 所示的【拉伸】对话框和【属性】菜单。

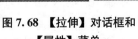

图 7.66　实体特征　　　　图 7.67　【实体选项】菜单　　　　图 7.68　【拉伸】对话框和
　　　　　　　　　　　　　　　　　　　　　　　　　　　　　　　　　【属性】菜单

步骤 4：在【属性】菜单中选择【单侧】命令，选择【完成】命令。系统弹出如图 7.69 所示的【设置草绘平面】菜单。

步骤 5：接受【新设置】和【平面】；选取如图 7.70 所示的上平面为草绘平面，选择【确定】→【缺省】命令，进入截面的绘制。

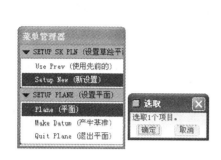

图 7.69　【设置草绘平面】和【选取】菜单

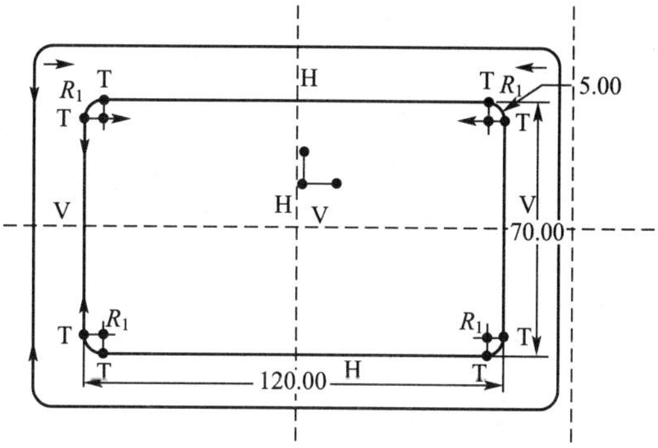

图 7.70　草绘截面

步骤 6：绘制如图 7.70 所示截面，单击 ✔ 按钮，退出草绘截面。系统弹出如图 7.71 所示的【指定到】菜单。

步骤 7：接受默认的【盲孔】，选择【完成】命令，在"输入深度"文本栏中输入 30，并单击 ☑ 按钮。

步骤 8：单击 预览 按钮预览所生产的槽特征，单击 确定 按钮生产如图 7.72 所示的槽特征。

图 7.71　【指定到】菜单

图 7.72　槽特征

7.10　综 合 实 例

实例一：创建如图 7.73 所示的零件。

1. 进入零件设计模块，文件命名为"ex7_12.prt"

步骤 1：在工具栏上【单击新建文件】按钮 ⬜，弹出【新建】对话框。

**图 7.73　高级实体
特征综合实例 1**

步骤 2：在【名称】文本框中输入"ex7_12"，单击【确定】按钮，进入零件设计模块。

2. 建立基准曲线 1

步骤 3：单击 按钮，系统显示【草绘】对话框。

步骤 4：在工作区中选择"FRONT"面作为草绘平面，接受系统默认的视图方向及参考平面，单击 草绘 按钮进入草绘模式。

步骤 5：草绘如图 7.74 所示的特征截面。截面定义完成后，单击草绘模式工具条上的 按钮。

3. 建立基准轴 A_1

步骤 6：单击基准轴图标 ，按住 Ctrl 键选取两基准平面"FRONT"和"RIGHT"，单击【确定】按钮，关闭对话框。完成的基准轴如图 7.75 所示。

4. 建立基准线 2

步骤 7：选择【编辑】→【特征操作】命令，打开【特征】菜单。

步骤 8：选择【复制】选项，系统显示【复制特征】菜单。

步骤 9：选择【移动】→【选取】→【独立】→【完成】命令。

步骤 10：选择基准曲线 1，单击【选取】对话框中的【确定】按钮，选择【选取特征】菜单中的【完成】命令。在【移动特征】菜单中选择【旋转】命令。系统弹出【选取方向】菜单，选择【曲线/边/轴】命令。选取基准轴 A_1，然后选择【正向】命令。

步骤 11：系统在窗口底部要求输入旋转角度。输入"90"，按 Enter 键。在【移动特征】菜单中选择【完成移动】命令。在弹出的【组元素】对话框以及【组可变尺寸】菜单中，直接选择【组可变尺寸】中的【完成】命令，然后单击【组元素】对话框中的【确定】按钮，完成基准曲线 2 的创建，如图 7.76 所示。

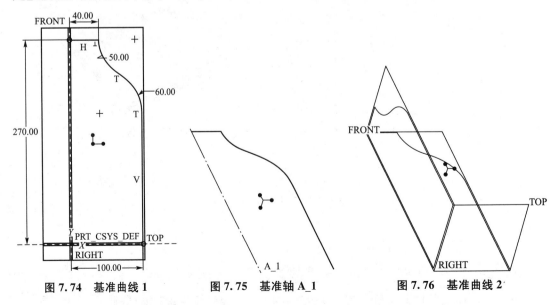

图 7.74　基准曲线 1   **图 7.75　基准轴 A_1**   **图 7.76　基准曲线 2**

5. 建立基准线 3

步骤 12：同基准线 2 的创建方法，取 180°的旋转角度，建立基准曲线 3，如图 7.77 所示。

6. 建立基准曲线 4

步骤 13：单击 ▨ 按钮，系统显示【草绘】对话框。

步骤 14：在工作区中选取"RIGHT"面作为草绘平面，接受系统默认的视图方向及参考平面，单击 草绘 按钮进入草绘模式。接受默认的"FRONT"面投影线和"TOP"面投影线作为尺寸标注参考。

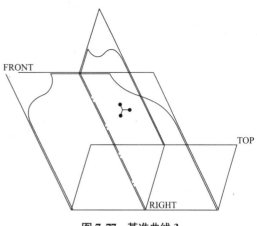

图 7.77　基准曲线 3

步骤 15：草绘如图 7.78 所示的特征截面。截面定义完成后，单击草绘模式工具条上的 ☑ 按钮。

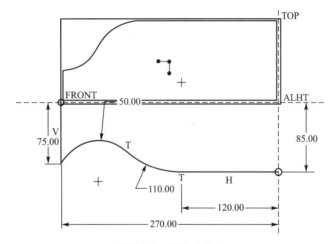

图 7.78　基准曲线 4

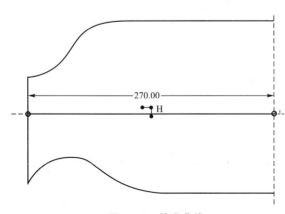

图 7.79　基准曲线 5

7. 建立基准曲线 5

步骤 16：用同样的方法建立建立中心直的基准曲线 5，其草绘截面如图 7.79 所示。

8. 建立变剖面扫描特征

步骤 17：选择【插入】→【可变剖面扫描…】命令，或单击特征工具栏中的 ▨ 按钮，打开【可变剖面扫描】特征操控面板。

步骤 18：打开【参照】上滑面板，选择基准曲线 5 为原始轨迹线，基准曲线

1、基准曲线 2、基准曲线 3、基准曲线 4 为辅助轨迹线，其中基准曲线 2 作为 X 轨迹线，采用【垂直于轨迹】剖面控制方式，如图 7.80 所示。

📖 **注意**：辅助轨迹线不是选取全部基准曲线而是部分基准曲线，如图 7.80 所示。

步骤 19：单击 ☑ 按钮，打开草绘工作环境，草绘扫描截面，如图 7.81 所示。

步骤 20：单击 按钮预览几何，单击 ☑ 按钮，完成特征创建，如图 7.82 所示。

9. 建立底面倒圆角特征

步骤 21：单击特征工具栏中的 按钮，选取底面的边链为倒圆角边，取倒圆角半径为"15"，建立如图 7.83 所示的倒圆角特征。

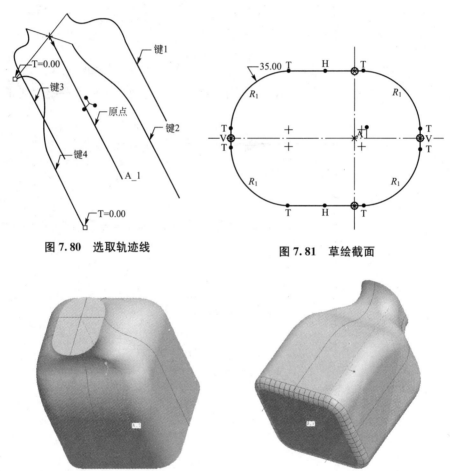

图 7.80　选取轨迹线　　　　　　　图 7.81　草绘截面

图 7.82　变剖面扫描特征　　　　　图 7.83　倒圆角特征

10. 建立抽壳特征

步骤 22：单击特征工具栏中的 按钮，选取顶面为要抽空的面，输入抽壳厚度"5"，建立如图 7.84 所示的抽壳特征。

11. 建立瓶口倒圆角特征

步骤 23：单击特征工具栏中的 按钮，选取瓶口的两边链为倒圆角边，取倒圆角半径为"15",建立如图 7.85 所示的倒圆角特征。

图 7.84 抽壳特征

图 7.85 倒圆角特征

12. 建立扫描特征

步骤 24：选择【插入】→【扫描】→【伸出项】命令，在扫描轨迹中选取【草绘轨迹】选项，选取"RIGHT"为轨迹放置面，并绘制如图 7.86 所示的扫描轨迹线。

步骤 25：单击草绘工具栏中的 ✓ 按钮，出现【属性】菜单。

步骤 26：在【属性】菜单中选择【合并端点】命令，再选择【完成】命令。系统进入扫描截面草绘状态，绘制如图 7.87 所示的扫描特征截面。

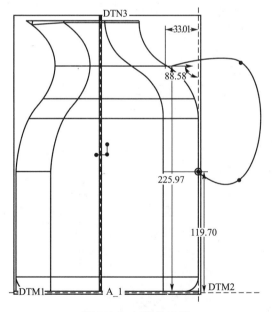

图 7.86 扫描轨迹线

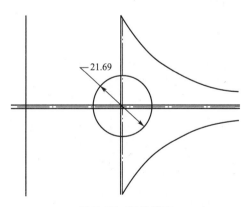

图 7.87 扫描截面

步骤 27：单击草绘工具栏中的 ✓ 按钮，完成特征截面的绘制，单击【伸出项：扫描】对话框中的【预览】按钮，进行特征预览，单击对话框中的【确定】按钮，完成扫描特征的建立，如图 7.88 所示。

步骤 28：保存文件，关闭当前工作窗口。

实例二：创建如图 7.89 所示的零件。

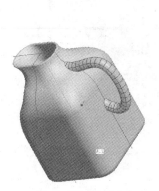

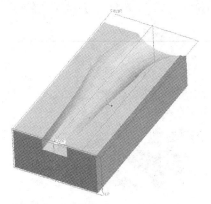

图 7.88　扫描实体特征　　　　图 7.89　高级实体特征综合实例 2

1. 进入零件设计模块，文件命名为"ex7_13.prt"

步骤 1：在工具栏上，单击【新建文件】按钮，弹出【新建】对话框。

步骤 2：在【名称】文本框中输入"ex7_13"，单击【确定】按钮，进入零件设计模块。

2. 创建拉伸实体特征

步骤 3：选择【插入】→【拉伸】命令，弹出【拉伸特征】控制面板。

步骤 4：设置草绘平面，选取"TOP"基准平面作为绘图平面，"RIGHT"基准平面作为参考平面，方向选取"右"。

步骤 5：进入草绘环境，绘制如图 7.90 所示的草绘。

步骤 6：单击草绘工具栏中的✔按钮，完成截面的绘制。

步骤 7：在拉伸面板中输入深度值"5"，并单击【确定】按钮，结束拉伸 1 的创建。拉伸结果如图 7.91 所示。

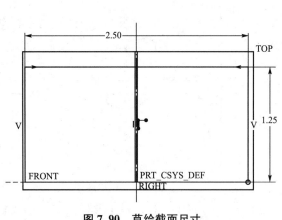

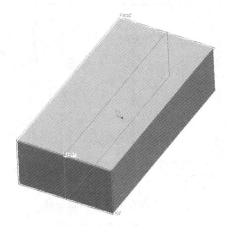

图 7.90　草绘截面尺寸　　　　图 7.91　拉伸特征

3. 创建扫描混合特征

步骤 8：单击按钮，系统显示【草绘】对话框。

步骤 9：在工作区中选取"FRONT"面作为草绘平面，接受系统默认的视图方向及参考平面，单击 [草绘] 按钮进入草绘模式。

步骤 10：草绘如图 7.92 所示的轨迹线。轨迹线定义完成后，单击草绘模式工具条上的 ☑ 按钮。

步骤 11：在下拉菜单中选择【插入】→【扫描混合】命令，系统弹出【扫描混合】操控面板。单击【实体】按钮 ☐ 和【切除材料】按钮 ☑，以创建扫描混合实体切口特征。

步骤 12：打开【参照】面板选取绘制的轨迹线为原始轨迹线。系统在原始轨迹线旁显示"原点"，在图形窗口中选择的轨迹线高亮显示(系统的默认颜色为红色)，如图 7.93 所示。

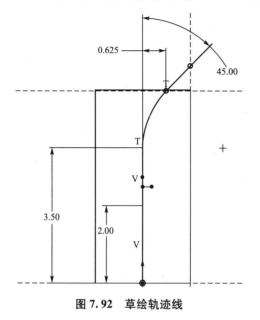

图 7.92 草绘轨迹线

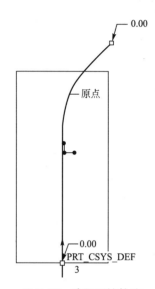

图 7.93 选取原始轨迹

步骤 13：在【参照】面板的【剖面控制】栏中选择【垂直于轨迹】选项。

步骤 14：打开【截面】面板，并接受默认的【草绘截面】。

步骤 15：选取如图 7.94 所示轨迹线上的第一点作为【截面位置】，系统激活【草绘】选项，接受在【旋转】中默认的截面旋转角度。单击【草绘】按钮进入草绘第一个截面。

步骤 16：开始草绘截面。系统自动调整视角，显示草绘平面，并设置好草绘尺寸参照。绘制如图 7.95 所示的封闭截面 1，重新生成后单击 ☑ 按钮。

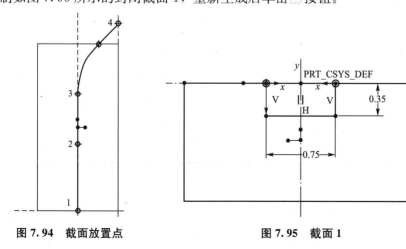

图 7.94 截面放置点

图 7.95 截面 1

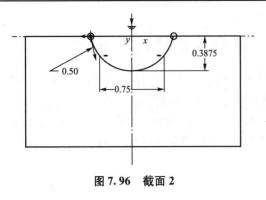

图 7.96　截面 2

步骤 17：单击【插入】按钮添加截面，选择第二点为【截面位置】。接受【旋转】中默认的 0°，绘制如图 7.96 所示的封闭截面。重新生成后单击 ☑ 按钮。

📖 **注意**：圆弧需打成 3 段。

步骤 18：单击【插入】按钮添加截面，选择第三点为【截面位置】。接受【旋转】中默认的 0°，绘制如图 7.97 所示的封闭截面。重新生成后单击 ☑ 按钮。

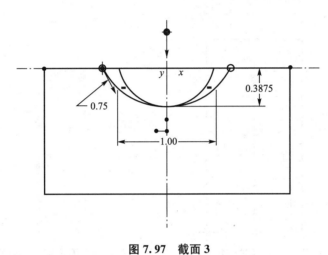

图 7.97　截面 3

步骤 19：单击【插入】按钮添加截面，选择第四点为【截面位置】。接受【旋转】中的默认的 0°，绘制如图 7.98 所示的封闭截面。重新生成后单击 ☑ 按钮。

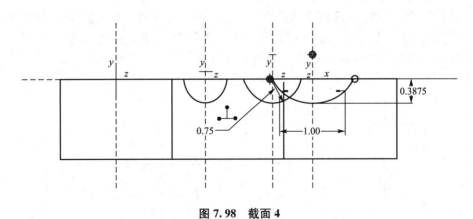

图 7.98　截面 4

步骤 20：单击 ⚙ 按钮预览几何，单击 ☑ 按钮完成扫描混合特征的构建，如图 7.89 所示。

步骤 21：保存文件，然后关闭当前工作窗口。

7.11　小　　结

本章介绍了高级实体特征，包括可变剖面扫描、扫描混合、螺旋扫描、轴特征、唇特征、法兰特征、环形槽特征、耳特征、槽特征。其中特别是前 3 种为用户创建复杂的实体模型提供了更有力的工具，其具有灵活、高效的一面，同时也有复杂、难以把握的一面。它们的创建一般需要比较多的步骤，如建立轨迹线、建立截面等，稍有不慎就会遇到不能生成实体或是实体生成错误的问题，这是初学者经常会遇到的情况。后面几种简单、高效，可以很好地提高建模效率，降低建模难度，初学者应加以灵活应用。

本章提供的实例只是高级实体特征的常规使用，利用这些特征还可以创建更为复杂的实体模型，这就需要读者自己多练习，多思考。

7.12　思考与练习

1. 思考题

（1）可变剖面扫描特征包括几种剖面定位方式？

（2）扫描混合特征是怎样形成的？该特征包括几种截面定位方式？

（3）螺旋扫描特征包括几种截面定位方式？怎样实现螺距可变？

（4）可变剖面扫描与扫描混合有哪些相似性？它们的区别是什么？

2. 练习题

（1）用扫描混成特征完成如图 7.99 所示零件的三维模型（其中 02 表示混成截面）。

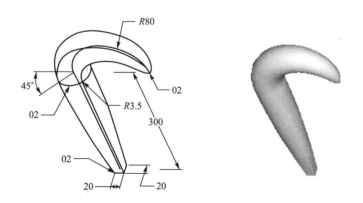

图 7.99　扫描混成练习

（2）用螺旋扫描特征完成如图 7.100 所示零件的三维模型。

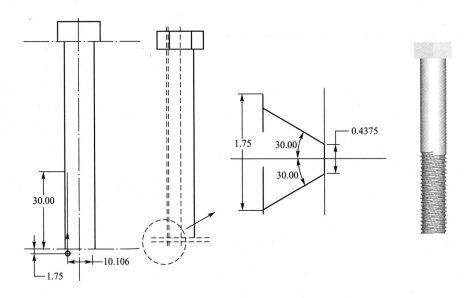

图 7.100　螺旋扫描练习

（3）用可变剖面扫描特征完成如图 7.101 所示零件的三维模型。

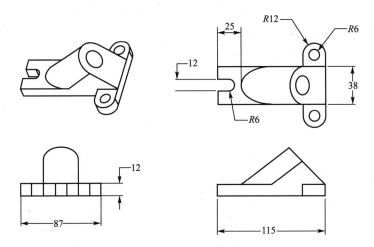

图 7.101　可变剖面扫描练习

第**8**章
创建曲面特征

教学提示

在 Pro/ENGINEER Wildfire 5.0 中，前面章节讲述的各种实体特征是经常使用的，但是其创建方式往往比较固定，在进行复杂造型时就显得比较困难，而曲面特征不仅创建方法灵活多样，而且操作性强，能解决复杂程度较高的造型设计问题。本章将首先介绍曲面特征的基本概念，接着介绍曲面的各种创建方法，然后介绍曲面的各种操作，并介绍由曲面转换成实体的方法，最后通过两个综合实例来加强曲面造型的学习效果。

教学要求

本章要求读者了解曲面特征在三维造型中的重要性，掌握曲面特征的基本概念、基本曲面特征和高级曲面特征的创建方法，同时掌握利用曲面创建实体零件的方法，并培养及提高读者运用曲面造型方法进行复杂零件设计的能力。

8.1   曲面特征简介

在 Pro/ENGINEER 中造型时，可以把所用特征分为三类：实体特征、基准特征和曲面特征。一般来说，人们最终希望得到的数模是实体模型，但在实体零件的造型过程中，经常会使用到基准特征和曲面特征来作为参考或辅助。

实体特征造型方式比较固定，如仅能使用拉伸、旋转、扫描、混合等方式来建立实体特征的造型，当然使用可变剖面扫描等高级方式也能产生一定的特殊效果，但毕竟是比较有限的。所以实体特征造型方式适用于比较规则的零件。

但是对于复杂程度较高的零件来说，如某些消费电子产品及模具零件等，仅使用实体特征来造型就很困难了，这时可利用曲面特征来造型，曲面特征提供了非常灵活的方式来建立曲面，也可将多张单一曲面合并为一张完整且没有间隙的曲面模型，最后再转化为实体模型。曲面特征的建立方式除了与实体特征相同的拉伸、旋转、扫描、混合等方式外，也可由基准点建立基准曲线，再由基准曲线建立曲面，或由边界线来建立曲面。曲面与曲面间还可有很高的操作性，例如曲面的合并、修剪、延伸等。

8.1.1   曲面的渲染

图 8.1 【模型显示】对话框

曲面是理想的厚度为零的面，但是在渲染时，跟实体的渲染效果相似。为此，可以对曲面进行线框显示。Pro/EN-GINEER 的默认设置中，曲面特征的线框显示可以有下列两种颜色的线条。

粉红色：代表曲面的边界线，即曲面的单侧边。该粉红色边的一侧为此曲面特征，另一侧不属于此曲面特征。

紫红色：代表曲面的棱线，即曲面的双侧边。该紫红色边的两侧均属于此曲面特征。

在曲面的视图方面，Pro/ENGINEER 系统的默认设置为曲面可以渲染，且曲面的隐藏线用实线显示。当然，在必要时可以设置曲面不能被渲染：选择主菜单中的【视图】→【显示设置】【模型显示】选项，系统显示【模型显示】对话框，如图 8.1 所示，打开其中的【着色】标签，在【着色】区中【曲面特征】复选框即控制曲面是否可以被渲染，不选中该选项则表示曲面不可以被渲染，设置好后单击【确定】按钮返回即可。

8.1.2   曲面的创建方式

（1）可以使用【插入】菜单（图 8.2）中的下列选项来创建曲面特征。

【拉伸】：在垂直于草绘平面的方向上，通过将草绘截面拉伸到指定深度来创建面组。

【旋转】：通过绕截面中草绘的第一条中心线，将草绘截面旋转至某特定角度来创建面组，也可指定旋转角度。

【扫描】：通过沿指定轨迹扫描草绘截面来创建面组。可草绘轨迹，也可使用现有基准曲线。

【混合】：创建连接多个草绘截面的平滑面组。

【扫描混合】：使用扫描混合几何创建面组。

【螺旋扫描】：使用螺旋扫描几何创建面组。

【边界混合】：通过在一到两个方向上选取边界来创建曲面特征。

【可变截面扫描】：使用可变剖面扫描几何创建面组。

【高级】：打开【高级】菜单，如图 8.3 所示，允许用复杂的特征定义创建曲面，现分别简介如下。

图 8.2　【插入】菜单

图 8.3　【高级】菜单

【圆锥曲面和 N 侧曲面片】：通过选取边界线及控制线来建立出截面为二次方曲线的平滑曲面，或以至少 5 条边界线(必须形成一个封闭的循环)建立出多边形(至少为五边形)的曲面。

【将截面混合到曲面】：从一个截面到一个相切曲面混成来创建新的曲面。

【在曲面间混合】：从一曲面到另一相切曲面混成来创建新的曲面。

【从文件混合】：通过文件指定的截面来混成创建新的曲面。

【将切面混合到曲面】：从一条边或曲线向相切曲面混成来创建新的曲面。

【曲面自由形状】：通过动态操作创建新的曲面。

（2）也可使用【编辑】菜单中的下列选项来创建曲面特征。

当模型中没有任何曲面特征时，【编辑】菜单如图 8.4 所示，选项示例如下。

【填充】：通过草绘边界创建平面组。

当模型中已存在曲面特征且选中某曲面特征时，【编辑】菜单如图 8.5 所示，又有如下选项。

【复制】和【粘贴】：通过复制现有面组或曲面来创建面组。指定选取方法，然后选取要复制的曲面。Pro/ENGINEER 直接在所选曲面的上面创建曲面特征。

【镜像】：创建关于指定平面的现有面组或曲面的镜像副本。

【偏移】：通过由面组或曲面偏移来创建面组。

图 8.4 【编辑】菜单　　　　　图 8.5 【编辑】菜单

8.2 创建基本曲面特征

8.2.1 与实体特征相似的曲面特征

可以采用与实体特征相似的创建方法来创建曲面特征，包括拉伸、旋转、扫描、混合、扫描混合、螺旋扫描、可变截面扫描等特征，其基本的流程和操作方法与前面章节介绍的实体特征相似，这里就不再叙述，仅对不同的方面加以阐述。

创建曲面特征时增加了【开放或闭合的体积块】选项，即使用【拉伸】、【旋转】、【扫描】或【混合】等特征创建曲面时，可通过封闭特征的端部来创建包围闭合体积块的面组，也可使其端部保持开放来创建包围开放体积块的面组。

例如，创建拉伸曲面时，如图 8.6 所示，在系统绘图区右侧的工具条中单击 按钮或在菜单栏中选择【插入】→【拉伸】命令，接着单击 按钮，草绘一封闭截面，再选择【选项】选项，如图 8.7 所示，可以发现系统比实体拉伸增加了【封闭端】选项，选取前后的效果如图 8.8 所示。

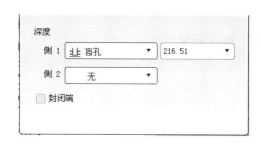

图 8.6 创建拉伸曲面操控面板   图 8.7 【选项】面板

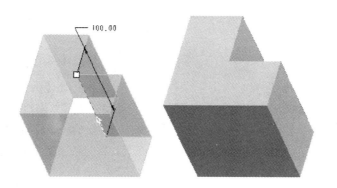

图 8.8 使用【封闭端】选项前后效果

又比如，创建扫描曲面时，在菜单栏中选择【插入】→【扫描】→【曲面】命令，首先定义扫描轨迹，如果轨迹是开放的，则系统会在如图 8.9 所示的【曲面：扫描】对话框中增加如图 8.10 所示的【属性】项，选择【开放端】或【封闭端】选项，选择【完成】选项，最后定义横截面，两者的区别如图 8.11 所示。

图 8.9 【曲面：扫描】对话框   图 8.10 【属性】菜单

图 8.11 【开放端】和【封闭端】效果比较

8.2.2 平面型曲面

通过草绘其边界来创建平的曲面，即以零件上的某一个平面或基准平面作为绘图平面，绘制曲面的边界线，系统自动将边界线内部填入材料，成为一个平面型的曲面。

步骤 1：在菜单栏中选择【编辑】→【填充】命令，系统显示如图 8.12 所示的特征创建图标板。

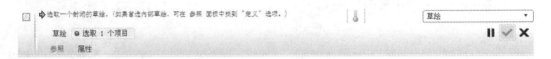

图 8.12 【填充】特征创建图标板

步骤 2：选择【参照】选项，单击 定义 按钮，系统显示【草绘】，单击基准平面 "TOP" 面作为草绘面，并接受默认的参照面及方向，即 "RIGHT" 面正向向右，单击 草绘 按钮，进入草绘环境，接受系统的默认草图位置尺寸参照设置，绘制如图 8.13 所示的封闭曲线，完成后单击 ☑ 按钮退出草绘模式。

提示：草图外形必须是封闭的。

步骤 3：单击如图 8.12 所示的特征创建图标板上的 ☑ 按钮，完成特征的创建，最后完成的平面型曲面如图 8.14 所示。

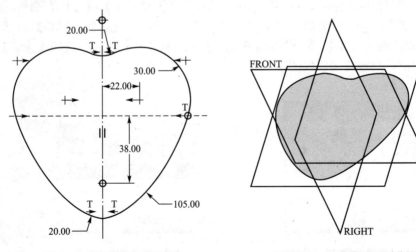

图 8.13 绘制的封闭曲线   图 8.14 完成的平面型曲面

说明：在步骤 2 中，如已有闭合的基准曲线存在，也可以选择该基准曲线来生成曲面。

8.2.3 复制曲面特征

通过复制现有实体表面或曲面来创建一个曲面特征，指定选择方法并选择要复制的曲面，粘贴后新曲面特征与原实体表面或曲面特征位置重合，形状和大小都相同。

步骤 1：选取实体表面或曲面。

步骤 2：在系统绘图区上侧的工具条中单击 按钮，或同时按住 Ctrl 键和 C 键，或在菜单栏中选择【编辑】→【复制】命令。

说明：该命令为"对象-操作"型命令，即先选面再选命令。

步骤 3：单击 按钮(或同时按住 Ctrl 键和 V 键，或在菜单栏中选择【编辑】→【粘贴】命令)，系统显示如图 8.15 所示的曲面复制图标板。

图 8.15 曲面复制图标板

步骤 4：选择【参照】选项，系统弹出如图 8.16 所示的面板。系统显示了已选的面，如需修改可单击 细节... 按钮，系统弹出【曲面集】对话框，如图 8.17 所示。

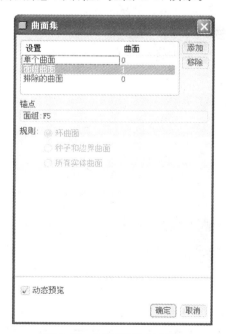

图 8.16 【参照】面板   **图 8.17 【曲面集】对话框**

步骤 5：选择【选项】选项，系统弹出如图 8.18 所示的面板。系统提供了 3 种复制方式：按原样复制所有曲面、排除曲面并填充孔及复制内部边界。现分别简介如下。

按原样复制所有曲面：准确地按原样复制曲面，示例如图 8.19 所示。

图 8.18 【选项】面板   图 8.19 按原样复制所有曲面

排除曲面并填充孔：复制某些曲面，同时可以选择填充曲面内的孔，示例如图 8.20 所示。

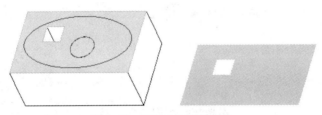

图 8.20 排除曲面并填充孔

复制内部边界：仅复制边界内的曲面，用于复制原始曲面的一部分，示例如图 8.21 所示。

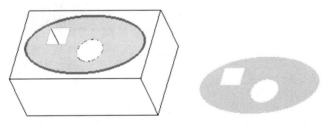

图 8.21 复制内部边界

步骤 6：单击 按钮预览生成的曲面（最好线框显示以观察线条颜色）或单击 ☑ 按钮完成曲面的创建。

8.2.4 镜像曲面特征

创建关于指定平面的现有面组或曲面的镜像副本。

步骤 1：选取实体表面或曲面特征。

步骤 2：在菜单栏中选择【编辑】→【镜像】命令（或单 击按钮），系统显示如图 8.22 所示的曲面镜像图标板。

图 8.22 曲面镜像图标板

步骤 3：选取一基准平面作为镜像参考面。

步骤 4：单击 ☑ 按钮完成镜像曲面的创建，示例如图 8.23 所示。

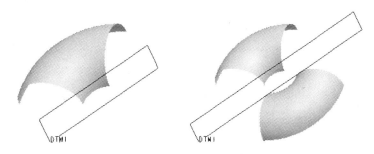

图 8.23 镜像曲面的创建

8.2.5 偏移曲面特征

通过对现有实体表面或曲面进行偏移来创建一个曲面特征，偏移时可以指定距离、方式和参考曲面。

步骤 1：选取实体表面或曲面。

步骤 2：在菜单栏中选择【编辑】→【偏移】命令，系统显示如图 8.24 所示的曲面偏移图标板。

图 8.24 曲面偏移图标板

步骤 3：选择【选项】选项，系统弹出如图 8.25 所示的面板。系统提供了 3 种偏移方式：垂直于曲面、自动拟合及控制拟合。现分别简介如下。

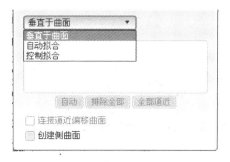

图 8.25 【选项】面板

垂直于曲面：沿参考曲面的法线方向进行偏移，是系统默认的偏移方式，示例如图 8.26 所示。

自动拟合：由系统估算出最佳的偏移方向和缩放比例，朝曲面的法线方向生成与原曲面外形相仿的结果，但不能保证各方向都为均匀偏移，示例如图 8.27 所示。

图 8.26 【垂直于曲面】偏移   图 8.27 【自动拟合】偏移

控制拟合：朝用户指定的坐标系及轴向进行偏移，示例如图 8.28 所示。

在【选项】面板中选择【创建侧曲面】选项，可以在偏移的同时创建侧曲面，如图 8.29 所示。

图 8.28 【控制拟合】偏移   图 8.29 偏移的同时创建侧曲面

步骤 4：在曲面偏移图标板的文本输入框中输入偏移距离，并指定方向。

步骤 5：单击 按钮预览生成的曲面或单击 按钮完成曲面的创建。

8.2.6 圆角曲面特征

在两个曲面之间作出面到面的圆面，来创建新曲面，如图 8.30 所示。

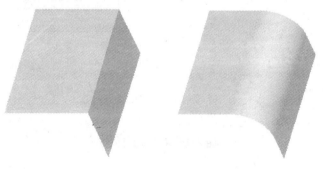

图 8.30 圆角曲面特征

步骤 1：在菜单栏中选择【插入】→【倒圆角】命令，或在系统绘图区右侧的工具条中单击██按钮，系统显示圆角曲面特征创建图标板。

步骤 2：操作方式与实体的圆角特征相似，仅有如下区别：选择【选项】面板，可以通过选择【新面组】选项来保留倒圆前曲面，及通过选择【创建结束曲面】选项以使圆角曲面与倒圆前曲面封闭，如图 8.31 所示。

图 8.31 【选项】面板

8.3 创建高级曲面特征

在 Pro/ENGINEER 中，除了提供有上述的基本曲面特征的创建方法之外，还提供了众多的高级曲面特征创建方式。在这些高级曲面特征中，通过边界线来创建曲面特征是用得比较多的，这里重点介绍。

8.3.1 边界混合曲面特征

当曲面呈现平滑且无明显的截面与轨迹线时，常常以基准曲线先建立出曲面的边界线，然后再由这些边界线建立曲面。通过边界线可以建立与其相邻面相切、垂直或拥有相同曲率值的曲面。

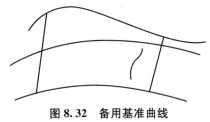

图 8.32 备用基准曲线

步骤 1：创建基准曲线备用（可参考 fig8_32.prt），如图 8.32 所示。

步骤 2：在菜单栏中选择【插入】→【边界混合】命令，或在系统绘图区右侧的工具条中单击██按钮，系统显示如图 8.33 所示的边界混合曲面特征创建操控面板。

图 8.33 边界混合曲面特征创建操控面板

步骤 3：选择【曲线】选项，系统弹出如图 8.34 所示的面板，选择作为第一个方向的边界曲线（多选时按住 Ctrl 键），单击【第二方向】下的区域，使其获得输入焦点，选择作为第二个方向的边界曲线，如图 8.35 和图 8.36 所示。

步骤 4：选择【选项】选项，系统弹出如图 8.37(a)所示的面板，可以设置影响曲面形状的曲线。单击【影响曲线】

图 8.34 【曲线】面板

下方区域，再选择控制曲线，如图 8.37(b)所示，并设置参数即可。控制效果如图 8.37
(c)和(d)所示。

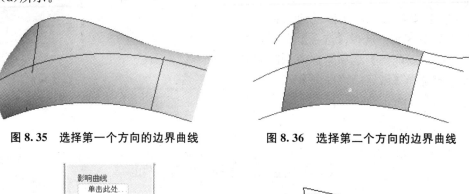

图 8.35　选择第一个方向的边界曲线　　　　图 8.36　选择第二个方向的边界曲线

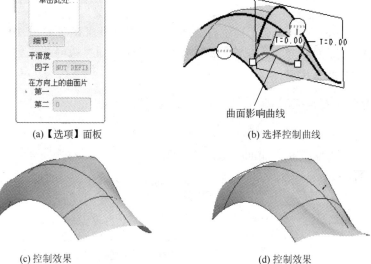

(a)【选项】面板　　　　　　　　　　(b) 选择控制曲线

(c) 控制效果　　　　　　　　　　　(d) 控制效果

图 8.37　【选项】面板的使用

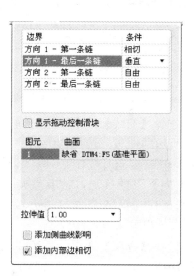

图 8.38　【约束】面板

　　步骤 5：选择【约束】选项，系统弹出如图 8.38 所示的面板，可以给与其他曲面或基准平面相邻的侧边加上一定的约束关系，单击一种"约束类型"（包括切线、曲率及垂直），单击【图元 曲面】下侧区域，使其获得输入焦点，并选择相邻的曲面或基准平面即可。如图 8.39 所示，左侧边界与"RIGHT"面相切，右侧边界与"TOP"面垂直。

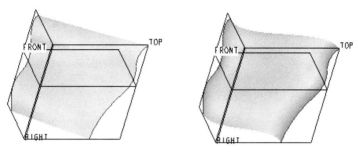

图 8.39　【相切】和【垂直】侧边约束

　　步骤 6：选择【控制点】选项，系统弹出如图 8.40 所示的面板，可以设置曲线间混合时不同的连接方式。图 8.41 所示左图是默认情况，右图则作了连接对组的设置。

图 8.40　【控制点】面板

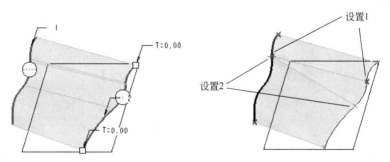

图 8.41　【控制点】控制连接对组前后效果

　　步骤 7：单击 按钮预览生成的曲面或单击 按钮完成曲面的创建。

8.3.2　圆锥曲面

　　通过选取边界线及控制线来建立出截面为二次方的平滑曲面，即曲面的每一个截面都为二次曲线。
　　步骤 1：创建基准曲线备用（可参考 conic.prt），如图 8.42 所示。
　　步骤 2：在菜单栏中选择【插入】→【高级】→【圆

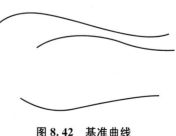

图 8.42　基准曲线

锥曲面和 N 侧曲面片】命令，系统显示【边界选项】菜单，如图 8.43 所示，选择【圆锥曲面】选项，菜单项【肩曲线】和【相切曲线】变为可选状态，如图 8.44 所示，选择其中一项，并选择【完成】命令。

图 8.43 【边界选项】菜单

图 8.44 【圆锥曲面】选项

📖 说明：肩曲线(Shoulder Curve)或渐近线的切线(Tangent Curve)是控制线控制曲面的两种方式。这两种方式的区别是：当控制线为肩曲线时，截面将通过此肩曲线，该线可视为二次方曲线的马鞍线；当控制线为渐近线的切线时，截面两侧的渐开线的交点通过此曲线。图 8.45 所示为使用【肩曲线】选项的效果，图 8.46 所示为使用【相切曲线】选项的效果。

图 8.45 【肩曲线】效果

图 8.46 【相切曲线】效果

步骤 3：系统显示【曲面：圆锥曲面】对话框，如图 8.47 所示，并弹出【曲线选项】菜单，如图 8.48 所示，选择作为边界的曲线，完成后菜单切换到【肩曲线】或【相切曲线】的选择，选择作为控制线的曲线，然后选择【确认曲线】选项。

图 8.47 【曲面：圆锥曲面】对话框

图 8.48 【曲线选项】菜单

步骤 4：单击 预览 按钮预览生成的曲面或单击 确定 按钮完成曲面的创建。

8.3.3　N 侧曲面片

通过至少 5 条边界线建立出多边形（至少为五边形）的曲面，并且所选的边界线必须形成一个封闭的循环，才能形成封闭的多边形。

步骤 1：创建基准曲线备用（可参考 n - side. prt），如图 8.49 所示。

步骤 2：在菜单栏中选择【插入】→【高级】→【圆锥曲面和 N 侧曲面片】命令，系统显示【边界选项】菜单，如图 8.50 所示，选择【N 侧曲面】选项，并选择【完成】选项。

图 8.49　基准曲线　　　　　　　　　　图 8.50　【边界选项】菜单

步骤 3：系统显示【曲面：N 侧】对话框，如图 8.51 所示，以及【链】菜单，如图 8.52 所示，按住 Ctrl 键，依次单击 6 条曲线，再选择【完成】选项。

步骤 4：单击【曲面：N 侧】对话框上的 预览 按钮预览生成的曲面或单击 确定 按钮完成曲面的创建，如图 8.53 所示。

图 8.51　【曲面：N 侧】对话框　　　图 8.52　【链】菜单　　　图 8.53　完成的曲面

8.4　曲面特征的操作

在 Pro/ENGINEER 中，在使用了前面的造型方法创建了若干曲面之后，还可以通过合并、修剪、延伸、变换、区域偏移和拔模偏移等方法对曲面进行编辑，极大地提高了曲面造型的灵活性。

8.4.1　曲面的合并

将两个相邻或相交的曲面或面组合并成一个面组，若有多个曲面或面组需要合并，则需两两合并。

图 8.54 要合并的两个曲面

步骤 1：选取需要合并的两个曲面(选完一个曲面后按住 Ctrl 键再选另一个曲面)，如图 8.54 所示，在菜单栏中选择【编辑】→【合并】命令，或在系统绘图区右侧的工具条中单击 按钮，系统显示曲面【合并】操控面板，如图 8.55 所示。

📖**提示**：曲面的合并是"对象-操作"型命令，即先选两个面才可选命令。

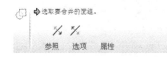

图 8.55 曲面【合并】操控面板

步骤 2：工作区中两个曲面上显示方向箭头，如图 8.56 所示，箭头所指方向为合并后保留的曲面侧，可分别单击图标板上的 ✗ 按钮和 ✗ 按钮进行转换。图 8.57 所示为两个曲面采用不同保留侧的 4 种组合情况。

📖**提示**：在 Pro/ENGINEER 中，所有涉及方向的定义除了可用 ✗ 按钮操作外，还可直接单击绘图区的箭头。

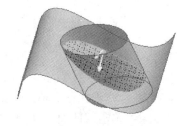

图 8.56 箭头表示合并后保留的曲面侧

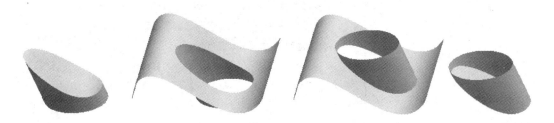

图 8.57 不同保留侧的合并效果

步骤 3：单击图标板上的 按钮预览生成的曲面或单击 按钮完成曲面的创建。

📖**说明**：(1)图标板上的【参照】面板如图 8.58 所示，如果之前曲面选择有误，可单击【面组】下方区域，重新选择。右侧的上下调整按钮可用于合并的曲面交换调整。

(2)图标板上的【选项】面板如图 8.59 所示，可以定义合并类型。

【求交】：通过求交来连接两个相交曲面。

【连接】：通过将一个曲面的边与另一个曲面对齐来合并两个相邻曲面。因此，一个曲面的单侧边必须位于另一个曲面上。如果一个曲面超出另一个曲面，则通过单击 ✗ 按钮，指定曲面的哪一部分包括在合并特征中。

（3）进行合并操作的两个曲面必须相邻或相交，即一个曲面的单侧边必须位于另一个曲面上，或者是两个曲面间必须有交线。

图 8.58　【参照】面板

图 8.59　【选项】面板

8.4.2　曲面的修剪

曲面的修剪可分为以下 3 种情况。

使用另一个曲面（或基准面）来修剪一个曲面。

以曲面上的基准曲线来修剪一个曲面。

以顶点来修剪一个曲面，即通过对曲面拐角进行圆角过渡。

1. 新建一个曲面来修剪现有曲面

可以通过【拉伸】、【旋转】、【扫描】、【混合】、【扫描混合】、【螺旋扫描】、【可变截面扫描】等特征创建一曲面来修剪现有的曲面。现有待修剪曲面如图 8.60 所示。

对于用【拉伸】、【旋转】和【可变截面扫描】等创建一曲面来修剪现有的曲面，操作步骤如下。

步骤 1：选择拉伸、旋转或可变截面扫描命令。

步骤 2：系统显示相应的图标板（以拉伸为例，如图 8.61 所示），单击▣按钮和▨按钮，并选择被修剪的曲面，如图 8.60 所示，然后创建一个拉伸曲面，操作跟拉伸特征相同。操控面板上第一个按钮▨为拉伸方向定义，第二个按钮▨为裁减掉的曲面侧定义（有 3 种情况：曲面一侧裁减、另一侧裁减及两侧都不裁减）。修剪效果如 8.62 所示。

图 8.60　待修剪曲面

说明：图标板上▢按钮按下时为用带状曲面修剪（图 8.63），且图标板作如图 8.64 所示的改变，第一个按钮▨为拉伸方向定义，第二个按钮▨为带状曲面的宽度生成方向定义。

图 8.61　创建修剪曲面操控面板

图 8.62　修剪效果　　　　　　图 8.63　带状曲面修剪

图 8.64　带状曲面修剪图标板

对于用【扫描】、【混合】、【螺旋扫描】等创建一曲面来修剪现有的曲面，操作步骤如下（以扫描为例其余同，如图 8.65 所示）。

步骤 1：在菜单栏中选择【插入】→【扫描】→【曲面修剪】或【薄曲面修剪】命令。

步骤 2：选择被修剪的曲面。

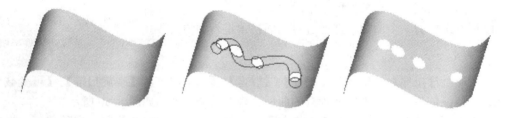

图 8.65　创建扫描曲面来修剪现有曲面

步骤 3：以相应的方法创建一曲面。

步骤 4：定义裁减掉的曲面侧。

图 8.66　被修剪的曲面

2. 使用现有的一个曲面修剪另一个曲面

步骤 1：选择被修剪的曲面，如图 8.66 所示。

步骤 2：在菜单栏中选择【编辑】→【修剪】命令，或在系统绘图区右侧的工具条中单击按钮，系统显示如图 8.67 所示的曲面修剪图标板。

步骤 3：选择修剪曲面，并定义修剪方向，如图 8.68 所示。

图 8.67　曲面【修剪】操控面板

📖 说明：也可以使用基准面来修剪现有曲面。

3. 以曲面上的基准曲线来修剪一个曲面

步骤 1：选择被修剪的曲面，如图 8.69 所示。

图 8.68　修剪曲面

图 8.69　被修剪曲面

步骤 2：在菜单栏中选择【编辑】→【修剪】命令，或在系统绘图区右侧的工具条中单击 按钮，系统显示如图 8.67 所示的曲面修剪图标板。

步骤 3：选择修剪曲线，并定义修剪方向，如图 8.70 所示。

图 8.70　选择修剪曲线

4. 以顶点倒圆角来修剪一个曲面

步骤 1：在菜单栏中选择【插入】→【高级】→【顶点倒圆角】命令，系统显示【曲面裁剪：顶点倒圆角】对话框，并显示选择菜单，如图 8.71 所示。

图 8.71　【曲面裁剪：顶点倒圆角】对话框及选择菜单

步骤 2：选取被修剪的曲面。

步骤 3：选择要作圆角过渡的曲面顶点(可以按住 Ctrl 键多选)，如图 8.72 所示。

步骤 4：在文本区输入过渡圆角半径。最后完成效果如图 8.73 所示。

图 8.72　选择要作圆角过渡的曲面顶点

图 8.73　顶点倒圆角

8.4.3　曲面的延伸

将一曲面沿着其边界线延伸。

步骤 1：选择要延伸曲面的边界线，如图 8.74 所示。

📖 **提示**：若曲面有多个边界需一次延伸，则需先选一条边界线，待调出命令后再选其他各条边界线。

步骤 2：在菜单栏中选择【编辑】→【延伸】命令，系统显示如图 8.75 所示的曲面【延伸】操控面板。

步骤 3：定义延伸类型，共有 4 种：【相同】、【相切】、【近似】及【方向】。前 3 种可通过选择【选项】选项，弹出【选项】面板，如图 8.76 所示，在【方法】列表框中加以定义，方向型延伸可单击图标板上的 按钮加以定义。

图 8.74　选择要延伸曲面的边界线

图 8.75　曲面【延伸】操控面板

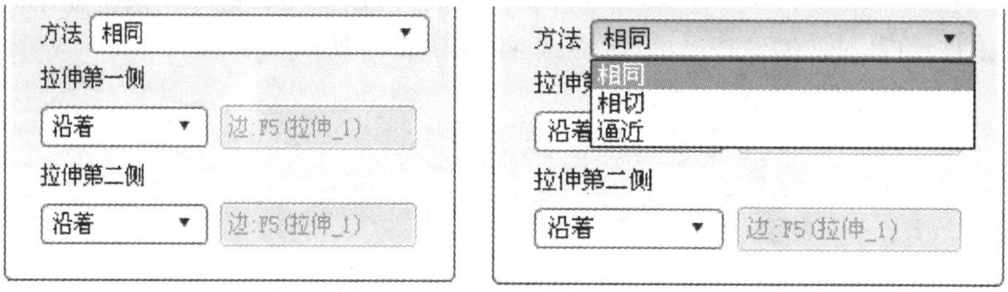

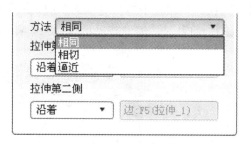

图 8.76　【选项】面板

各延伸类型的功能如下。

【相同】型：延伸所得的曲面与原来的曲面类型相同。例如原来的曲面为一圆弧面，则延伸出来的曲面也为圆弧面，如图 8.77(a) 所示。

【相切】型：延伸所得的曲面与原曲面相切，如图 8.77(b) 所示。

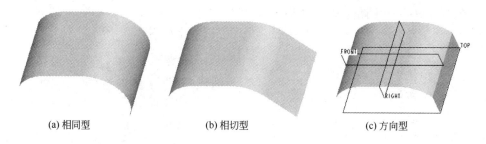

(a) 相同型　　　　　　　　(b) 相切型　　　　　　　　(c) 方向型

图 8.77　延伸类型

【近似】型：用逼近曲面选项延伸曲面，系统创建延伸部分作为边界混成。将曲面延伸至不在一条直边上的顶点时，此方法尤其有用。另外，对于从其他系统中创建后输入的不太理想的曲面（如曲面有高曲率或不合适的顶点），此方法也很有用。

【方向】型：将曲面的边延伸至指定的平面，延伸的方向与此平面垂直，如图 8.77(c) 所示。

以下的步骤适用于【相同】、【相切】及【近似】型曲面延伸。

步骤 4：定义延伸距离，单击图标板上的【量度】按钮，系统向上弹出【量度】面板，如图 8.78 所示，默认情况下只有单一距离，在表格中单击鼠标右键，弹出快捷菜单，如图 8.79 所示，选择【添加】命令可以增加不同的延伸距离，如图 8.80 所示。

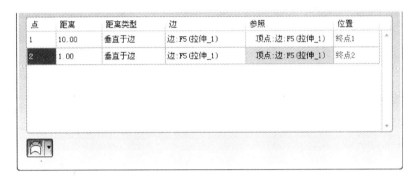

图 8.78　【量度】面板

图 8.79　快捷菜单

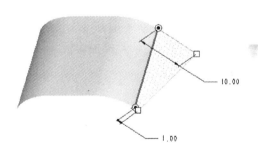

图 8.80　不同的延伸距离

步骤 5：定义延伸方向。单击操控面板上的【选项】按钮，系统向上弹出【选项】面板，如图 8.81 所示，在此定义延伸的边界线两端点的延伸方向：沿侧边作延伸或延伸的方向与边界线垂直，如图 8.82 所示。

图 8.81　【选项】图标板

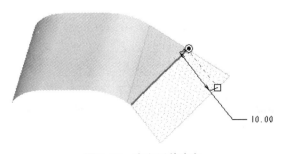

图 8.82　定义延伸方向

如果是方向型延伸，步骤 4 和 5 应换成：选择要延伸到的平面。

8.4.4　曲面的变换

对现有的曲面创建备份并进行平移、旋转操作等变换。

步骤 1：选择要变换的曲面，如图 8.83 所示。

步骤 2：在系统绘图区上侧的工具条中单击▣按钮，或同时按住 Ctrl 键和 C 键，或在菜单栏中选择【编辑】→【复制】命令。

步骤 3：单击▣按钮（或在菜单栏中选择【编辑】→【选择性粘贴】命令），系统显示如图 8.84 所示的【选择性粘贴】对话框。

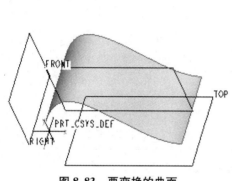

图 8.83　要变换的曲面　　　　　　　图 8.84　【选择性粘贴】对话框

步骤 4：勾选【对副本应用移动/旋转变换】选项，单击 确定(0) 按钮。系统显示如图 8.85 所示的曲面【变换】操控面板。

图 8.85　曲面【变换】操控面板

步骤 5：默认为移动，即▣按钮已处于按下状态，此时选择移动参考（可以是基准平面或坐标轴等），并输入移动距离即可。如果要旋转曲面，单击▣按钮，选择移动参考并输入旋转角度即可。图 8.86 和图 8.87 所示分别为平移变换和旋转变换。

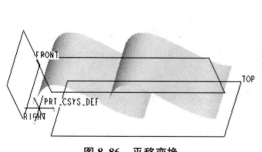

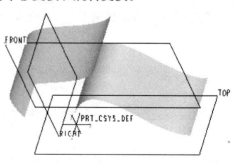

图 8.86　平移变换　　　　　　　　　图 8.87　旋转变换

8.4.5　曲面的区域偏移与拔模偏移

区域偏移可以对曲面的局部区域进行偏移操作，拔模偏移与区域偏移类似，不同的是允许在曲面偏移的同时在侧面产生一定的拔模角度。

步骤 1：选择要作区域偏移或拔模偏移的曲面，如图 8.88 所示。

步骤 2：在菜单栏中选择【编辑】→【偏移】命令，系统显示如图 8.89 所示的曲面【偏移】操控面板。

以下为【区域偏移】的步骤。

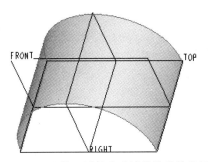

图 8.88　要作区域偏移或拔模偏移的曲面

图 8.89　曲面【偏移】操控面板

图 8.90　选择偏移类型

步骤 3：单击 按钮，单击 按钮选择偏移类型，如图 8.90 所示，系统显示如图 8.91 所示的操控面板。

步骤 4：单击【选项】按钮，系统弹出如图 8.91 所示的面板。单击 定义 按钮进行偏移区域的草绘。

提示：偏移区域定义完成后，图标板上两个 按钮均为可用状态，第一个 按钮定义区域内或区域外进行偏移，第二个 按钮定义向曲面的哪一侧偏移。偏移区域及偏移侧效果如图 8.93 所示。

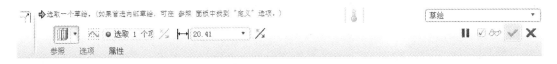

图 8.91　【偏移】操控面板

步骤 5：在【选项】面板上进行偏移方式和侧面类型的定义。并在图标板上文本输入框中输入偏移距离。偏移方式有以下两种。

【垂直于曲面】：朝参考曲面的法线方向偏移，即曲率中心不动、半径变化。

【平移】：朝绘图平面的法线方向偏移，即曲率半径不变、中心移动。

侧面类型也有两种：与参考【曲面】正交或与区域【草绘】平面垂直。图 8.94 所示为定义不同的偏

图 8.92　【选项】面板

移方式和侧面类型的效果。

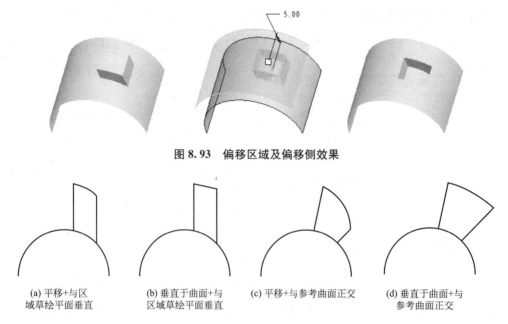

图 8.93　偏移区域及偏移侧效果

(a) 平移+与区　　　(b) 垂直于曲面+与　　(c) 平移+与参考曲面正交　　(d) 垂直于曲面+与
域草绘平面垂直　　　区域草绘平面垂直　　　　　　　　　　　　　　　　　　参考曲面正交

图 8.94　偏移方式和侧面类型的定义

以下为【拔模偏移】的步骤。

步骤 6：单击·按钮，单击 按钮，系统显示如图 8.95 所示的操控面板。

图 8.95　【拔模偏移】操控面板

图 8.96　【参照】面板

步骤 7：单击【参照】按钮，系统弹出如图 8.96 所示的面板。单击 定义 按钮进行偏移区域的草绘。

步骤 8：在图标板上两个文本输入框中分别输入偏移距离和侧面拔模角度，并可以单击 按钮定义曲面的偏移侧。生成效果如图 8.97 所示。

图 8.97　拔模偏移生成效果

步骤 9：单击【选项】按钮，系统弹出如图 8.98 所示的面板。在【选项】面板上进行偏移方式、侧面类型和侧面轮廓的定义。

📖 **说明：**偏移方式和侧面类型与区域偏移相似，侧面轮廓分为以下两种情况（图 8.99）。

【直】：侧面与其他界面交界处为直线连接。

【相切】：侧面与其他界面交界处相切。

图 8.98 【选项】面板

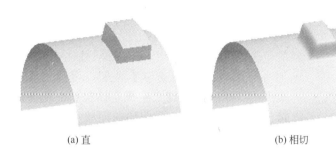

　　　　(a) 直　　　　　　　　　　　　　(b) 相切

图 8.99　侧面轮廓

8.5　利用面组建立实体特征

曲面特征是非实体特征，一般来说人们需要的是实体三维零件，因此创建完曲面特征后，应以所创建的曲面或面组来建立出实体。在 Pro/ENGINEER 中，曲面转换成实体有 3 种常用方式：曲面的加厚；曲面的实体化；曲面替换实体表面。

8.5.1　曲面的加厚

用于将曲面或面组特征生成实体薄壁，或者移除薄壁材料。

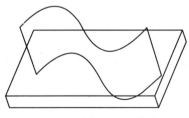

图 8.100　选择要加厚的曲面

步骤 1：选择要加厚的曲面，如图 8.100 所示。

步骤 2：在菜单栏中选择【编辑】→【加厚】命令，系统显示如图 8.101 所示的曲面【加厚】操控面板。

步骤 3：在操控面板的文本输入框中输入加厚的厚度值，并可单击 ⚄ 按钮修改加厚方向，若要移除薄壁材料，则应单击 ⚄ 按钮。图 8.102 所示为两种加厚效果。

图 8.101　曲面【加厚】图标板

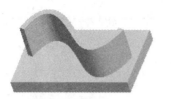　　

(a) 生成实体薄壁　　　　　　　　　　　(b) 移除薄壁材料

图 8.102　加厚效果

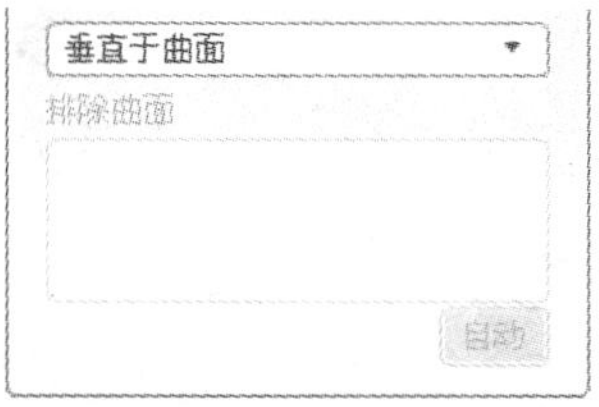

图 8.103　【选项】面板

📖 **说明**：加厚方向有 3 种，即一侧、另一侧或两侧对称，单击 🖍 按钮，将会从一侧循环到对称，然后到另一侧。

　　步骤 4：单击【选项】按钮，可弹出【选项】面板，如图 8.103 所示，可定义生成实体材料时曲面的偏移方式，具体方式可参考"8.2.5 偏移曲面特征"一节，也可定义加厚时要特别排除的面(主要用于加厚面组的情况)。

8.5.2　曲面的实体化

用于以曲面特征或面组作为参考来添加、删除或替换实体材料。

1. 添加实体材料

使用曲面特征或面组作为边界来添加实体材料。可用于一个闭合曲面，也可用于外凸包络曲面，其实体化操作步骤如下。

　　步骤 1：选择要作实体化操作的曲面，如图 8.104 所示。

　　步骤 2：在菜单栏中选择【编辑】→【实体化】命令，系统显示如图 8.105 所示的曲面【实体化】操控面板。

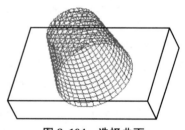

图 8.104　选择曲面

图 8.105　曲面【实体化】操控面板

　　步骤 3：单击 👓 按钮预览生成的实体零件或单击 ☑ 按钮完成实体零件的创建，如图 8.106 所示。

📖 **提示**：曲面实体化前后的区别可以通过线框显示来观察，曲面为紫色线，实体为白色线。

2. 删除实体材料

以曲面特征或面组作为边界去切除实体中的部分材料，其实体化操作步骤如下。

　　步骤 1：选择作为移除实体材料边界的参考曲面，如图 8.107 所示。

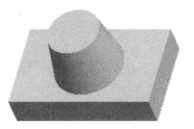

图 8.106　完成实体零件的创建　　　　　**图 8.107　选择参考曲面**

步骤 2：在菜单栏中选择【编辑】→【实体化】命令，系统显示如图 8.105 所示的曲面【实体化】操控面板。

步骤 3：单击 ⬭ 按钮，并单击 ⬮ 按钮定义切除材料的方向，不同材料切除方向的效果如图 8.108 所示。

图 8.108　不同材料切除方向的效果

步骤 4：单击 ⬭⬭ 按钮预览生成的实体零件或单击 ☑ 按钮完成实体零件的创建。

3. 替换实体材料

用曲面特征或面组替换部分实体表面。使用该选项时曲面或面组边界必须位于实体表面上，其实体化操作步骤如下。

步骤 1：选择要作实体化操作的曲面，如图 8.109 所示。

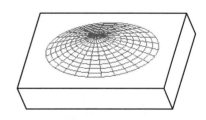

图 8.109　选择要作实体化操作的曲面

步骤 2：在菜单栏中选择【编辑】→【实体化】命令，系统显示如图 8.105 所示的曲面【实体化】操控面板。

步骤 3：如果该曲面或面组满足"边界必须位于实体表面上"的条件，则系统默认情况下，⬭ 按钮已被选中。单击 ⬮ 按钮定义曲面材料侧。图 8.110 所示为定义不同曲面材料侧的效果。

步骤 4：单击 ⬭⬭ 按钮预览生成的实体零件或单击 ☑ 按钮完成实体零件的创建。

📖 **提示**：使用该选项来做曲面替换实体材料的操作时有很大的局限性，即必须满足"曲面或面组边界位于实体表面上"的条件，若不满足该条件，可考虑使用 8.5.3 一节中介绍的"曲面替换实体表面"。

图 8.110　不同曲面材料侧的效果

8.5.3　曲面替换实体表面

使用曲面、面组或基准平面来替换实体表面。

图 8.111　选择被替换的实体表面

步骤 1：选择被替换的实体表面，如图 8.111 所示。

步骤 2：在菜单栏中选择【编辑】→【偏移】命令，系统显示曲面【偏移】图标板。

步骤 3：单击 · 按钮，单击 按钮，系统显示如图 8.112 所示的操控面板。

步骤 4：单击替换曲面。可以通过【选项】面板设置保留替换曲面，如图 8.113 所示。

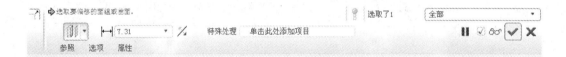

图 8.112　【曲面替换实体表面】操控面板

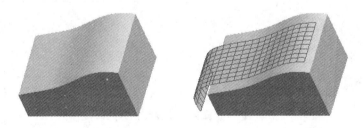

图 8.113　曲面替换实体表面效果

步骤 5：单击 按钮预览或单击 按钮完成。

8.6　综 合 实 例

实例一：创建如图 8.114 所示的零件，练习基本曲面特征的建立及编辑，其建模过程如图 8.115 所示。

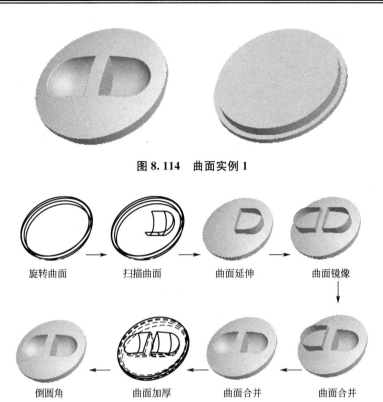

图 8.114　曲面实例 1

旋转曲面　　扫描曲面　　曲面延伸　　曲面镜像

倒圆角　　曲面加厚　　曲面合并　　曲面合并

图 8.115　曲面实例 1 建模过程

1. 进入零件设计模块，文件命名为"ex8_1.prt"

步骤 1：在工具栏上单击【新建文件】按钮，弹出【新建】对话框。

步骤 2：在【名称】文本框中输入"ex8_1"，单击【确定】按钮，进入零件设计模块。

2. 创建旋转曲面

步骤 3：在基础特征工具栏上单击【旋转】工具按钮，系统显示【旋转特征创建】操控面板。

步骤 4：单击按钮，以明确创建曲面特征。

步骤 5：单击按钮，弹出【位置】面板，单击按钮。

步骤 6：系统显示【草绘】对话框，在工作区中选取"FRONT"面作为草绘平面，接受系统默认的草绘视图方向和参考平面，单击按钮进入草绘模式。

步骤 7：系统显示【参照】对话框，接受默认的"RIGHT"面投影线和"TOP"面投影线作为尺寸标注参考，单击按钮。

步骤 8：先草绘一条与"RIGHT"面投影线对齐的中心线，再草绘如图 8.116 所示的特征截面。截面定义完成后，单击草绘模式工具条上的按钮。

说明：其中 $R150$ 的圆弧的圆心位于"RIGHT"面投影线上。

步骤 9：系统退出二维草绘环境，返回【旋转特征创建】操控面板，接受默认的旋转角度 $360°$，单击按钮完成旋转曲面特征的创建，如图 8.117 所示。

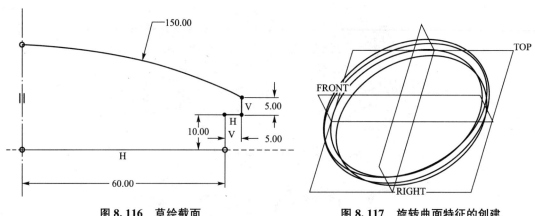

图 8.116　草绘截面　　　　　　　　　　图 8.117　旋转曲面特征的创建

3. 创建扫描曲面特征

步骤 10：在菜单栏中选择【插入】→【扫描】→【曲面】命令。系统显示【曲面：扫描】对话框及【扫描轨迹】菜单，如图 8.118 所示。

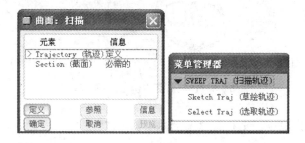

图 8.118　【曲面：扫描】对话框及【扫描轨迹】菜单

步骤 11：选择【草绘轨迹】选项，系统显示【设置草绘平面】菜单，选取"FRONT"面作为草绘面，选择【正向】选项接受默认的视图方向，并选择【缺省】选项接受默认的参考平面。系统进入草绘模式。

步骤 12：系统显示【参照】对话框，接受默认的"RIGHT"面投影线和"TOP"面投影线作为尺寸标注参考，单击 关闭(C) 按钮。

步骤 13：草绘如图 8.119 所示的截面作为扫描曲面的轨迹线。草绘完成后，单击草绘模式工具条上的 ✓ 按钮。

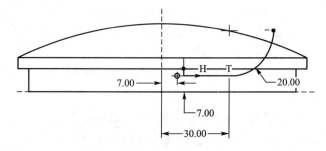

图 8.119　草绘扫描曲面的轨迹线

步骤 14：系统显示【属性】菜单，接受默认的【开放终点】选项，然后选择【完成】命令。

步骤 15：系统再次进入草绘模式，草绘如图 8.120 所示的截面作为扫描曲面的截面。单击草绘模式工具条上的☑按钮，退出草绘模式。

步骤 16：单击【曲面：扫描】对话框中的 确定 按钮，完成扫描曲面特征的创建，如图 8.121 所示。

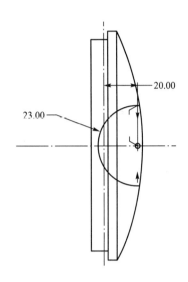

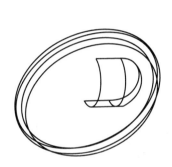

图 8.120 扫描曲面的截面   图 8.121 扫描曲面特征的创建

4. 延伸扫描曲面

步骤 17：选择扫描曲面的其中一条边界线，如图 8.122 所示。

📖说明：扫描曲面有多个边界需一次延伸，但仍需先选一条边界线，待调出命令后才可选其他各条边界线。

步骤 18：在菜单栏中选择【编辑】→【延伸】命令，系统显示如图 8.75 所示的曲面【延伸】操控面板。

步骤 19：单击图标板上的【参照】按钮，弹出【参照】面板。按住 Shift 键，选取扫描曲面的其他边界线。

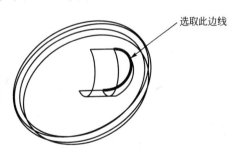

图 8.122 选择扫描曲面的一条边界线

步骤 20：单击操控面板上的🔲按钮以定义延伸类型为【方向】型。

步骤 21：单击图标板上的Ⅱ按钮暂停曲面延伸，先创建一个临时基准平面。

步骤 22：单击基准工具栏上的⊘按钮，系统显示【基准平面】对话框，单击"TOP"面，并在【平移】文本框中输入"40"。单击 确定 按钮完成偏移平面的创建。

步骤 23：系统自动选择步骤 5 创建的偏移平面作为延伸到的平面，单击☑按钮完成扫描曲面的延伸，如图 8.123 所示。

5. 创建镜像曲面

步骤24：在模型树中点选扫描曲面和延伸曲面特征，如图8.124所示。

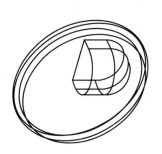

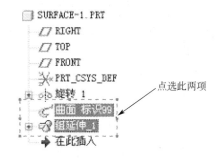

图8.123　扫描曲面的延伸　　　　图8.124　点选扫描曲面和延伸曲面特征

步骤25：在菜单栏中选择【编辑】→【镜像】命令（或单击 按钮），系统显示曲面【镜像】操控面板。

步骤26：点选"RIGHT"平面作为镜像参考面。

步骤27：单击 按钮完成扫描曲面及其延伸曲面的镜像，如图8.125所示。

6. 合并曲面

步骤28：点选需要合并的两个曲面（选完曲面1后按住Ctrl键再选曲面2，如图8.126所示），在菜单栏中选择【编辑】→【合并】命令，或在系统绘图区右侧的工具条中单击 按钮，系统显示曲面【合并】操控面板。

步骤29：单击操控板上的 按钮和 按钮进行合并后保留曲面侧的定义，最后，工作区中两个曲面上显示箭头方向如图8.126所示。

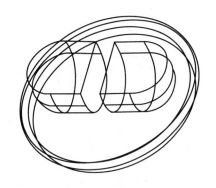

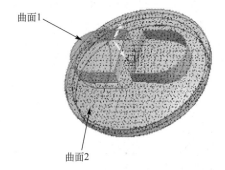

图8.125　完成扫描曲面及其延伸曲面的镜像　　　图8.126　合并后保留曲面侧的定义

步骤30：单击 按钮完成曲面1与曲面2的合并，如图8.127所示。

步骤31：默认合并曲面已选上，此时按住Ctrl键单击曲面3，在系统绘图区右侧的工具条中单击 按钮，系统显示曲面【合并】图标板。

步骤32：单击图标板上的 按钮和 按钮进行合并后保留曲面侧的定义，最后，工作区中两个曲面上显示箭头方向如图8.128所示。

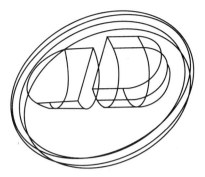

图 8.127　完成曲面 1 与曲面 2 的合并

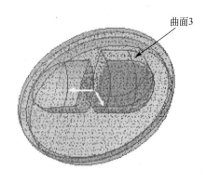

图 8.128　合并后保留曲面侧的定义

步骤 33：单击 ✓ 按钮完成前合并曲面与曲面 3 的合并，如图 8.129 所示。

7. 创建薄壁实体特征

步骤 34：点选创建的合并曲面。

步骤 35：在菜单栏中选择【编辑】→【加厚】命令，系统显示曲面【加厚】操控面板。

步骤 36：在操控面板的文本输入框中输入加厚的厚度值为"1.5"，并接受默认的加厚方向即使薄壁造型向曲面外延伸。

步骤 37：单击 ✓ 按钮完成薄壁实体特征的创建，如图 8.130 所示。

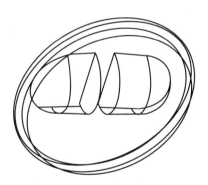

图 8.129　完成第二次曲面合并

图 8.130　完成薄壁实体特征的创建

8. 创建圆角特征

步骤 38：在工具栏中单击 按钮，系统显示【圆角特征创建】操控面板。

步骤 39：按住 Ctrl 键点选要倒圆角的边，并在操控面板的文本框中输入圆角半径值"1"。

步骤 40：单击 ✓ 按钮完成圆角特征的创建，如图 8.132 所示。

实例二：创建如图 8.133 所示的零件，练习高级曲面特征的建立及曲面编辑其建模过程如图 8.134 所示。

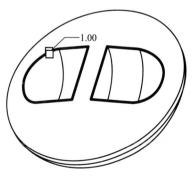

图 8.131　点选要倒圆角的边

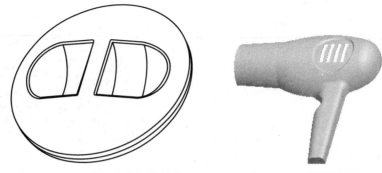

图 8.132　完成圆角特征的创建　　　　图 8.133　曲面实例 2

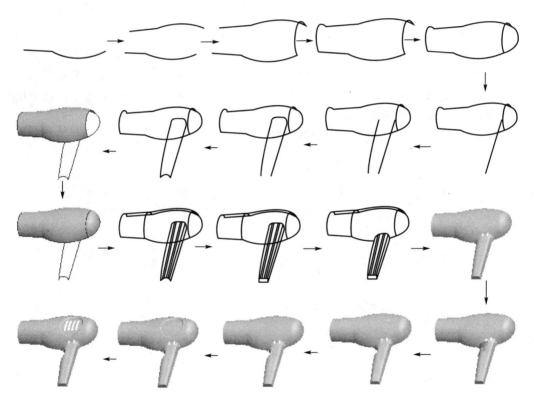

图 8.134　零件建模过程

1. 进入零件设计模块，文件命名为 "ex8_2.prt"

步骤 1：在工具栏上单击【新建文件】按钮，弹出【新建】对话框。

步骤 2：在【名称】文本框中输入 "ex8_2"，单击【确定】按钮，进入零件设计模块。

2. 建立基准曲线

步骤 3：单击按钮，系统显示【草绘】对话框。

步骤 4：在工作区中选取 "TOP" 面作为草绘平面，接受系统默认的视图方向及参考平面，单击按钮进入草绘模式。

步骤 5：系统显示【参照】对话框，接受默认的"RIGHT"面投影线和"FRONT"面投影线作为尺寸标注参考，单击 关闭(C) 按钮。

步骤 6：先草绘一条与"FRONT"面投影线对齐的水平中心线，再草绘如图 8.135 所示的特征截面。截面定义完成后，单击草绘模式工具条上的 ✓ 按钮。创建的基准曲线 1 如图 8.136 所示。

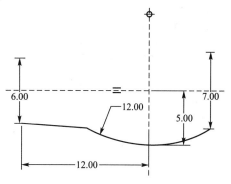

图 8.135 草绘截面

📖注意：其中 $R12$ 的圆弧的圆心位于"RIGHT"面投影线上。

步骤 7：建立基准曲线 2(镜像)，如图 8.137 所示。

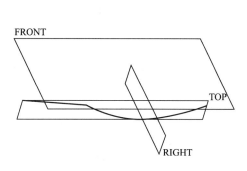

图 8.136 基准曲线 1

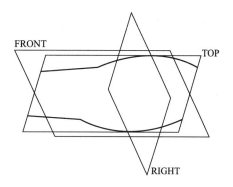

图 8.137 基准曲线 2

步骤 8：建立基准曲线 3(草绘)，如图 8.138 所示。

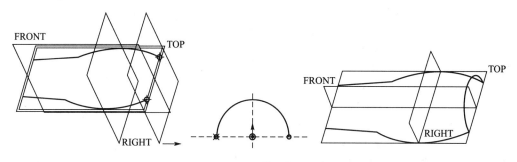

图 8.138 基准曲线 3

步骤 9：建立基准曲线 4(草绘)，如图 8.139 所示。

步骤 10：建立基准曲线 5(草绘)，如图 8.140 所示。

步骤 11：建立基准曲线 6(草绘)，如图 8.141 所示。

步骤 12：建立基准曲线 7(草绘)，如图 8.142 所示。

步骤 13：建立基准曲线 8(草绘)，如图 8.143 所示。

步骤 14：建立基准曲线 9(草绘)，如图 8.144 所示。

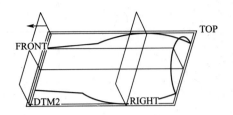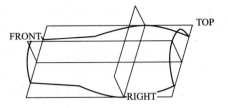

图 8.139　基准曲线 4

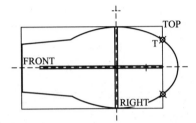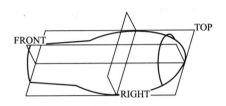

图 8.140　基准曲线 5

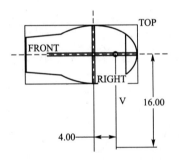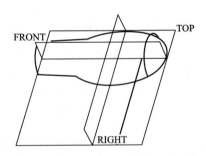

图 8.141　基准曲线 6

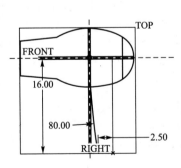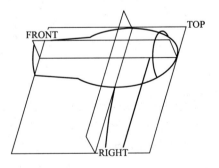

图 8.142　基准曲线 7

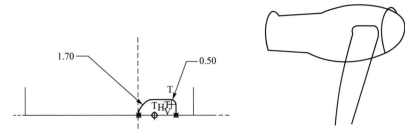

图 8.143　基准曲线 8

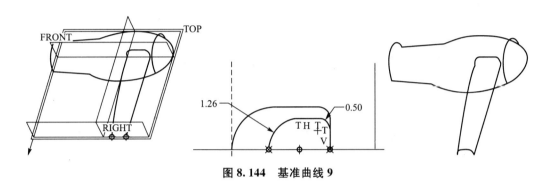

图 8.144　基准曲线 9

3. 创建边界混合曲面

步骤 15：单击 ⬚ 按钮，系统显示【边界混合曲面】图标板。

步骤 16：按住 Ctrl 键点选基准曲线 1 和 2 作为一个方向的边界线，单击图标板上的第二个输入框，按住 Ctrl 键点选基准曲线 3 和 4 作为另一个方向的边界线，如图 8.145 所示。

图 8.145　创建边界混合曲面 1

步骤 17：单击 ☑ 按钮完成边界混合曲面 1 的创建，如图 8.146 所示。

步骤 18：以基准曲线 4 和 5 作为边界线创建边界混合曲面 2，并加约束使曲面 2 与曲面 1 在交界处相切，如图 8.147 所示。

步骤 19：以基准曲线 6 和 7 作为一个方向的边界线，以基准曲线 8 和 9 作为另一个方向的边界线，创建边界混合曲面 3，如图 8.148 所示。

图 8.146　边界混合曲面 1

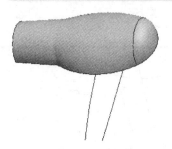 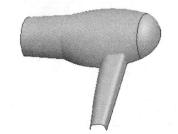 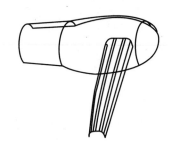

图 8.147　创建边界混合曲面 2　　　　　图 8.148　创建边界混合曲面 3

4．创建平面型曲面

步骤 20：在菜单栏中选择【编辑】→【填充】命令，系统显示【填充】特征创建操控面板。

步骤 21：单击图标板上的 ⅠⅠ 按钮暂停曲面创建，先创建一个临时基准平面，如图 8.149 所示。

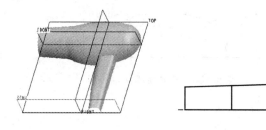

图 8.149　创建临时基准平面

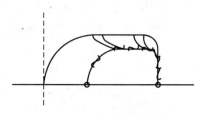

图 8.150　草绘闭合截面

步骤 22：草绘如图 8.150 所示的闭合截面，可使用【边】命令创建图元（ ▣ ）。

5．合并曲面

步骤 23：合并边界混合曲面 1 和边界混合曲面 2。

步骤 24：对步骤 1 创建的合并曲面和边界混合曲面 3 进行合并。

步骤 25：通过隐藏基准曲线层将基准曲线隐藏，如图 8.151 所示。

步骤 26：对步骤 24 创建的合并曲面和平面型曲面进行合并，最后得到的曲面如图 8.152 所示。

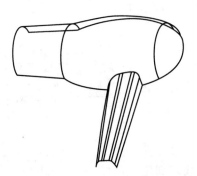 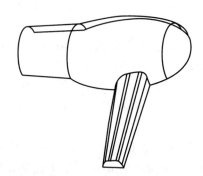

图 8.151　合并 3 个边界混合曲面　　　　图 8.152　合并平面型曲面

6. 建立圆角特征

步骤 27：创建主体和把手之间的圆角，圆角半径值为 1，如图 8.153 所示。

7. 创建旋转曲面

步骤 28：单击【旋转工具】按钮 ，系统显示【旋转特征】创建操控面板。单击 按钮，以明确创建曲面特征。

步骤 29：单击 按钮，弹出【位置】面板，单击 按钮。

步骤 30：系统显示【草绘】对话框，在工作区中选取"TOP"面作为草绘平面，接受系统默认的草绘视图方向和参考平面，单击 按钮进入草绘模式。

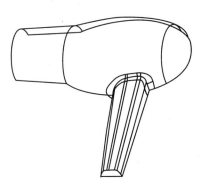

图 8.153   建立圆角特征

步骤 31：系统显示【参照】对话框，接受默认的"RIGHT"面投影线和"FRONT"面投影线作为尺寸标注参考，并添加边线 1 和 2 作为尺寸标注参考（便于捕捉），单击 按钮。

步骤 32：先草绘一条与"RIGHT"面投影线相距为 3 的中心线，再草绘一圆弧（圆弧端点在零件边线上），如图 8.154 所示。截面定义完成后，单击草绘模式工具条上的 按钮。

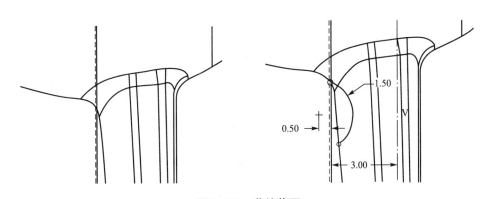

图 8.154   草绘截面

步骤 33：系统退出二维草绘模式，返回【旋转特征】创建操控面板，输入旋转角度为 90°，单击 按钮完成旋转曲面特征的创建，如图 8.155 所示。

8. 合并曲面

步骤 34：合并步骤 27 生成的圆角曲面特征和步骤 33 生成的旋转曲面特征，如图 8.156 所示。

9. 创建圆角特征

步骤 35：对步骤 34 两曲面合并时交界处添加圆角，圆角半径值为 0.5，如图 8.157 所示。

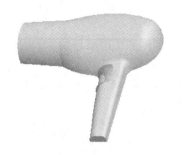

图 8.155　完成旋转曲面特征的创建

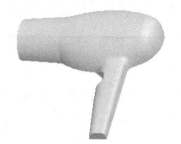

图 8.156　合并旋转曲面

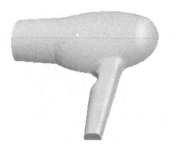

图 8.157　创建圆角特征

10．建立拔模偏移特征

步骤 36：点选前面生成的曲面。

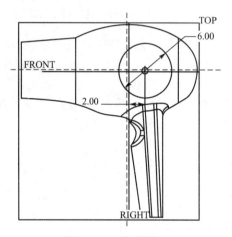

图 8.158　草绘圆形

步骤 37：在菜单栏中选择【编辑】→【偏移】命令，系统显示曲面【偏移】操控面板。

步骤 38：单击 ▾ 按钮，单击 按钮，系统显示【拔模偏移】特征操控面板。

步骤 39：单击【参照】按钮，系统弹出【参照】面板。单击 定义... 按钮进行偏移区域的草绘。在"TOP"面上草绘如图 8.158 所示的圆形。

步骤 40：在图标板上的两个文本输入框中分别输入偏移距离"0.25"和侧面拔模角度 30°，单击 按钮定义曲面向内侧偏移。

步骤 41：单击【选项】按钮，系统弹出如图 8.159 所示的面板。在【选项】面板上进行偏移方式、侧面类型和侧面轮廓的定义。定义侧面轮廓为【相切】，即偏移区域侧面与其他界面交界处相切。

步骤 42：单击 按钮完成曲面特征的拔模偏移，如图 8.160 所示。

图 8.159　【选项】面板

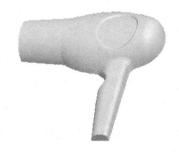

图 8.160　完成曲面特征的拔模偏移

11．裁剪曲面

步骤 43：选择【拉伸】命令。

步骤 44：系统显示【拉伸】图标板，单击▣按钮和▱按钮，

步骤 45：选择前面生成的曲面为被修剪曲面，其余操作跟拉伸相同。在"TOP"面上草绘如图 8.161 所示的截面。

步骤 46：单击图标板上第一个▨按钮定义拉伸方向为向上。裁剪后曲面如图 8.162 所示。

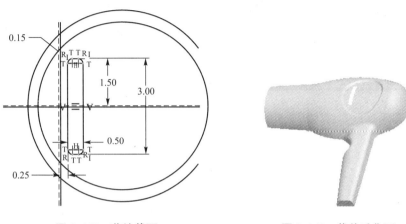

图 8.161　草绘截面　　　　　图 8.162　裁剪后曲面

12. 裁剪曲面阵列

步骤 47：选择裁剪曲面特征，单击▦按钮。

步骤 48：接受默认的阵列方式即【尺寸】阵列，点选"0.25"为引导尺寸，并输入尺寸增量为 1。最后生成的曲面如图 8.163 所示。

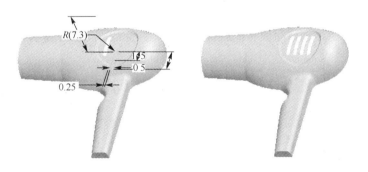

图 8.163　裁剪曲面阵列

13. 创建薄壁实体特征

步骤 49：点选以上步骤创建的曲面。

步骤 50：在菜单栏中选择【编辑】→【加厚】命令，系统显示曲面【加厚】操控面板。

步骤 51：在图标板的文本输入框中输入加厚的厚度值为 0.125，并单击▨按钮定义加

厚方向为向内。

步骤 52：单击  预览，系统显示【定义特殊处理】对话框，如图 8.164 所示，单击
按钮。单击 ☑ 按钮完成薄壁实体特征的创建，如图 8.165 所示。

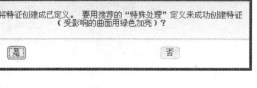

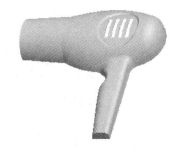

图 8.164 【定义特殊处理】对话框   图 8.165 完成薄壁实体特征的创建

8.7 小 结

本章主要介绍了曲面特征的创建、曲面特征的编辑操作以及曲面转换成实体的方法。

曲面的创建方法比实体更加丰富，除了可以使用拉伸、旋转、扫描、混合、扫描混合、螺旋扫描及可变截面扫描等与实体特征类似的创建方法外，还可以使用填充、复制、偏移及倒圆角等方式来构建曲面，也可以使用边界混合曲面、圆锥曲面及 N 侧曲面片等方式，通过指定曲面的边界线来创建曲面。

采用以上方法创建曲面后，还可以通过合并、修剪、延伸、变换、区域偏移和拔模偏移等编辑工具对曲面进行更为细致的加工和编辑。

最后，介绍了曲面转换成实体的 3 种方法。实践表明，进行具有复杂表面形状的实体零件的建模时，采用先创建曲面特征后转换成实体特征的方法是非常有效的。

8.8 思考与练习

1. 思考题

(1) 曲面造型与实体造型相比较有哪些不同？优势有哪些？

(2) 了解 Pro/ENGINEER 采用的建模内核技术，说明 Pro/ENGINEER 中的曲面模型的数学基础。

(3) Pro/ENGINEER 中有哪些文件的输入输出接口？

2. 练习题

(1) 使用曲面特征对如图 8.166 所示的零件进行建模。

(2) 对一曲面模型进行与其他 CAD(如 UG NX、CATIA 等)及 CAE 软件(如 ANSYS、ADAMS 等软件)的输入输出处理。

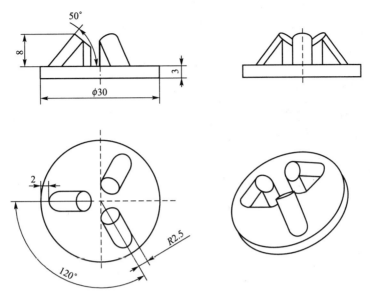

图 8.166 练习题(1)图

第9章
装配特征

教学提示

在 Pro/ENGINEER 中完成零件的设计后，根据设计意图，必须将不同的零件通过一定的约束方式组装在一起形成装配件，以配合后续的尺寸检查和分析评估。装配件中各组件的位置关系可以进行设定和修改，从而满足用户的设计要求。也可以生成爆炸图，从而更清晰地表现各组件之间的位置关系。

教学要求

本章要求读者掌握 Pro/ENGINEER 的装配模块（Assembly）的基本使用方法，掌握基本装配步骤及装配约束的添加，从而顺利地进行装配件的设计。

9.1 概 述

从基本概念上说，一个零件或组件是由一个特征或一系列特征，通过叠加、剪切组合在一起的；而一个组件或装配件则是由一系列组件或子组件按照一定的位置和约束关系组合在一起的。在 Pro/ENGINEER 的装配模块（Assembly）中，可以进行组件装配，并对该组件进行修改、分析或重新定向装配，也可以根据零件的组合方式来设计零件。

由于 Pro/ENGINEER 对设计数据采用单一数据库的管理模式，进行零件装配时，只需定义相关零件之间的配合关系，而无须另外再产生一个包含所有零件资料的文件。而且，组件和组成零件之间也是相关联的。

9.1.1 装配模块用户界面

启动 Pro/ENGINEER Wildfire 5.0 系统以后，选择【文件】→【新建】命令或单击 按钮，在【新建】对话框中选择【组件】类型及【设计】子类型，输入文件名，单击 **确定** 按钮即可进入装配模块，如图 9.1 所示。

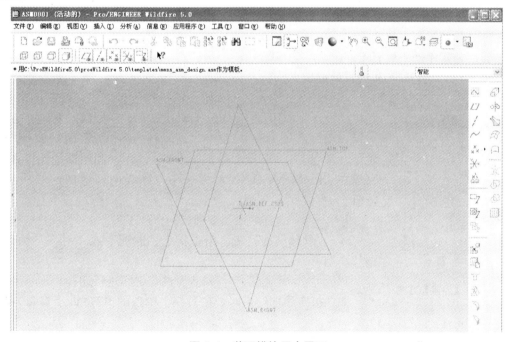

图 9.1 装配模块用户界面

装配模块用户界面与零件设计模块基本相同，仅仅增加了零件装配的相关选项，如【插入】菜单增加了【元件】项，如图 9.2 所示，工作区右侧工具栏中增加了【将元件添加到组件】按钮 和【在组件模式下创建元件】按钮 。

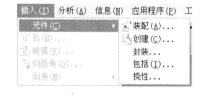

图 9.2 【插入】菜单中增加了【元件】项

9.1.2 【元件放置】操控面板

在选择好要进行装配的元件（零件或/和组件）后进行装配时，系统弹出如图 9.3 所示的【元件放置】操控面板。此操控面板可以用来设置放置元件时，显示元件的屏幕窗口、装配的约束类型、参照特征的选择，以及装配状态的显示等。操控面板的各部分介绍如下。

图 9.3 【元件放置】操控面板

1. 操控面板的上部

：特征图标，指示正放入组件中的元件。

2. 操控面板的中部

操控面板的中部为一组按钮，其功能如下。

：使用界面来放置元件。

：使用手动来放置元件。

：将约束转换为机构连接或反之。

图 9.4 【连接】方式

：显示预定义的机构连接方式，这些连接方式在机构设计中应用最广。Pro/ENGINEER 提供了 12 种连接方式，包括：用户定义、刚性、销钉、滑动杆、圆柱、平面、球、焊接、轴承、常规、6DOF 及槽等，如图 9.4 所示。利用这些连接方式，可以在 Pro/MECHANICA 模块中，继续进行组件的结构运动分析。

：约束类型列表。

：偏移类型列表，用于指定"匹配"或"对齐"约束的偏移类型。

：可在"匹配"和"对齐"约束之间进行切换。

：指定添加约束时，在另一个单独的窗口（即子窗口）中显示该导入元件。

：在组件窗口中显示导入元件，并在指定约束时更新导入元件位置。

提示：一般导入待装配元件时，系统默认将其显示在主窗口中，对于一些不容易选取到的对象，可以在导入时单击 按钮使导入元件同时显示在主窗口及子窗口中。

：暂时中止使用当前对象操作工具，以访问其他可用的工具。

：退出暂停模式，继续使用当前的对象操作工具。

：确认以目前给定的装配约束条件进行装配。

：取消正在进行的装配。

3. 操控面板的下部

操控面板的下部为 4 个标签页，用于控制零件间的装配方式。其中【放置】选项用于给定导入元件与已装配元件间的约束条件，并检查目前的装配状况；【移动】选项用于在屏幕上移动导入元件；【挠性】选项只适用于具有已定义挠性的组件；【属性】选项用于显示特征的名称、信息。

（1）【放置】标签页：如图 9.5 所示。

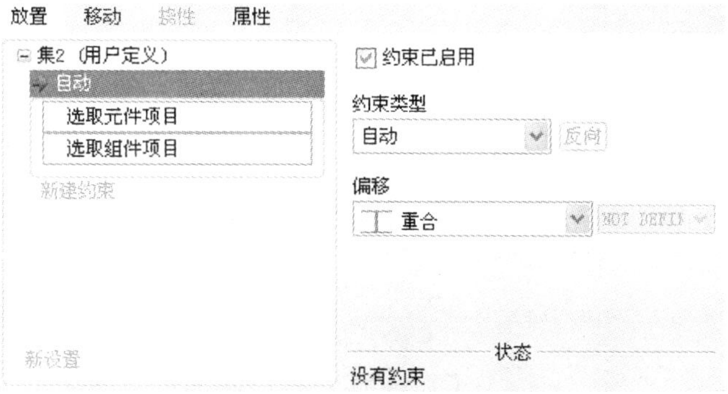

图 9.5　【放置】标签页

【放置】标签页的左侧为约束管理器，用来显示装配成员与所用约束。右侧为约束类型和状态显示。当在左侧选取有效的约束组合后，右边框中将出现相应的约束和偏移（如果有的话）设置内容。定义约束后，【新建约束】被激活，然后可重复定义另一个约束，直到组件完全受到约束为止。

【选取元件项目】和【选取组件项目】区：单击左侧的 按钮可选择进行装配时待装配元件或已装配元件的参照元素。这里所指的参照元素随装配约束类型的不同而不同，可以是平面、中心线、曲面等。选中参照元素之后，右侧的显示区会显示所选到的元素是什么。如果要重新选择参照元素，则再单击左方的 按钮进行重新选择即可。

【约束类型】下方的下拉列表框可以改变正在定义的约束条件或已经定义过的约束条件的形式。Pro/ENGINEER 提供了 11 种不同的约束类型（图 9.6），有关这 11 种约束类型的说明将在 9.2 节中详细介绍。

【偏移】下方的下拉列表框（图 9.7）中，可以设置两个参照间有一定的偏移量。偏移量的设定有以下 3 种方式。

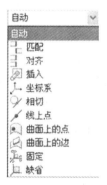

图 9.6　约束类型

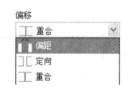

图 9.7　【偏移】下拉式列表框

【偏距】：输入数值以定义偏移量的大小，可以是距离偏移量，也可以是角度偏移量。

【定向】：与约束类型配合，使两个参照定向。

【重合】：为系统默认的选项，设置两个参照间的偏移量为零。

【状态】：此区会显示目前装配的状态是没有约束、部分约束但可放置、完全约束还是过度约束。如果装配的状态是部分约束与过度约束的话，则必须新增或修改装配约束类型与参照元素（当装配状态为部分约束时仍能进行装配，但是装配的结果不一定是用户所预期的）。

（2）【移动】标签页。

导入待装配元件后，系统将以默认的一个位置来显示，可以使用【移动】标签页来调整待装配元件的位置以方便添加装配约束，如图9.8所示。一般的操作步骤为：先选择一种运动类型，然后设置参照来移动待装配元件。

图 9.8 【移动】标签页

【运动类型】区，定义移动的类型有 4 种，分别介绍如下。

【定向模式】：使用定向模式定向待装配元件。

【平移】：沿选定的移动参照平移待装配元件。

【旋转】：沿选定的移动参照旋转待装配元件。

【调整】：根据所选的移动参照，定义待装配元件与已装配元件相配合或对齐，一般会弹出【选取】菜单供选择。

【在视图平面中相对】：相对于视图平面移动装配元件，这是默认选项。

【运动参照】：相对于某个元件或参照移动元件。此选项会激活下面的"运动参照"收集器。"运动参照"收集器收集元件运动所用参照，最多可收集两个参照，选择参照后将激活【垂直】或【平行】选项。

垂直：以垂直于选定参照的方向移动元件。

平行：以平行于选定参照的方向移动元件。

【运动增量】区：指定平移或旋转的运动增量。

① 平移。光滑：连续平移；1、5、10：以 1、5 或 10 为单位跳跃式移动。

② 旋转。光滑：连续旋转；5、10、30、45、90：以 5°、10°、30°、45°或 90°为单位跳跃式旋转。

【相对位置】区：移动元件相对其初始位置所平移的距离或旋转的位置。

9.2　装　配　约　束

零件的装配过程就是添加约束条件限制零件位置的过程，Pro/ENGINEER Wildfire 5.0 中提供了以下 11 种约束进行零件间的装配，如图 9.6 所示。

【自动】：此选项由系统通过猜测来设置适当的约束类型，如匹配、对齐等。使用过程用户只需选取元件和相应的组件参照即可。

【匹配】：此选项使选取的两个参照"面对面"，法线方向相互平行并且方向相反，约束参照的类型必须相同(如平面对平面、旋转对旋转、点对点、轴对轴)。【匹配】的类型分为"定向"、"偏距"和"重合"3 种。图 9.9 所示为重合【匹配】约束,图 9.10 所示为具有一定偏移量的【匹配】约束。

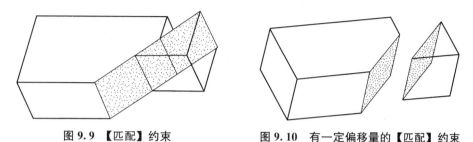

图 9.9 【匹配】约束   图 9.10 有一定偏移量的【匹配】约束

【对齐】:此选项使选取的两个零件表面或基准平面平行且法线方向相同,两条轴线同轴,或者两个点重合,也可以使选取的两个旋转曲面同轴。

可以使选取的两个零件表面对齐,如图 9.11 所示,也可以使选取的两个零件表面对齐且有一定的偏移量,如图 9.12 所示,图 9.13 所示是采用两个对齐约束与一个匹配约束后的结果。

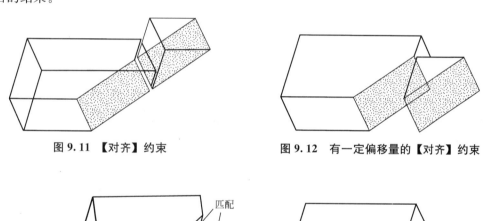

图 9.11 【对齐】约束   图 9.12 有一定偏移量的【对齐】约束

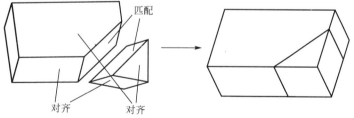

图 9.13 【对齐】和【匹配】约束

【插入】:此选项使选取的两个旋转曲面同轴,这些旋转曲面指的是通过旋转一个截面,或者拉伸一个圆弧/圆,而形成的一个曲面,如圆柱、圆锥、球面等,通常用作轴插入孔的装配操作。

添加【插入】约束的可以是两个柱面[图 9.14(a)]、锥面[图 9.14(b)]或球面[图 9.14(c)],如图 9.14 所示。当轴选取无效或不方便时可使用此约束。

【坐标系】:此选项使待装配元件的坐标系与组件中的坐标系相互对齐(即原点和坐标轴分别重合),如图 9.15 所示。

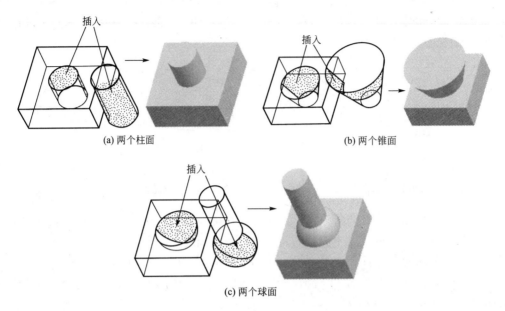

(a) 两个柱面　　　　　　　　　　(b) 两个锥面

(c) 两个球面

图 9.14 【插入】约束

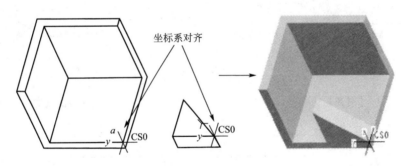

图 9.15 【坐标系】约束

【相切】：将选取的两个曲面以相切的方式进行装配，如图 9.16 所示。

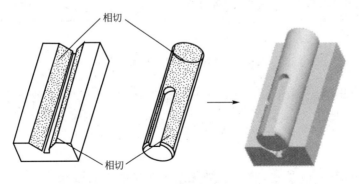

图 9.16 【相切】约束

【线上点】：使一个元件的参照点落于另一个元件的参照线上，可以是在该线上，也可以位于该线的延长线上，如图 9.17 所示。

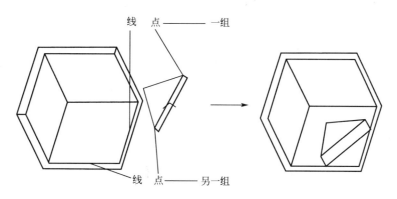

图 9.17　【线上点】约束

【曲面上的点】：使一个元件上作为参照的基准点或顶点落在另一元件的某一个参照面上，或该面的延伸面上，利用这种方法可以控制轴插入孔的深度，如图 9.18 所示。

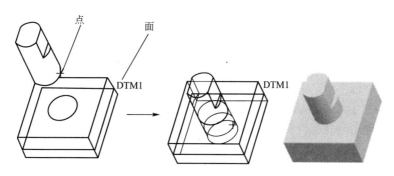

图 9.18　【曲面上的点】约束

【曲面上的边】：使一个元件上作为参照的边落在另一个元件的某一个参照面上，或该面的延伸面上。

【固定】：在目前位置直接固定元件的相互位置，使之达到完全约束的状态。

【缺省】：使两个元件的缺省坐标系相互重合并固定相互位置，使之达到完全约束的状态。

📖 说明：当在元件装配过程中勾选【允许假设】复选框时（缺省情况），系统会自动作出约束定向假设。如要将螺栓完全约束至板上的孔时，只需要定义一个对齐约束和一个匹配约束，系统将假设第三个约束。该约束控制轴的旋转，这样即可完全约束该元件。

在取消勾选【允许假设】复选框后，必须定义第三个约束，如螺栓旋转的角度，才会将元件视为完全约束。

📖 提示：放置约束时应该遵守以下原则。

使用【匹配】和【对齐】约束选项时，必须选择同一类型的参照元素，如平面对平面、点对点、轴对轴、旋转曲面对旋转曲面。

当使用【匹配】和【对齐】约束选项且有一定偏移量时，屏幕上出现的箭头表示进行偏移的方向，如果所要偏移的方向与箭头所指的方向相反，则在输入数值时应该输入负值或在绘图区拖动控制柄。

系统一次只能添加一个约束条件，例如无法一次对齐某零件的两个孔与另一零件的两个孔，这种对齐必须分开做，且分别指定两个约束条件。

旋转曲面是指通过旋转一个截面，或拉伸圆弧/圆而形成的曲面。可在放置约束中使用的曲面仅限于平面、圆柱面、圆锥面、环面和球面。

9.3　装　配　步　骤

进行零件装配时，必须合理选择第一个装配零件，第一个装配零件应该是整个装配模型中最为关键的零件，在以后的工作中往往参照该零件来装配其他元件。

零件装配的一般步骤如下。

步骤 1：进入零件装配模式。单击【新建文件】按钮 ，系统显示【新建】对话框，选取对话框中的【组件】选项，接受默认的【设计】选项，在【名称】文本框中输入装配模型名称，接受【使用缺省模板】选项，然后单击 确定 按钮，进入零件装配模式。

📖 注意：如果在 Config. pro 文件中设置了变量 template_designasm 值为安装路径下的 \ templates \ mmks_asm_design. asm，则使用默认模板创建的装配件单位系统为 mm、kg、秒，且生成 3 个基准平面 ASM_FRONT、ASM_TOP、ASM_RIGHT 及基准坐标系。

步骤 2：单击【将元件添加到组件】按钮 ，选择一个元件(零件或组件)加入装配。

步骤 3：在弹出的【元件放置】操控面板中，设置【缺省】约束类型，将元件定位于 3 个正交的基准平面内。

步骤 4：分析第一个元件的要求位置，然后选取相应的约束选项进行装配操作。单击【约束类型】区中的下拉列表框以选择约束条件的类型。

步骤 5：决定约束条件的类型后，分别指定调入元件与装配件上的参考特征。

步骤 6：若需定义其他约束条件，重复步骤 4 和步骤 5 以设置新的约束条件。当【放置状态】区显示出完全约束的信息后，预览装配结果，满意后单击 按钮。

步骤 7：调入其他与已装配元件有装配关系的元件并进行装配，可重复步骤 2～步骤 6。

步骤 8：全部零件装配完毕后，将装配模型存盘。

如果在步骤 1 中取消选择【使用缺省模板】选项，则单击【新建】对话框中的 确定 按钮后，系统显示【新文件选项】对话框，如图 9.19 所示，如果选择【空】选项，则进入装配件环境后没有基准特征的生成，在步骤 2 调入第一个元件后不需要定位，系统自动以默认的位置放置该元件。其余同上。

下面通过一个实例操作，学习装配特征的操作步骤。

步骤 1：单击【新建文件】按钮 ，系统显示【新建】对话框，选取对话框中的【组件】选项，接受默认的【设计】选项，在【名称】文本框中输入 "ex9_1" 作为装配模型名称，接受【使用缺省模板】选项，然后单击 确定 按钮，进入零件装配模式。

步骤 2：单击【将元件添加到组件】按钮 🔧，系统打开【文件打开】对话框，打开零件 part1. prt。

步骤 3：在弹出的【元件放置】操控面板中，设置【缺省】约束类型，将元件定位于 3 个正交的基准平面内，如图 9.20 所示。

图 9.19　【新文件选项】对话框

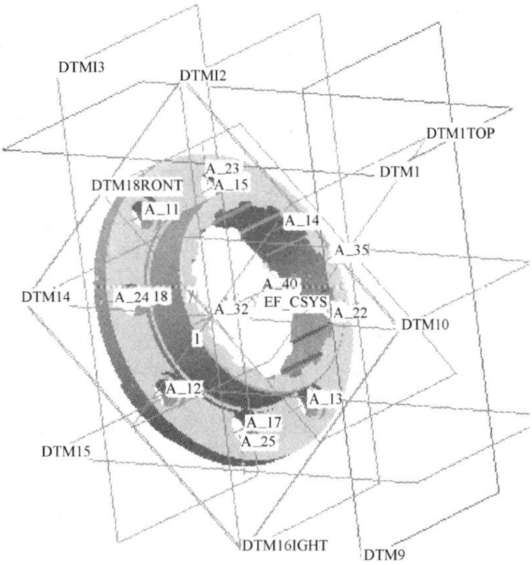

图 9.20　零件放置效果图

步骤 4：单击【将元件添加到组件】按钮 🔧，系统打开【文件打开】对话框，打开零件 part2. prt。选择【移动】选项，选择合适的操作将零件 part2. prt 移动到便于观察的位置。

步骤 5：选择【放置】选项，在【约束类型】列表框中依次选择【插入】与【匹配】进行装配，如图 9.21 所示。

步骤 6：设置完毕，【放置状态】栏中将提示完全约束和允许假设，此时单击【完成】按钮，完成装配件的创建，装配效果如图 9.22 所示。

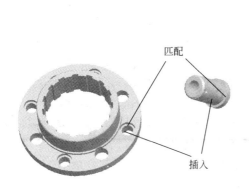

图 9.21　插入、匹配约束

图 9.22　装配效果图

步骤 7：单击 ⊞ 按钮，将装配模型存盘。

9.4　复制与阵列

为了提高设计和重复装配相同或相似零件的效率，Pro/ENGINEER 提供了 4 种零件复制工具：零件复制、零件重复放置、零件阵列、零件镜像。

9.4.1　零件复制

Pro/ENGINEER 提供了一个【复制】命令用于零件的复制操作。当零件完成装配后，可以利用【复制】命令对零件进行"平移"或"旋转"，以进行零件的复制。

零件【复制】命令的操作步骤如下。

步骤 1：在系统菜单栏中选择【编辑】→【元件操作】命令，打开【元件】菜单管理器。

步骤 2：选择【元件】菜单中的【复制】命令，系统接着提示选取坐标系。

步骤 3：选取坐标系，系统打开【选取】对话框，根据提示选取要复制的零件。

步骤 4：单击【选取】对话框上的 确定 按钮以结束选取复制零件。

步骤 5：系统打开【退出】菜单，接下来选取"平移"或"旋转"作为复制零件的操作，选取 X 轴、Y 轴或 Z 轴作为平移方向或旋转轴。

步骤 6：系统提示输入平移距离或旋转角度，单击鼠标中键或 ✓ 按钮，在【退出】菜单中选择【完成移动】命令。

步骤 7：接下来系统提示"输入沿这个复合方向的实例数目"，输入复制零件个数，单击鼠标中键或 ✓ 按钮。

步骤 8：最后选择菜单管理器中的【完成】命令，以结束复制。

下面通过实例操作，学习零件复制的操作步骤。

步骤 1：打开前面创建的 ex9_1.asm 装配模型。

步骤 2：在系统菜单栏中选择【编辑】→【元件操作】命令，打开【元件】菜单管理器，选择【复制】命令，如图 9.23(a)所示。

步骤 3：系统提示选取坐标系，选取坐标系 ASM_DEF_CSYS，系统打开【选取】对话框，如图 9.23(b)所示。根据提示选取复制零件 part2.prt。

步骤 4：单击【选取】对话框上的 确定 按钮以结束选取复制零件。

步骤 5：系统打开【退出】菜单，接下来选取"旋转"作为复制零件的操作，选取 X 轴作为旋转轴，如图 9.23(c)所示。

步骤 6：系统提示输入旋转角度，输入旋转角度 90°，如图 9.23(e)所示，单击鼠标中键或 ✓ 按钮，在【退出】菜单中选择【完成移动】命令，如图 9.23(d)所示。

步骤 7：接下来系统提示"输入沿这个复合方向的实例数目"，输入复制零件个数 4，(包括原始零件)单击鼠标中键或 ✓ 按钮，如图 9.23(f)所示。

步骤 8：最后选择菜单管理器中的【完成】命令，以结束复制，最后结果如图 9.24 所示。

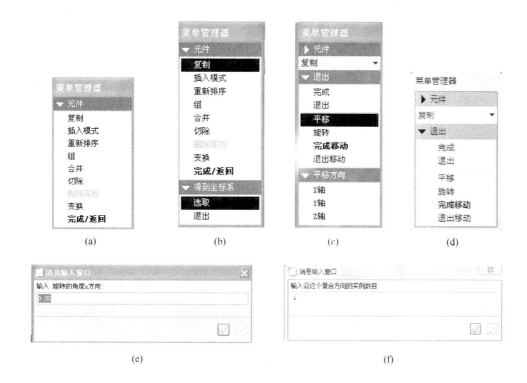

图 9.23　零件复制过程

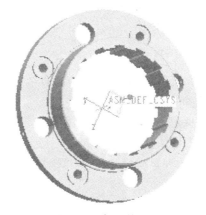

图 9.24　复制效果图

9.4.2　零件重复放置

Pro/ENGINEER 提供了一个【重复】命令用于零件的重复放置操作。当零件完成装配后，可以利用【重复】命令对零件进行重复放置。

下面通过实例操作，学习零件重复放置的操作步骤。

步骤 1：打开前面创建的 ex9_1.asm 装配模型。

步骤 2：在装配模型树中选取要重复放置的零件 part2.prt，再选择系统菜单栏中的【编辑】→【重复命令】命令，打开【重复元件】对话框，如图 9.25 所示。

步骤 3：选取【可变组件参照】列表框中的【插入】约束类型，再单击【放置元件】列表框中的 添加 按钮。

步骤 4：依次单击图 9.26 中箭头所指的 3 个孔内壁，则在【放置元件】列表框中显示所选的参照信息，如图 9.27 所示。

步骤 5：单击【重复元件】对话框上的 确定 按钮以结束重复放置零件，装配效果与图 9.24 所示一样。

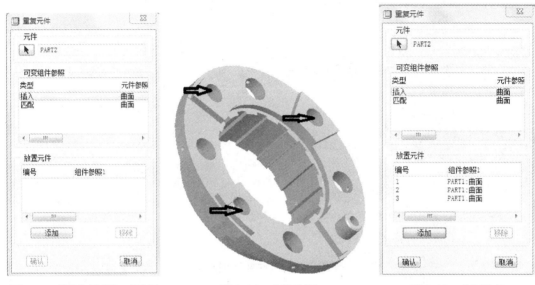

图 9.25　【重复元件】对话框　　　　图 9.26　内壁选取　　　　图 9.27　曲面信息

9.4.3　零件阵列

Pro/ENGINEER 提供了一个【阵列】命令用于零件的阵列操作。当零件完成装配后，可以利用【阵列】命令进行零件的阵列操作。

要选择【阵列】命令，可选取要阵列的元件，然后在工作区右侧的工具栏中单击 按钮，或选择【编辑】→【阵列】命令，或在模型树中右击元件名称，然后从快捷菜单中选择【阵列】命令，系统弹出【零件阵列】操控面板，如图 9.28 所示。

图 9.28　【零件阵列】操控面板

根据零件的装配特点，可以实现 4 种不同的阵列方式：尺寸、表、参照、填充。如果零件是通过"匹配偏距"或"对齐偏距"关系而装配的，那么可以取偏距值为参照通过"尺寸"或"表"的方式来实现阵列，如果选取的零件是装配在一个以阵列方式产生的特征中时，还可以"参照"的方式来实现阵列。"填充"方式是通过草绘布局来实现零件的阵列的。

下面通过实例操作，学习零件阵列的操作步骤。

步骤 1：打开前面创建的 ex9_1.asm 装配模型。

步骤 2：单击【将元件添加到组件】按钮 ，系统打开【文件打开】对话框，打开零件 part3.prt。选择【移动】选项，选择合适的操作将零件 part3.prt 移动到便于观察的位置。

步骤 3：选择【放置】选项，在【约束类型】列表框中依次选择"插入"与"匹配"进行装配，如图 9.29 所示。

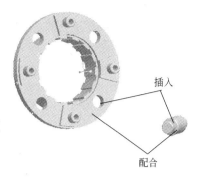

图 9.29　插入、匹配约束

步骤 4：设置完毕，【放置状态】栏中将提示完全约束和允许假设，此时单击【完成】按钮，完成装配件的创建，装配效果如图 9.30 所示。

步骤 5：在模型树中选取零件 part3.prt，右击，从打开的快捷菜单中选择【阵列】命令。

步骤 6：系统将自动打开如图 9.28 所示的【零件阵列】操控面板，选择阵列方式：轴、选择中心轴线、输入阵列数为 4、角度为 90°，单击右侧的【完成】按钮 。系统将根据阵列的圆孔自动完成阵列装配，效果如图 9.31 所示。

图 9.30　装配效果图

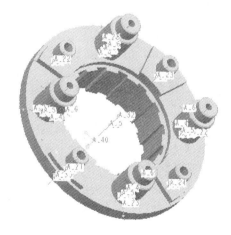

图 9.31　阵列效果图

9.4.4　零件镜像

Pro/ENGINEER 提供了一个【镜像】命令用于零件的镜像操作。当零件完成装配后，可以利用【镜像】命令进行零件组件的复制，系统会自动地将复制的零件或组件保存为新的文件。

零件【镜像】命令的操作步骤如下。

步骤 1：选择系统菜单栏中的【插入】→【元件】→【创建】命令，或直接单击装配区工具栏中的【在组件模式下创建元件】按钮 ，系统打开【元件创建】对话框，如图 9.32 所示。

步骤 2：在【元件创建】对话框的【类型】栏中选择【零件】选项，【子类型】栏选择【镜像】，输入所创建的零件名，然后单击 确定 按钮。

步骤 3：系统打开【镜像零件】对话框，如图 9.33 所示。对话框由镜像类型（Mirror Type）、从属关系（Dependency Control）、零件参照、平面参照等部分组成。镜像类型有仅镜像几何（Mirror Geometry Only）、镜像具有特征的几何（Mirror Geometry With Features）、仅镜像放置（Mirror Placement Only）3 个选项，从属关系有几何从属（Geometry Dependent）、放置从属（Placement Dependent）两个部分，选择完镜像类型与从属关系，选取参照零件和参照平面，单击 确定 按钮，完成零件的镜像复制。

图 9.32 【元件创建】对话框

图 9.33 【镜像零件】对话框

说明：镜像类型和从属关系控制选项的功能含义如下。

【仅镜像几何】：创建原始零件几何的镜像副本。

【镜像具有特征的几何】：创建原始零件的几何和特征的镜像副本。

【仅镜像放置】：在镜像位置上重新使用原始零件。

【几何从属】：当修改原始零件几何时，会更新镜像零件几何。

【放置从属】：当修改原始零件放置时，会更新镜像零件放置。

9.5 装配修改和分析

完成元件装配后，往往会因为各种原因而需要修改，同时为确保装配的正确性与产品质量，经常需要检查"干涉"和"间隙"，并估算其值，再配合制造公差作适当的修正后，逐步改善并提升设计的质量。

9.5.1 装配修改

常用的装配修改主要涉及装配件的修改（即位置定义的修改）和元件本身的修改。

装配件的修改：在组件的模型树中，先选取要修改位置的元件，右击，弹出快捷菜单，如图 9.34 所示，选择【编辑定义】选项，重新调出【元件放置】对话框对装配位置进行修改。

元件的修改：在组件的模型树中，先选取要修改的元件，右击，选择【打开】选项，单独打开一个窗口进行元件编辑。

图 9.34 右键快捷菜单

9.5.2 间隙分析

间隙分析可以寻找和估算出元件间间隙所在的位置及间隙值，从而为判断是否符合设计条件提供依据。

对装配模型进行间隙分析的步骤如下。

步骤 1：选择系统菜单栏中的【分析】→【模型】→【全局间隙】命令，系统打开【全局间隙】对话框，如图 9.35 所示。

步骤 2：对话框上显示"全局间隙"的设置内容。在【设置】区中定义对"零件"或"子组件"进行间隙分析，在【间隙】文本框中输入间隙值。

步骤 3：单击 按钮进行间隙计算，在结果区中查看计算结果。

步骤 4：单击 按钮则弹出"信息窗口"，并将分析计算的结果显示在该窗口中，利用该窗口可将结果储存成文件，也可以在此窗口中对结果进行编辑。

图 9.35 【全局间隙】对话框

步骤 5：单击 按钮，接受并完成当前分析。

9.5.3 干涉分析

干涉分析可以检查装配的零件或子组件之间有无干涉。

对装配模型进行干涉检查的步骤如下。

步骤 1：选择系统菜单栏中的【分析】→【模型】→【全局干涉】命令，系统打开【全局间隙】对话框，如图 9.36 所示。

图 9.36 【全局干涉】对话框

步骤 2：在其中的【设置】区中，选择【仅零件】来分析零件间的干涉情况，或者选择【仅子组件】来分析子组件间的干涉情况。

步骤 3：不选择【包括面组】表示不分析曲面与零件间的干涉情况，如果选择【包括面组】则表示分析所有曲面与零件间的干涉情况。

步骤 4：在显示区显示完整且详细的结果。

步骤 5：单击该对话框中的 按钮，依照所做的设定分析零件间干涉的情况。然后在结果中显示分析结果。如果单击【显示全部】按钮可显示零件间干涉的情况，单击 校验 按钮可进一步计算干涉的体积。

步骤 6：单击 按钮则弹出"信息窗口"，并将分析计算的结果显示在该窗口中，利用该窗口可将结果储存成文件，也可以在此窗口中对结果进行编辑。

步骤 7：单击 按钮，接受并完成当前分析。

9.6 装配爆炸图

在装配模型生成且分析检查无误后，可以创建装配模型的爆炸图，它是将组件模型中每个元件与其他元件分开表示。创建好的爆炸图，可以帮助工程技术人员直观、快捷地了解产品内部结构以及各零部件之间的关系，因此爆炸图常用于制作产品结构说明书。

9.6.1 建立装配爆炸图

要生成装配模型的爆炸图，可以有以下两种方式。

（1）使用【视图】→【分解】命令

在主菜单中选择【视图】→【分解】→【分解视图】命令，此时当前工作窗口中的装配模型自动生成爆炸图。

（2）使用【视图】→【视图管理器】命令

在主菜单中选择【视图】→【视图管理器】命令，或者单击工具栏中的 按钮，系统显示【视图管理器】对话框，如图 9.37 所示，该对话框共有 7 个标签页，选择【分解】标签页，如图 9.38 所示，【名称】下方的列表区中显示了【缺省分解】。也可以自行创建另外的爆炸图：单击按钮→输入爆炸图名称→按 Enter 键。

图 9.37　【视图管理器】对话框

图 9.38　【分解】标签页

9.6.2　编辑装配爆炸图

爆炸图中各零件的位置是由系统内定的，因此各零件间的相对位置可能与用户的要求不符合。在主菜单中选择【视图】→【分解】→【编辑位置】命令，系统显示如图 9.39 所示的【编辑位置】操控面板，可以修改爆炸图中各零件的位置。

图 9.39　【编辑位置】操控面板

【编辑位置】操控面板中提供了以下 3 种编辑类型。

平移：使用"平移"类型移动元件时，可以通过平移参照设置移动的方向。

说明：如果选择"平移"运动类型，那么出现的拖动控制滑块带有坐标系。在该坐标系中选择一个轴可定义平移方向。

旋转：使用"旋转"类型移动元件时，可以通过参照设置旋转轴线。

视图平面：可沿视图平面任意移动元件。

图 9.40　【参照】选项下拉面板

单击【参照】按钮，在下拉面板（图 9.40）中将移动参照前的复选框勾选上，从绘图区选取要移动的元件，再选取移动参照，然后单击操控面板中的【确定】按钮即可完成爆炸图中零件位置的编辑。

9.6.3　保存装配爆炸图

建立爆炸图后，如果想在下一次打开文件时还可以看到相同的爆炸图，就需要对产生的爆炸图进行保存。保存爆炸图的步骤如下。

步骤 1：在主菜单中选择【视图】→【视图管理器】命令，或者单击工具栏中的 按钮，系统显示【视图管理器】对话框，然后选择【分解】标签页。

步骤 2：在【分解】标签页中单击【新建】按钮，此时弹出如图 9.41 所示的【已修改的状态保存】对话框。

步骤 3：在该对话框中单击【是】按钮则可弹出如图 9.42 所示的【保存显示元素】对话框，如果选取【缺省分解】并单击【确定】按钮即可弹出如图 9.43 所示的【更新缺省状态】对话框，如果选择其他选项则直接进入如图 9.44 所示的【视图管理器】对话框。

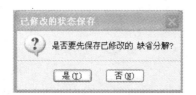

图 9.41 【已修改的状态保存】对话框

图 9.42 【保存显示元素】对话框

图 9.43 【更新缺省状态】对话框

图 9.44 【视图管理器】对话框

步骤 4：在如图 9.44 所示的对话框中输入爆炸图的名称，默认的名称是"Exp000 ♯"，其中♯是按顺序编列的数字。然后单击【关闭】按钮即可完成爆炸图的保存。

9.6.4 删除爆炸图

可将生成的爆炸图恢复到没有分解的装配状态。要将视图返回到其以前未分解的状态，可在菜单栏中选择【视图】→【分解】→【取消分解视图】命令。

9.7 综 合 实 例

实例：进行如图 9.45 所示平口钳的主要零件的装配，练习装配步骤、装配爆炸图的生成及装配干涉的检查。

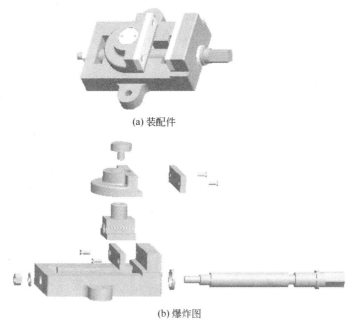

(a) 装配件

(b) 爆炸图

图 9.45 平口钳

1. 新建名称为 ex9_2 的装配件，进入装配模块

步骤 1：单击 按钮，弹出【新建】对话框。

步骤 2：在【新建】对话框中选择【组件】类型，接受【设计】子类型，输入文件名 ex9_2，并接受【使用缺省模板】项，单击 确定 按钮进入装配模块。

📖提示：为便于调入装配零件，应先设置零件所在目录为工作路径。

2. 装配固定钳身

步骤 3：单击 按钮，系统显示【打开】对话框，选择 guding－qianshen.prt，单击 打开(O) 按钮调入固定钳身。

步骤 4：系统显示【元件放置】操控面板，在约束类型中选择 默认方式进行装配，即使钳身零件的坐标系 PRT_CSYS_DEF 与组合件的默认坐标系 ASM_DEF_CSYS 对齐，如图 9.46 所示。

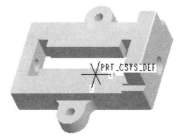

图 9.46 钳身零件的装配

步骤 5：单击 按钮，保存装配件。

3. 新建装配件 ex9_3，装配丝杠与垫圈

步骤 6：单击 按钮，弹出的【新建】对话框。

步骤 7：在【新建】对话框中选择【组件】类型，接受【设计】子类型，输入文件名 ex9_3，并接受【使用缺省模板】项，单击 确定 按钮进入装配模块。

步骤 8：单击 ⬚ 按钮，系统显示【打开】对话框，选择 sigang. prt，单击 打开(0) 按钮调入丝杠。

步骤 9：系统显示【元件放置】操控面板，在约束类型中选择 ⬚ 默认方式进行装配，即使丝杠零件的坐标系 PRT_CSYS_DEF 与组合件的默认坐标系 ASM_DEF_CSYS 对齐，如图 9.47 所示。

步骤 10：单击 ⬚ 按钮，系统显示【打开】对话框，选择 dianquan. prt，单击 打开(0) 按钮调入垫圈。

步骤 11：系统显示【元件放置】操控面板，同时工作区中的显示如图 9.48 所示，单击 ⬚ 按钮使调入的垫圈在单独的子窗口显示，如图 9.49 所示。

图 9.47　丝杠零件的装配

图 9.48　调入垫圈零件

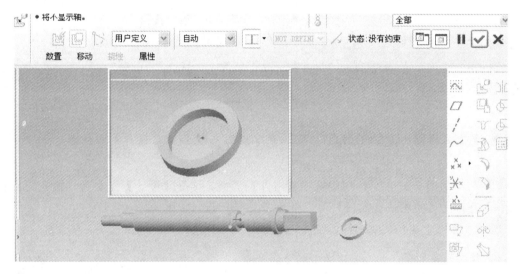

图 9.49　使调入的垫圈在单独的子窗口显示

步骤 12：接受系统默认的约束类型【自动】，选取垫圈上的配合表面，如图 9.50 所示，再选取丝杠上的配合表面，如图 9.51 所示，系统自动赋予【匹配】（重合）约束。

图 9.50　选取垫圈上的配合表面　　　　　图 9.51　选取丝杠上的配合表面

步骤 13：系统自动增加第二个约束，接受【自动】类型，选取垫圈上的配合表面——圆柱面，如图 9.52 所示，再选取丝杠上的配合表面——圆柱面，如图 9.53 所

示，系统自动赋予【插入】约束。且注意到【元件放置】操控面板的【放置状态】显示为
【完全约束】。

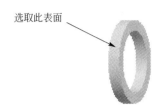

图 9.52　选取垫圈上的配合表面——圆柱面

图 9.53　选取丝杠上的配合表面——圆柱面

步骤 14：单击【元件放置】操控面板中
的 ✓ 按钮完成丝杠和垫圈的装配，如图 9.54
所示。

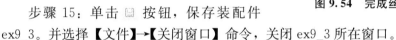

图 9.54　完成丝杠和垫圈的装配

步骤 15：单击 🖫 按钮，保存装配件
ex9_3。并选择【文件】→【关闭窗口】命令，关闭 ex9_3 所在窗口。

📖 说明：一个大型装配体的装配过程可以看作由多个子装配组成，因而在创建大型的零
件装配模型时，可以先进行子装配，再将各个子组件按照相互的位置关系进行总的装配，
最终创建一个大型的零件装配模型。

4. 装配子组件 ex9_2

步骤 16：继续 ex9_2 的装配。单击 📂 按钮，系统显示【打开】对话框，选择 ex9_
3.asm，单击 ▭ 打开⑩ ▭ 按钮调入子组件。

步骤 17：系统显示【元件放置】对话框，接受系统默认的约束类型【自动】，选取垫
圈上的配合表面，如图 9.55 所示，再选取固定钳身上的配合表面，如图 9.56 所示，系统
自动赋予【匹配】约束，并在偏移量提示区输入"0"即可。

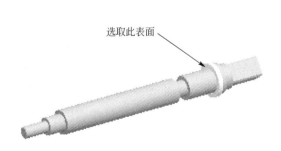

图 9.55　选取垫圈上的配合表面

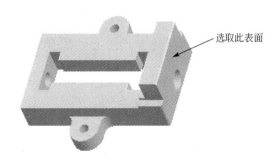

图 9.56　选取固定钳身上的配合表面

图 9.57　选取丝杠上的配合表面——圆柱面

步骤 18：系统自动增加第二个约束，接受
【自动】类型，选取丝杠上的配合表面——圆
柱面，如图 9.57 所示，再选取固定钳身上的
配合表面——孔表面，如图 9.58 所示，系统
自动赋予【插入】约束。

步骤 19：单击【元件放置】操控面板中的 ✓ 按钮完成子组件的装配，如图 9.59 所示。

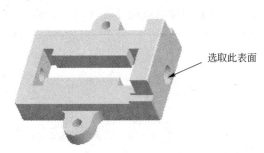 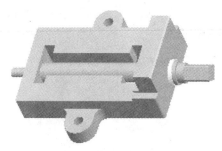

图 9.58　选取固定钳身上的配合表面——孔表面　　　　图 9.59　完成子组件(丝杠和垫圈)装配后的模型

5. 装配左侧垫圈

步骤 20：单击 按钮，系统显示【打开】对话框，选择 dianquan - gb972 - 12. prt，单击　打开(0)　按钮调入垫圈。

步骤 21：系统显示【元件放置】操控面板，接受系统默认的约束类型【自动】，选取垫圈上的配合表面，如图 9.60 所示，再选取固定钳身上的配合表面，如图 9.61 所示，系统自动赋予【匹配】约束，并在偏移量提示区输入"0"即可。

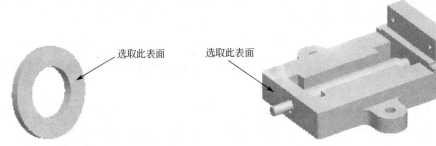

图 9.60　选取垫圈上的配合表面　　　　　　图 9.61　选取固定钳身上的配合表面

步骤 22：系统自动增加第二个约束，接受【自动】类型，选取垫圈上的圆柱表面，如图 9.62 所示，再选取丝杠上的配合圆柱面，如图 9.63 所示，系统自动赋予【插入】约束。

 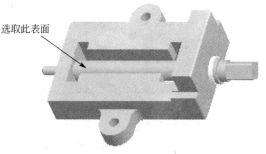

图 9.62　选取垫圈上的圆柱表面　　　　　　图 9.63　选取丝杠上的配合圆柱面

步骤 23：单击【元件放置】操控面板中的 按钮完成左侧垫圈的装配，如图 9.64 所示。

6. 装配螺母

步骤 24：单击 按钮，系统显示【打开】对话框，选择 luomu.prt，单击 打开⑩ 按钮调入螺母。

步骤 25：系统显示【元件放置】对话框，接受系统默认的约束类型【自动】，选取螺母上的配合表面，如图 9.65 所示，再选取垫圈上的配合表面，如图 9.66 所示，系统自动赋予【匹配】约束，并在偏移量提示区输入"0"即可。

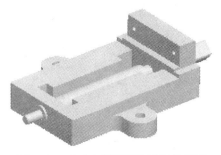

图 9.64　完成左侧垫圈装配后的模型

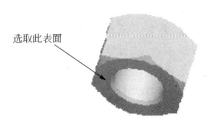

图 9.65　选取螺母上的配合表面

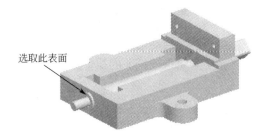

图 9.66　选取垫圈上的配合表面

步骤 26：系统自动增加第二个约束，接受【自动】类型，选取螺母的孔表面，如图 9.67 所示，再选取丝杠上的配合圆柱面，如图 9.68 所示，系统自动赋予【插入】约束。

图 9.67　选取螺母的孔表面

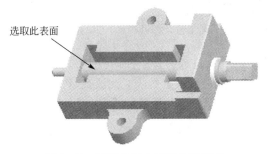

图 9.68　选取丝杠上的配合圆柱面

步骤 27：单击【元件放置】操控面板中的 按钮完成螺母的装配，如图 9.69 所示。

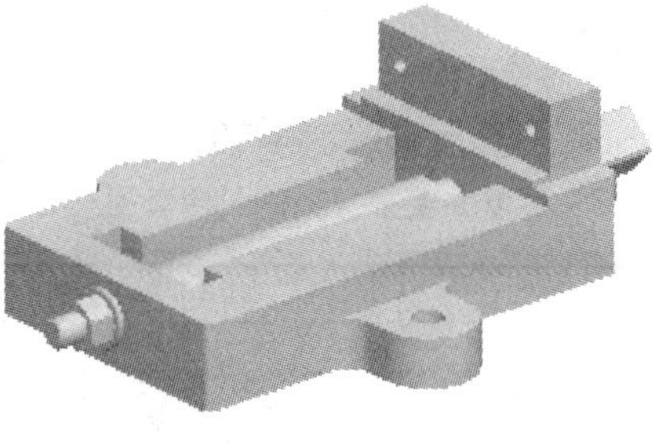

7. 装配套螺母

步骤 28：单击 按钮，系统显示【打开】对话框，选择 taoluomu.prt，单击 打开⑩ 按钮调入套螺母。

步骤 29：系统显示【元件放置】操控面板，单击 按钮使调入的套螺母在单独的子窗口显示。接受系统默认的约束类型【自动】，选取套螺母上的配合表面，如图 9.70 所示，再选取固定钳身上的配合表面，如图 9.71 所示，系统自动赋予【对齐】

图 9.69　完成螺母装配后的模型

约束，并在工作区下方信息提示区提示输入偏移量，输入"－30"即可。

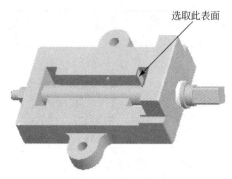

图 9.70　选取套螺母上的配合表面　　　　图 9.71　选取固定钳身上的配合表面

步骤 30：系统自动增加第二个约束，接受【自动】类型，选取套螺母的孔表面，如图 9.72 所示，再选取丝杠上的配合圆柱面，如图 9.73 所示，系统自动赋予【插入】约束。

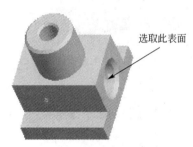

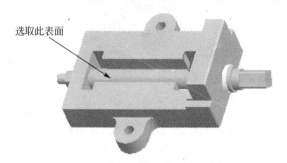

图 9.72　选取套螺母的孔表面　　　　　图 9.73　选取丝杠上的配合圆柱面

步骤 31：【元件放置】操控面板中的【放置状态】显示为【完全约束】。在【放置】标签页中取消【允许假设】选项，定义旋转方向位置，选择【新建约束】选项并指定新的约束类型为【对齐】，偏移类型为【定向】，选取套螺母上的配合表面，如图 9.74 所示，再选取固定钳身上的配合表面，如图 9.75 所示。

图 9.74　选取套螺母上的配合表面　　　　图 9.75　选取固定钳身上的配合表面

步骤 32：单击【元件放置】操控面板中的 ✓ 按钮完成套螺母的装配，如图 9.76 所示。

8. 装配活动钳口

步骤 33：单击 按钮，系统显示【打开】对话框，选择 huodong‐qiankou. prt，单击打开⑩ 按钮调入活动钳口。

步骤 34：系统显示【元件放置】操控面板。选择约束类型为【匹配】，选取活动钳口上的配合表面，如图 9.77 所示，再选取固定钳身上的配合表面，如图 9.78 所示，系统自动添加偏移类型为【重合】。

图 9.76 完成套螺母装配的模型

步骤 35：指定新的约束类型为【插入】，选取活动钳口上的孔表面，如图 9.79 所示，再选取套螺母上的配合圆柱面，如图 9.80 所示。

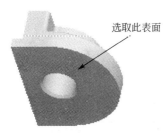

图 9.77 选取活动钳口上的配合表面

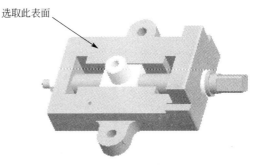

图 9.78 选取固定钳身上的配合表面

图 9.79 选取活动钳口上的孔表面

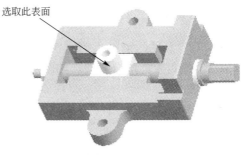

图 9.80 选取套螺母上的配合圆柱面

步骤 36：在【放置】标签页中取消【允许假设】选项，选择【新建约束】选项并指定新的约束类型为【对齐】，偏移类型为【定向】，选取活动钳口上的配合表面，如图 9.81 所示，再选取固定钳身上的配合表面，如图 9.82 所示。

图 9.81 选取活动钳口上的配合表面

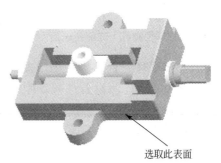

图 9.82 选取固定钳身上的配合表面

步骤 37：单击【元件放置】操控面板中的 √ 按钮，完成活动钳口的装配，如图 9.83 所示。

9. 装配紧固螺钉

步骤 38：单击 按钮，系统显示【打开】对话框，选择 jingu－luoding.prt，单击 ‖ 打开(O) ‖ 按钮调入紧固螺钉。

步骤 39：系统显示【元件放置】操控面板。选择约束类型为【插入】，选取紧固螺钉上的圆柱面，如图 9.84 所示，再选取活动钳口上的配合孔表面，如图 9.85 所示。

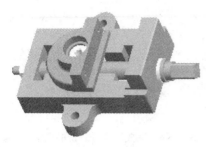

图 9.83　完成活动钳口装配后的模型

图 9.84　选取紧固螺钉上的圆柱面

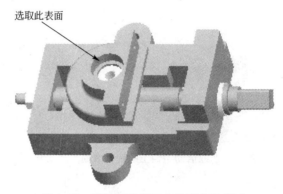

图 9.85　选取活动钳口上的配合孔表面

步骤 40：指定新的约束类型为【匹配】，选取紧固螺钉上的配合表面，如图 9.86 所示，再选取活动钳口上的配合表面，如图 9.87 所示。

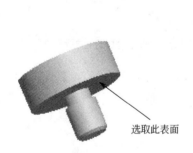

图 9.86　选取紧固螺钉上的配合表面

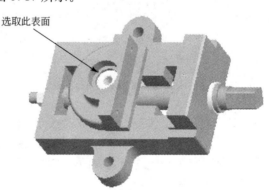

图 9.87　选取活动钳口上的配合表面

步骤 41：接受【元件放置】操控面板【放置】标签页中的【允许假设】选项，则装配状态显示为【完全约束】。

步骤 42：单击【元件放置】操控面板中的 √ 按钮，完成紧固螺钉的装配，如图 9.88 所示。

图 9.88　完成紧固螺钉装配的模型

10. 装配左钳口板

步骤 43：单击 ⌞⌝ 按钮，系统显示【打开】对话框，选择 qiankouban. prt，单击
⌞打开⊙⌝　　　　　按钮调入钳口板。

步骤 44：系统显示【元件放置】对话框，单击 ⌞⌝
按钮使调入的钳口板在单独的子窗口显示。选择约束
类型为【匹配】，偏移类型为【重合】，选取钳口板上
的配合表面，如图 9.89 所示，再选取活动钳口上的配
合表面，如图 9.90 所示。

步骤 45：系统自动增加另一约束，选择类型为
【插入】，选取钳口板上的孔表面，如图 9.91 所示，再
选取活动钳口上的配合孔表面，如图 9.92 所示。

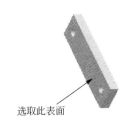

图 9.89　选取钳口板上的配合表面

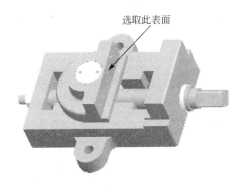

图 9.90　选取活动钳口上的配合表面

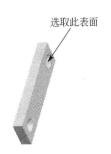

图 9.91　选取钳口板上的孔表面

步骤 46：取消【放置】标签页中的【允许假设】选项，选择【新建约束】选项增加约
束，并指定新的约束类型为【插入】，选取钳口板上的另一孔表面，如图 9.93 所示，再选
取活动钳口上的另一孔表面，如图 9.94 所示。

步骤 47：单击【元件放置】操控面板中的 ✓ 按钮，完成钳口板的装配，如图 9.95
所示。

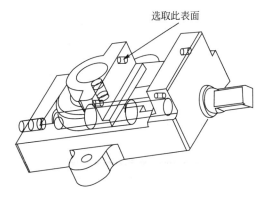

图 9.92　选取活动钳口上的配合孔表面

图 9.93　选取钳口板上的另一孔表面

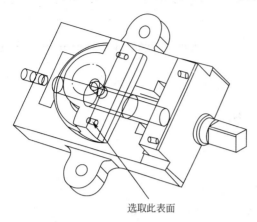

选取此表面

图 9.94　选取活动钳口上的另一孔表面

图 9.95　完成钳口板装配后的模型

11. 装配钳口板螺钉

步骤 48：单击 按钮，系统显示【打开】对话框，选择 luoding.prt，单击 打开(O) 按钮调入钳口板螺钉。

步骤 49：系统显示【元件放置】操控面板，单击 按钮使调入的钳口板螺钉在单独的子窗口显示。选择约束类型为【插入】，选取螺钉上的圆柱表面，如图 9.96 所示，再选取钳口板上的配合孔表面（锥面也可以），如图 9.97 所示。

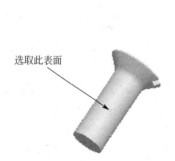

选取此表面

选取此表面

图 9.96　选取螺钉上的圆柱表面　　　　**图 9.97　选取钳口板上的配合孔表面**

步骤 50：系统自动增加另一约束，选择类型为【匹配】，选取螺钉上的配合表面——锥面，如图 9.98 所示，再选取钳口板上的配合表面——锥面，如图 9.99 所示。

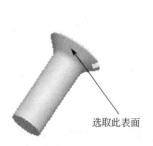

选取此表面

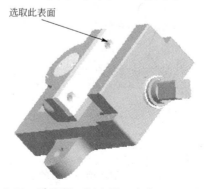

选取此表面

图 9.98　选取螺钉上的配合表面——锥面　　　**图 9.99　选取钳口板上的配合表面——锥面**

步骤 51：单击【元件放置】操控面板中的 ✔ 按钮，完成钳口板螺钉的装配，如图 9.100 所示。

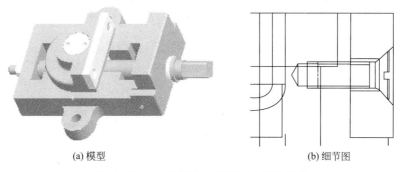

(a) 模型　　　　　　　　　　　(b) 细节图

图 9.100　完成钳口板螺钉装配后的模型

12. 装配另一钳口板螺钉

重复装配相同的零件时，可以用 3 种复制工具：零件镜像、零件重复放置或零件阵列复制。本例使用零件重复放置。

步骤 52：选择刚刚装配好的螺钉。

步骤 53：选择【编辑】→【重复】命令。

步骤 54：系统显示【重复元件】对话框，如图 9.101 所示，选择【可变组件参照】中的【插入】和【匹配】项，即定义重复使用的约束。

步骤 55：单击　添加　按钮，依次选择钳口板上的配合孔表面和锥面，即定义配合参照，如图 9.102 所示。

步骤 56：单击 确认 按钮完成钳口板另一螺钉的装配，如图 9.103 所示。

图 9.101　【重复元件】对话框

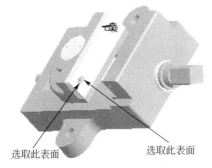

选取此表面　　　选取此表面

图 9.102　选择钳口板上的配合孔表面和锥面

图 9.103　完成钳口板另一螺钉的装配

13. 装配右钳口板及螺钉

装配方法及步骤与左钳口板及螺钉相似，由于篇幅关系，这里从略。完成后的模型如图 9.104 所示。

14. 生成装配模型的爆炸图

步骤 57：在主菜单中选择【视图】→【分解】→【分解视图】命令，系统自动产生装配模型的爆炸图，如图 9.105 所示。

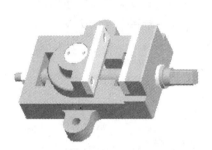 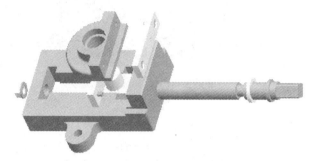

图 9.104　完成右钳口板及螺钉装配后的模型　　　　图 9.105　系统自动产生装配模型的爆炸图

步骤 58：在主菜单中选择【视图】→【分解】→【编辑位置】命令，系统显示如图 9.39 所示的【编辑位置】操控面板。

步骤 59：接受默认的平移【运动类型】，单击【参照】按钮，点选如图 9.106 所示边线为移动参照，然后单击【移动的元件】区，依次拖曳零件 1、2、3、4 至适当的位置，如图 9.107 所示。

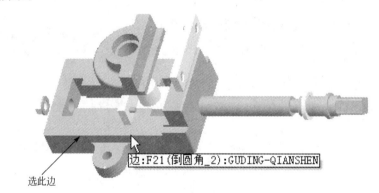

边:F21(倒圆角_2):GUDING-QIANSHEN

选此边

图 9.106　定义移动参照

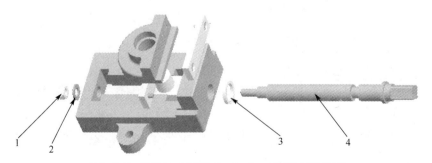

1　2　　　　　　　　　　3　　4

图 9.107　依次拖曳零件 1、2、3、4 至适当的位置

步骤 60：保持【运动类型】为平移，单击【参照】按钮，点选如图 9.108 所示边线为移动参照，然后单击【移动的元件】区，依次拖曳零件 5、6、7 至适当的位置，如图 9.109 所示。

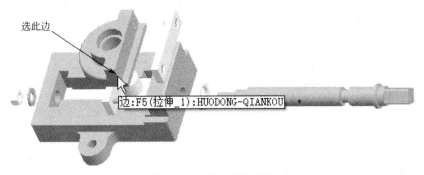

图 9.108 定义移动参照

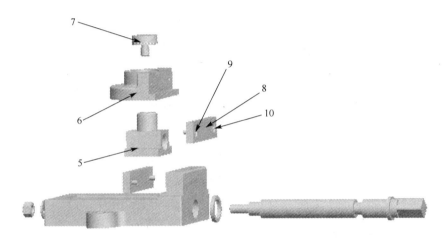

图 9.109 依次拖曳零件 5、6、7 至适当的位置

步骤 61：调整图 9.109 中零件 8、9、10 的位置，首先使其与零件 6 水平对齐，如图 9.110 所示。再平移调整零件 8、9、10 的间距。

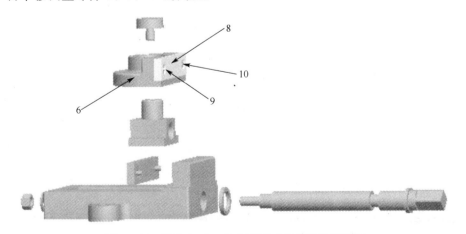

图 9.110 零件 8、9、10 与零件 6 对齐后的爆炸图

步骤 62：最后调整右钳口板及螺钉的间距，如图 9.111 所示。

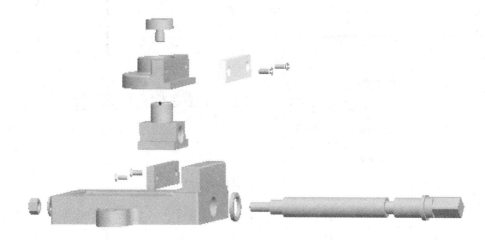

图 9.111　自行建立的装配模型爆炸图

9.8　小　　结

装配就是将各个零部件按照一定的位置关系组合在一起，相应的在 Pro/ENGINEER 中装配时，可以调入独立的零件，也可以调入子装配件。在创建大型的复杂装配件时，往往先将相关的零件装配成子装配件，再将子装配件与零件组合在一起生成最后的总装配件。

装配设计有两种方法，即自下而上的设计方法和自顶向下的设计方法。因为本书是基础教程，本章重点介绍了自下而上的设计方法，包括装配约束、装配步骤、装配修改和分析及装配爆炸图的生成等基本内容，读者应熟练掌握。

9.9　思考与练习

1. 思考题

（1）装配完成后，进行文件保存时"保存副本"与"备份"的区别是什么？分别适于什么情况？

（2）全约束、部分约束与约束冲突之间有何差异？哪些是允许的？哪些是不允许的？

（3）在完成装配件的组合后，如何检查装配件组合的有效性？

2. 练习题

创建如图 9.112 所示的旋阀装配体，所用零件可在附录光盘中找到，路径为 Chapter9 \ xuanfa \（完成的装配体为 TR9_1. asm）。

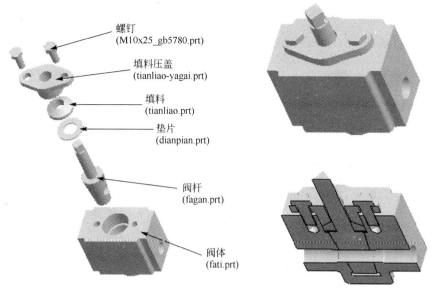

图 9.112　旋阀装配体

第 **10** 章
建立工程图

教学提示

　　使用 Pro/ENGINEER 的工程图模块(Drawing)，可以创建 Pro/ENGINEER 模型的工程图、处理尺寸，以及使用层来管理不同项目的显示。另外，也可以利用有关接口命令，将工程图文件输出到其他 CAD 系统或将文件从其他 CAD 系统输入到工程图模块中。在工程图中，所有的模型视图都是相关的(Associative)，即当修改了某视图的一个尺寸后，系统会自动更新其他相关的视图。更重要的是，Pro/ENGINEER 的工程图和它所依赖的模型相关，在工程图中修改的任何尺寸，都会在模型中自动更新。同样，在模型中修改的尺寸会相关到工程图。这些相关性，不仅仅是尺寸的修改，也包括添加或删除某些特征。

教学要求

　　本章要求读者了解 Pro/ENGINEER 软件生成平面工程图的方法以及标题栏和尺寸的添加方法，重点让读者掌握最常用视图的创建和修改方法。

10.1　工程图的基础知识

在使用工程图模块建立标准的工程图之前，先了解一些有关建立工程图的基础知识，以及工程图中几种常用视图的功能。

10.1.1　图纸的选择与设置

创建工程图首先要选取相应的图纸格式，Pro/ENGINEER 提供了两种形式的图纸格式——系统定义的图纸格式和用户自定义的图纸格式。

1. 使用模板定义的图纸

步骤 1：在下拉菜单中选择【文件】→【新建...】命令或单击【新建文件工具】按钮 ，打开【新建】对话框。在【新建】对话框中的【类型】区域内选择【绘图】单选按钮，在【名称】编辑框中输入文件名称，使用默认模板，单击【确定】按钮，打开如图 10.1 所示的【新制图】对话框。

步骤 2：在【新制图】对话框的【指定模板】区域中选择【使用模板】单选按钮，在【模板】区域中选择一个默认模板。其中系统默认模板有 a0_drawing、a1_drawing、a2_drawing、a3_drawing、a4_drawing、a_drawing、b_drawing、c_drawing、d_drawing、e_drawing 和 f_drawing 共 11 种模板，各模板图纸幅面见表 10-1。

图 10.1　【新制图】对话框

表 10-1　模板图纸幅面

公　制			英　制		
图幅代号	图幅规格	单位	图幅代号	图幅规格	单位
A0	1189×841	mm	A	11×8.5	in
A1	841×594	mm	B	17×11	in
A2	594×420	mm	C	22×17	in
A3	420×297	mm	D	34×22	in
A4	297×210	mm	E	44×34	in
A5	210×148	mm	F	40×28	in

在【缺省】栏中单击【浏览...】按钮，打开【打开】对话框，可选择已存在的零

(组)件文件，则系统将为选择的零(组)件建立工程图。工程图是按零(组)件造型的默认方式放置的，即将零(组)件造型时的"FRONT"视角作为二维工程图的主视图。

2. 使用用户自定义的图纸

若不使用系统默认模板，则可使用用户自定义的模板，这里有如下两种方式。

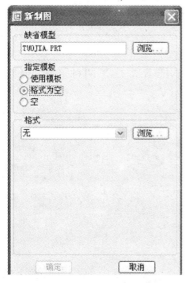

图 10.2 【新制图】对话框

（1）在【新制图】对话框的【指定模板】区域中选择【格式为空】单选按钮，则弹出如图 10.2 所示的【新制图】对话框。在【格式】选项区域中单击【浏览...】按钮，打开图纸模板文件(文件扩展名为 *.frm)，选择用户已经设置好的图纸模板文件名，调入用户自己的图纸模板。然后选择已存在的零(组)件文件，则系统将为选择的零(组)件建立工程图。使用带格式的空模板，系统只生成图框、标题栏等，二维工程图的投影方式由用户确定。

📖 注意：在实际工作中，经常采用【格式为空】选项。

（2）在【新制图】对话框的【指定模板】区域中选择【空】单选按钮，则弹出如图 10.3 所示的【新制图】对话框。在【方向】区域内选择【横向】按钮，设置图纸为水平放置，选择【纵向】按钮则表明图纸为竖直放置。单击【大小】区域内的【标准大小】下拉列表框，在弹出的下拉列表中选择图纸的大小。

如果需要自己定义图纸的尺寸，则在【方向】区域内选择【可变】按钮，此时的【大小】区域中的尺寸编辑框被激活，如图 10.4 所示。在尺寸编辑框中输入工程图纸的尺寸，尺寸的单位有"英寸"和"毫米"。用户可通过选择相应的单选项，确定尺寸单位。

图 10.3 【新制图】对话框

图 10.4 被激活的【大小】区域

使用空模板，系统只生成带幅面的图纸，二维工程图的投影方式由用户确定。

10.1.2　基本视图类型

Pro/ENGINEER 工程视图有很多类型，常用的有以下几种。

（1）投影视图：是相对于已经存在的视图，沿水平或垂直方向的正交投影。投影视图放置在投影通道中，位于父视图上方、下方或位于其右边或左边。投影视图有按第一角投影和第三角投影两类。

（2）辅助视图：是投影视图中的一种类型，是向某一斜面、基准面或沿轴线方向创建的投影。父视图中所选的平面必须垂直于屏幕平面。

（3）一般视图：视图的方向可以由用户随意确定并与其他视图无关，在机械制图中常用的轴测图就是一种一般视图。

（4）局部放大视图：为了清楚地表达零件的局部结构同时又不需要用整个视图表达零件时，常用局部视图来表示。

（5）旋转视图：一个平面或者剖面绕着它的 Cutting Plane Line 旋转 90°并与它偏离一定的距离的视图。

另外，投影视图、辅助视图及一般视图的可见性又有下列 4 种类型。

（1）全视图（Full View）：显示整个视图。

（2）半视图（Half View）：只显示某个基准面的一边。

（3）破断视图（Broken View）：把一个大零件的中间相同的部分去掉，再把剩下的部分靠近放在一起，如表达一根很长的轴。

（4）局部视图（Partial View）：只显示在一个视图中用封闭曲线围起来的部分。

以上各种视图均可制作为剖面或非剖面视图。

10.2　视图的建立

在机械工程图中，三视图是最重要的视图，它反映了零件的大部分信息。在三视图中，主视图可以使用 Pro/ENGINEER 的一般视图来建立，俯视图和左视图可以使用投影视图来建立。

10.2.1　一般视图

一般视图通常为放置到页面上的第一个视图，它不依赖于其他视图而存在，它是最易于变动的视图，因此可根据任何设置对其进行缩放或旋转操作。主视图是建立其他视图的基础，在建立工程视图时，主视图往往是建立的第一个视图。下面介绍使用一般视图建立主视图的过程。

步骤 1：打开 Pro/ENGINEER 软件，进入工程图模式。选择要建立工程图的零件。单击【确定】按钮，进入工程图环境，如图 10.5 所示。

步骤 2：在功能选项卡中选择【布局】→【模型视图】→【一般 ...】选项，在绘图区单击一点确定一般视图的中心点，一般视图以默认方向出现，并打开如图 10.6 所示的【绘图视图】对话框。

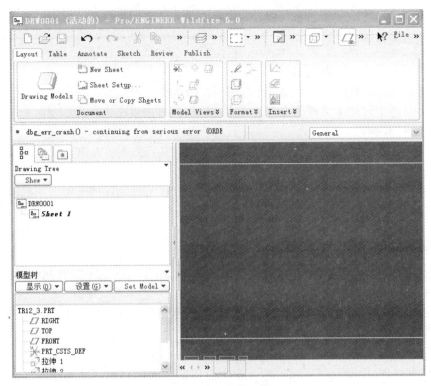

图 10.5 工程图环境

在【绘图视图】对话框的【类别】选项组中，有【视图类型】、【可见区域】、【比例】、【剖面】、【视图状态】、【视图显示】、【原点】、【对齐】8 种类型。

【视图类型】：设置视图类型、视图名及有关视图属性等。常见的视图类型有【一般】视图、【投影】视图、【详细】视图、【辅助】视图、【旋转】视图等。

【可见区域】：设置视图的可见性，有【全视图】、【半视图】、【局部视图】、【破断视图】4 种。

【比例】：指定视图的比例或创建透视视图。有【页面的缺省比例】、【定制比例】和【透视图】3 种。

【页面的缺省比例】：位于工程图框下面的注释中，在创建某个视图时，系统自动对所创建的视图施加这个比例，即按该比例缩放视图。用户可在配置文件 config. pro 中的选项 default_draw_scale，设置默认的工程图页面比例的值，也可修改该比例值。

【定制比例】：单独设置某个视图的比例，位于某个工程图的下面的注释中。它独立于全局，修改工程图的【页面的缺省比例】值时，带有单独视图比例的视图不变化。Pro/ENGINEER 工程图中的详细视图，也有自己独立的视图比例。

【透视图】：创建透视视图。

【剖面】：指定视图中是否有剖切面。有【无剖面】、【2D 截面】、【3D 截面】和【单个零件曲面】4 种。但指定【2D 截面】时，【模型边可见性】有【全部】、【区域】两种。

【全部】：除剖面的实体部分外，背景的边线也显示出来。

【区域】：只画出剖面实体部分，背景的边线不显示出来。

【视图状态】：设置视图分解状态，主要针对装配图而言。

【视图显示】：设置视图显示和边显示，具体见 10.3.5 节。

【原点】：设置视图原点的位置。

【对齐】：设置视图是否与其他视图对齐。撤销对齐后，投影视图可沿任意方向移动。

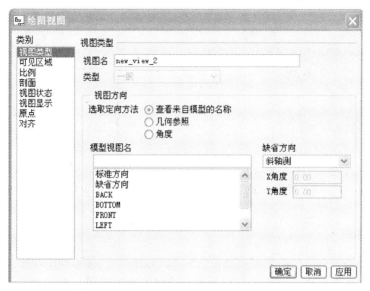

图 10.6　【绘图视图】对话框

步骤 3：选择【视图类型】选项，打开【视图类型】面板，可以在【视图名】文本框中重命名视图，通过【视图方向】区域内重新定义视图方向，也可以直接选择【模型视图名】列表中模型已保存的视图方向直接定义视图方向。

步骤 4：在【类别】选项组中，选择【比例】选项，在【比例和透视图选项】选项组中选择【定制比例】选项，如图 10.7 所示，可以修改视图的比例。单击【确定】按钮，即可完成视图的创建。图 10.9 生成的视图即为图 10.8 所示支架零件的主视图。当主视图被定位以后，其他视图才能根据其定位而确定。

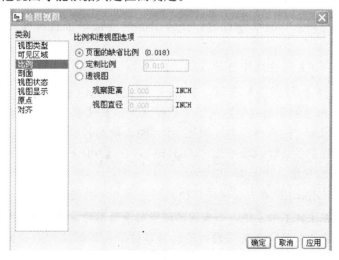

图 10.7　【绘图视图】对话框中的【比例】选项

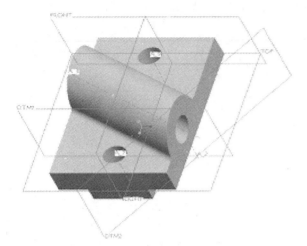

图 10.8　支架零件三维视图

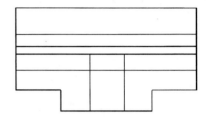

图 10.9　支架零件主视图的创建

10.2.2　投影视图

投影视图是另一个视图沿水平或垂直方向的正交投影。投影视图位于父视图上方、下方，或位于其右边或左边。左视图、右视图、仰视图和俯视图一般采用投影视图创建。投影视图的创建过程如下。

步骤 1：在功能选项卡中选择【布局】→【模型视图】→【投影 . . .】选项或选择主视图，待其周围的方框变为红色，用鼠标右键单击背景稍作停顿，在弹出的快捷菜单中选择【插入投影视图 . . .】命令，移动光标到主视图下方，单击鼠标左键，确定俯视图的中心，即可完成俯视图的生成。

步骤 2：在功能选项卡中选择【布局】→【模型视图】→【投影 . . .】选项或选择主视图，待其周围的方框变为红色，用鼠标右键单击背景稍作停顿，在弹出的快捷菜单中选择【插入投影视图 . . .】命令，移动光标到主视图右方，单击鼠标左键，确定左视图的中心。

若要生成带剖面的投影视图，则继续完成以下步骤。

步骤 3：在左视图上单击鼠标右键，在弹出的快捷菜单中选择【属性】命令，打开【绘图视图】对话框。

步骤 4：在【类别】选项组中选择【剖面】选项，打开如图 10.10 所示的【剖面选项】面板。在面板中选择【2D 截面】选项，单击 🞤 按钮，弹出【剖截面创建】菜单管理器，如图 10.11 所示。在【剖截面创建】菜单中选择【平面】→【单一】→【完成】命令。

步骤 5：系统提示"输入截面名［退出］："，输入截面名"A"。

步骤 6：在主视图上选择基准平面"RIGHT"，在【绘图视图】对话框中单击【确定】按钮，完成左视图的创建，如图 10.12 所示。

📖 说明：Pro/ENGINEER 在默认情况下使用的是第 3 角的投影方式，俯视图放在主视图的上方，左视图放在主视图的左边。而我国的国家标准使用的是第 1 角投影方式：俯视图放在主视图的下方，左视图放在主视图的右边。为了使 Pro/ENGINEER 生成的视图符合国家标准，一个简单的方法是：在默认情况下生成投影视图，然后将俯视图从上方移到下方，将左视图从左边移到右边，这样就符合国家标准了(视图的移动将在后面介绍)。另一个方法是修改系统配置，使其符合第 1 角的投影方式(可参考附录工程图环境设置)。

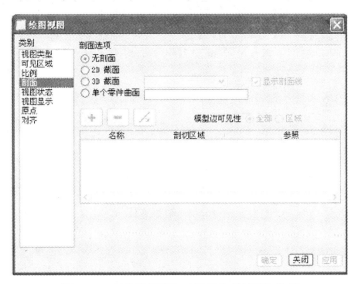

图 10.10　【绘图视图】对话框中【剖面】选项

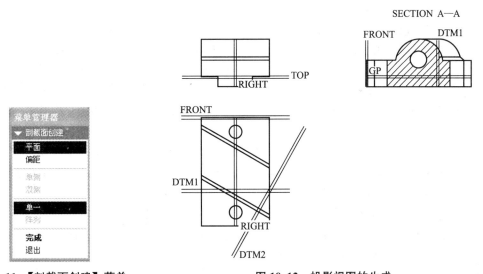

图 10.11　【剖截面创建】菜单　　　　图 10.12　投影视图的生成

10.2.3　辅助视图

辅助视图是一种投影视图，以垂直角度向选定曲面或轴进行投影。选定曲面的方向确定投影通道。父视图中的参照必须垂直于屏幕平面。

步骤 1：在功能选项卡中选择【布局】→【模型视图】→【辅助...】选项。

步骤 2：在父视图中拾取基准平面，拖动黄色方框移动到要放置视图的位置，单击鼠标左键结束。

例如，在 DTM2 处拾取要投影的平面，确定新视图的中心点位置，得到如图 10.13所示的辅助视图。

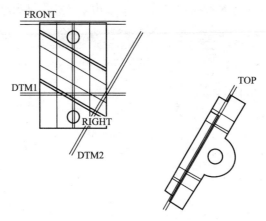

图 10.13　辅助视图

10.2.4　局部放大视图

为了显示模型某一部分的详细信息，在图纸空间中所创建的视图称为局部放大视图。要创建局部放大视图，可以绘制一个样条边界，使其围绕要详细显示的现有视图部分。系统将在用户指定的确定点创建局部放大视图，并且将名称和比例值显示在该视图的下方，同时用圆圈出原父视图对应部分，并连接一个用来标志局部放大视图的注释。

局部放大视图的显示随着创建局部视图的视图而改变。例如，如果父视图显示详图视图区域中的隐藏线，则局部视图也同样显示那些隐藏线。同样，如果从父视图中隐藏特征，则系统也将从局部放大视图中将其删除。由于这种从属，因此只有修改父视图，才能修改局部放大视图中剖面线、隐藏线之类的显示特性。不过也可以使局部视图独立于其父视图。

局部放大视图的创建步骤如下。

步骤 1：在功能选项卡中选择【布局】→【模型视图】→【详细...】选项。

步骤 2：系统提示"在一现有视图上选取要查看细节的中心点"，在投影视图的边线上选择一点，这时在拾取的点附近出现一个红色的交叉线。

📖**注意**：在别的地方选择的点，系统可能不认可。

步骤 3：在系统提示"草绘样条，不相交其他样条，来定义一轮廓线"后，使用光标草绘一条围绕该区域的样条。完成后单击鼠标中键。样条显示为一个圆和一个局部视图名称的注释。

步骤 4：单击鼠标左键，确定局部放大视图的中心放置视图。

图 10.14 所示为使用样条曲线作为边界绘制的局部放大视图实例。

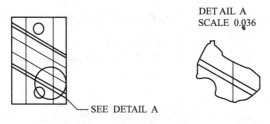

图 10.14　局部放大视图

10.3　视图的编辑

在完成各视图的创建后，常常需要将生成的视图进行编辑修改，以提高工程图整体页面的美观性、正确性、标准性及可读性。视图的编辑包括移动视图、修改视图、删除视图、隐藏和恢复视图、设置视图的显示模式等。

10.3.1　移动视图

在生成视图时，如果放置的位置不合理，可以通过移动视图，达到各视图在工程图面中的合理放置，使图面美观大方。移动视图的操作过程如下。

步骤 1：右击选择的视图，稍作停顿，在弹出的快捷菜单中取消选择【锁定视图移动】命令。

步骤 2：将光标移动到视图中间，单击鼠标左键移动视图到合适的位置。

📖 提示：当视图没有被锁定时，可通过选择【编辑】→【移动特殊...】命令来编辑视图的 X—Y 位置值，从而精确地移动视图。

📖 注意：可以将一般视图和局部视图移动到任意位置；以某一视图为基础所建立的投影视图或辅助视图，仅能沿着投影方向移动；如果移动用来建立投影或辅助视图的父视图，所有与其相关的视图将一起被移动。如果无意中移动了视图，在移动过程中可按 Esc 键使视图快速恢复到原始位置。如果视图位置已经调整好，可启动【锁定视图移动】功能，禁止视图的移动。

10.3.2　视图修改

双击某视图或选择视图，用鼠标右键单击，稍作停顿，在弹出的快捷菜单中选择【属性】命令，弹出【绘图视图】对话框，可重新对视图类型、视图名称、视图比例、视图状态、剖截面、视图状态、视图显示、原点等进行修改。

10.3.3　拭除与恢复视图

在工程图模式中，拭除与恢复视图命令与零件模式下的【隐含】功能相似。"拭除"其实是将视图隐藏起来，而"恢复"是让隐藏的视图正常显示。当绘制的工程图非常复杂，而图面中已经有很多视图时，将使图面显得很凌乱，而且在再生视图或者重绘工程图时计算机会耗费很长时间。为了使视图在绘制时清楚整洁，加快复杂绘图的视图再生和缩短重画速度，使用【拭除视图】与【恢复视图】命令是一个很有效的手段。从工程图图面中拭除一个视图，不会影响其他视图、注释或截面箭头。

拭除视图的步骤如下。

步骤 1：在功能选项卡中选择【布局】→【模型视图】→【拭除视图】选项。

步骤 2：选取要拭除的视图。

恢复视图的步骤如下。

步骤 1：在功能选项卡中选择【布局】→【模型视图】→【恢复已拭除视图的显示】选项。

图 10.15 【视图名】菜单

步骤 2：从【视图名】菜单中选取视图名称。如果要把改变应用到所有视图，可选择【选取全部】选项。要取消选择全部视图，则选择【取消选取全部】选项，如图 10.15 所示。

步骤 3：选择【完成选取】选项，则恢复显示原视图。

注意：（1）如果注释或符号像其他视图一样连接到拭除的视图，那么系统也将拭除连接到视图上的导引。恢复视图时，该导引重新出现。

（2）如果拭除包含局部区域截面的局部放大视图的父视图，则系统将局部放大视图中的局部截面转换为完整截面。

（3）当恢复从当前页面拭除的视图时，该视图名称会出现在选取菜单中，而视图轮廓出现在页面中。

（4）当恢复从另一个页面拭除的视图时，该视图名会出现在选取菜单中，但不显示其轮廓线。此时仍可将视图恢复到不同页面。

（5）拭除的视图轮廓和名称不会出现。

10.3.4　删除视图

当生成的视图多余时，可以使用【删除】命令将其删除，具体步骤如下。

步骤 1：选取要删除的视图。

步骤 2：选择【编辑】→【删除】命令或单击鼠标右键，系统弹出快捷菜单，选择【删除】命令，此视图即被删除。

注意：当一个视图有子视图时，则系统会弹出如图 10.16 所示的确认对话框，单击【是】按钮，此视图连同其子视图一起被删除。

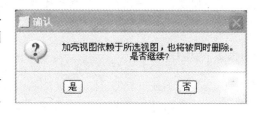

图 10.16　【确认】对话框

10.3.5　显示模式

在 Pro/ENGINEER 中可以改变单个视图、边或组件成员的显示模式（隐藏线、线框、消隐）。

1. 视图显示

工程图中的视图可以设置为隐藏线、线框、消隐等几种显示模式。设置视图显示的步骤如下。

步骤 1：选择要修改的视图，待其周围的方框变为红色，用鼠标右键单击背景稍作停顿，在弹出的快捷菜单中选择【属性】命令，弹出【绘图视图】对话框。

步骤 2：在【类别】选项组中，选择【视图显示】选项，打开如图 10.17 所示的【视图显示选项】面板。

步骤 3：在【视图显示选项】面板中，从【显示线型】列表中选择下列选项之一。

【线框】：将显示模式设置为线框，视图中的所有线条均显示实线。

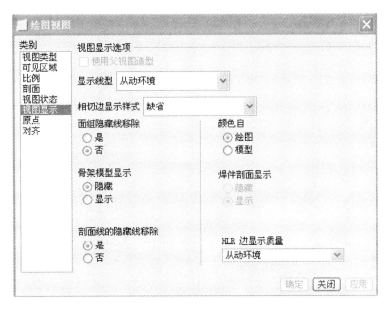

图 10.17　【视图显示选项】面板

【隐藏线】：将显示模式设置为隐藏线，视图中的隐藏线显示为虚线。

【无隐藏线】：将显示模式设置为消隐，视图中的隐藏线将不被显示。

【着色】：将显示模式设置着色渲染模式。

步骤 4：单击【确定】按钮，系统更新所选视图显示模式。

说明：设置特定视图的显示模式后，系统保持这种设置，与【环境】对话框中的设置无关，且不受视图显示▱、▱和▱按钮的控制。

2. 边显示

在 Pro/ENGINEER 中，可以设置视图中个别边线的显示方式。边线在视图中有隐藏线、拭除直线、隐藏方式、消隐等几种显示方式，如图 10.18 所示。

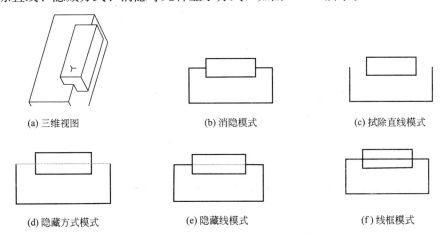

(a) 三维视图　　　　　　　　(b) 消隐模式　　　　　　　　(c) 拭除直线模式

(d) 隐藏方式模式　　　　　　(e) 隐藏线模式　　　　　　　(f) 线框模式

图 10.18　边显示模式

边显示设置的步骤如下。

步骤1：在功能选项卡中选择【布局】→【格式】→【边显示】命令，系统弹出如图 10.19 所示的【选取】对话框和如图 10.20 所示的【边显示】菜单。

图 10.19　【选取】对话框

图 10.20　【边显示】菜单

步骤2：选取要设置的边线，然后从【边显示】菜单中选择适当的选项，设置系统边的显示。系统边的设置可以为如下几种。

【拭除直线】：从视图显示中拭除可见的直线。

【线框】：以线框形式显示所选边。

【隐藏方式】：以隐藏线方式显示所选边。

【隐藏线】：将隐藏边显示为隐藏线。

【消隐】：从视图显示中删除隐藏边。

【缺省】：使用当前环境设置来显示边。

关于边界线的显示，在隐藏其他切线时，可以选择某些要显示在绘图视图中的切线。

【相切实体】：显示所选相切边，与环境对话框中的相切边的显示设置无关。相切边是两个曲面相切处的交线。例如，倒圆角总是在与它相交的曲面之间生成相切边。

【切线中心线】：以中心线型显示所选相切边，与环境对话框中的相切边的显示设置无关。

【切线虚线】：以虚线形式显示所选相切边，与环境对话框中的相切边的显示设置无关。

【切线灰色】：以灰色显示所选相切边。

【切线缺省】：根据环境对话框中的设置显示相切边。

【任意视图】：从所选视图中选择边界线。

【选出视图】：选择一个视图，然后从其他任何视图中选择边，将其显示于该视图中。

步骤3：选择【完成】命令。如有必要，单击【重画】命令图标 ⬚，查看视图显示的变化。

📖 说明：边显示菜单中的【隐藏线】和【消隐】命令优先于边界切线显示菜单的命令。如果选择【隐藏线】和【消隐】命令，则所选相切边不出现。

10.4 尺 寸 标 注

在工程图上增加视图后，需要对其进行标注。尺寸标注是工程图设计中的重要环节，它关系到零件的加工、检验等各个环节。只有合理的尺寸标注才能帮助设计者更好地表达其设计意图。

10.4.1 显示模型注释

【显示模型注释】选项可以用来显示三维模型尺寸，也可显示从模型中输入的其他视图项目。使用【显示模型注释】选项有如下优点。

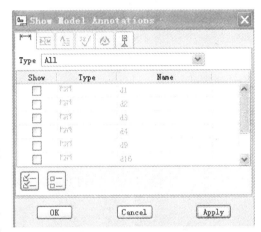

图 10.21 【显示模型注释】对话框

(1) 在工程图中显示尺寸并进行移动，比重新创建尺寸更快。

(2) 由于工程图与三维模型的关联性，在工程图中修改三维模型显示的尺寸值时，系统将在零件或组件中显示相应的反应。

(3) 可使用绘图模板自动显示和定位尺寸。

显示尺寸的步骤如下。

步骤 1：在功能选项卡中选择【注释】→【插入】→【显示模型注释】选项，系统显示如图 10.21 所示的【显示模型注释】对话框。

【显示模型注释】对话框中各按钮的功能见表 10 - 2。

表 10 - 2 各按钮的功能

按钮	功能	按钮	功能
⊢⊣	显示/拭除尺寸	³²√	显示/拭除焊接符号
⊞	显示/拭除形位公差	⬡	显示/拭除表面粗糙度
A≡	显示/拭除注释	⬚	显示/拭除基准平面

步骤 2：在【显示模型注释】对话框中单击 ⊢⊣ 按钮。然后在主窗口中单击主视图，系统将自动对主视图进行尺寸标注，如图 10.22 所示。

步骤 3：在【显示模型注释】对话框中选择需要显示的尺寸，然后单击对话框中的【确定】按钮，结束自动标注。

步骤 4：用鼠标单击标注文本，将其拖动到合适位置，生成如图 10.23 所示的主视图。

📖 说明：要显示的视图必须为活动的视图。如果不是活动的视图，可以选取视图按住右键选取【锁定视图移动】选项，使视图转换为活动的。

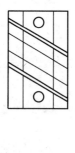

图 10.22　自动对主视图进行标注

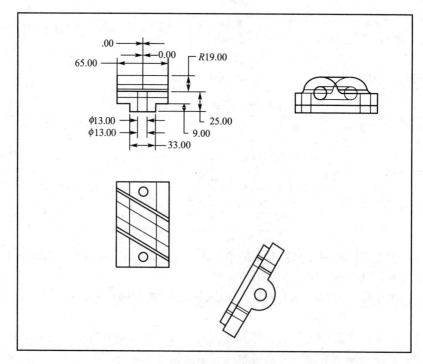

图 10.23　主视图

10.4.2　手动创建尺寸

在 Pro/ENGINEER 中，不但系统能够自动显示尺寸标注，而且用户还能够手工为工程图添加尺寸标注。手动创建的尺寸是驱动尺寸，不能被修改。手动创建尺寸的步骤如下。

图 10.24　【依附类型】菜单

步骤 1：选取功能选项卡中的【注释】→【插入】→【尺寸—新参照】命令，打开如图 10.24 所示的【依附类型】菜单。

【依附类型】菜单中各命令的含义如下。

【图元上】：选择直线或端点建立尺寸。

【在曲面上】：曲面类零件视图的标注，通过选取曲面进行标注。

【中点】：以线段的中点为尺寸标注端点。

【中心】：以圆弧的中心为尺寸标端点。

【求交】：以交点为尺寸标端点。

【做线】：通过选取"两点"、"水平方向"或"垂直方向"来标注尺寸。

步骤 2：在【依附类型】菜单中选择适当的命令，然后在绘图区中选择相应的图素标注尺寸，标注的方法与草绘图中的标注方法类似。

步骤 3：单击鼠标中键结束标注，系统将自动为选择的图素添加标注。

10.4.3　尺寸编辑

由系统自动显示的尺寸在工程图上有时显得杂乱无章，尺寸相互遮盖、尺寸间距过松或过密、某个视图上的尺寸太多、出现重复尺寸，这些问题可通过尺寸的编辑操作加以解决。尺寸的编辑操作包括尺寸的移动、删除（仅对手工标注的尺寸）、尺寸在视图间的切换、修改尺寸的数值和属性等。

1. 尺寸的删除

尺寸的删除步骤如下。

步骤 1：单击鼠标左键，选择要删除的尺寸，被选中的尺寸以红色显示，各端点均出现小正方形，如图 10.25 所示。

步骤 2：将鼠标移到选中的尺寸上并单击鼠标右键，打开如图 10.26 所示的快捷菜单，选择【删除】命令，完成尺寸的删除。

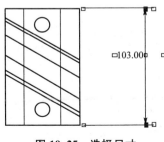

图 10.25　选择尺寸

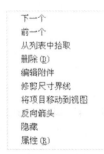

图 10.26　快捷菜单

📖 说明：用户也可单击工具栏中的 × 按钮，完成尺寸的删除。

2. 尺寸的移动

尺寸的移动步骤如下。

步骤 1：单击鼠标左键，选择要移动的尺寸，被选中的尺寸以红色显示，各端点均出现小正方形，如图 10.25 所示。

步骤 2：将鼠标移到选中的尺寸上，光标变成十字移动光标。

步骤 3：按住鼠标左键并移动鼠标，在新的位置松开鼠标左键，完成尺寸的移动。

3. 尺寸在视图间切换

在 Pro/ENGINEER 中，可以把标注尺寸从一个视图移到另一个视图，具体步骤如下。

步骤 1：单击鼠标左键，选择要移动的尺寸，被选中的尺寸以红色显示，各端点均出现小正方形，如图 10.27(a)所示。

步骤 2：选择【注释】→【排列】→【移动到视图 …】命令或将鼠标移到选中的尺寸上并右击，打开如图 10.26 所示的快捷菜单，选择【将项目移动到视图】命令，选择目标视图，即可将已经生成的视图由一个视图移到另一个视图中，如图 10.27(b)所示。

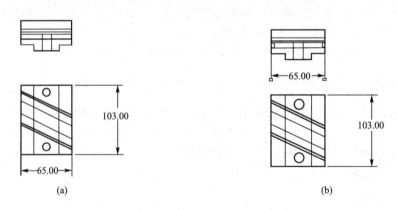

(a)　　　　　　　　　　　　　　　　　(b)

图 10.27　在视图间切换尺寸

4. 尺寸的修改

在 Pro/ENGINEER 中，可对尺寸的数值和属性(包括尺寸公差、尺寸文本字高和尺寸文本字形)进行修改，具体操作如下。

步骤 1：单击鼠标左键，选择要修改的尺寸，被选中的尺寸以红色显示，各端点均出现小正方形，如图 10.25 所示。

步骤 2：将鼠标移到选中的尺寸上并右击，打开如图 10.26 所示的快捷菜单，选择【属性】命令，系统弹出如图 10.28 所示的【尺寸属性】对话框。该对话框有 3 个选项卡，分别是【属性】、【显示】、【文本样式】。

【属性】选项卡各区域的功能如下。

【值和显示】：该选项组主要用来修改尺寸值。其中【公称值】指的是绘制模型的尺寸值，只有标注尺寸是通过【显示/拭除】方式创建时，才能修改尺寸值。

【公差】：该选项组主要用来设置公差的上下偏差值。

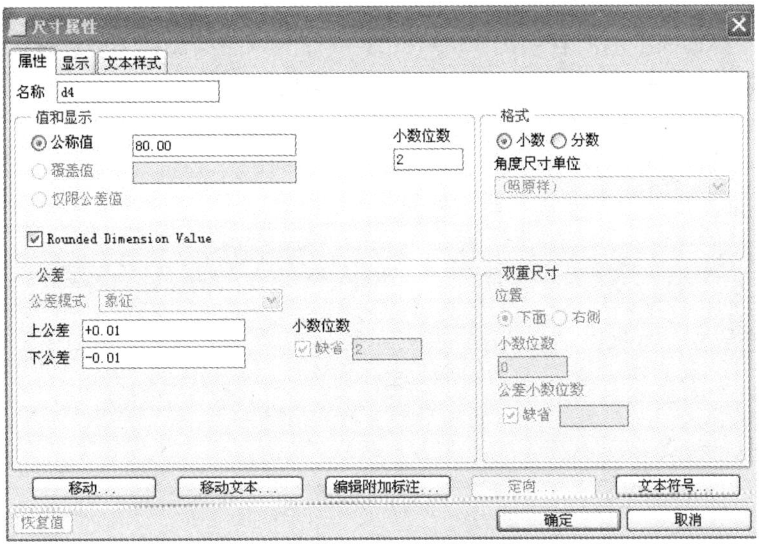

图 10.28　【尺寸属性】对话框

【格式】：该选项组主要用来设置尺寸值的小数位数或以分数形式表示，对于角度尺寸，可用来设置角度单位。

【双重尺寸】：选项组在标注尺寸是以双重尺寸显示时，可以设置主要尺寸的位置与小数位数。

【显示】选项卡如图 10.29 所示，各区域的功能如下。

图 10.29　【尺寸属性】对话框中的【显示】选项卡

【显示】：该选项组主要用来设置尺寸的表示方式与箭头方向。在该区域，用户可以将工程图中零件的外形轮廓等基础尺寸按【基础】形式显示，将重要的、需检验的尺寸按【检查】形式显示。另外，单击【反向箭头】按钮可以设置箭头的反向。

【尺寸界线显示】：主要用来控制尺寸界线的显示与否。

【文本样式】选项卡的内容如图 10.30 所示，各区域的功能如下。

【复制自】：可选择现有的文本作为尺寸文本式样。

【字符】：可选择尺寸文本的字体，取消默认，可修改文本的字高等。

【注释/尺寸】：可设置文本的水平和竖直两个方向的对齐特性和文本的行间距及颜色等，单击【预览】按钮可立即查看显示效果。

图 10.30 【尺寸属性】对话框中的【文本样式】选项卡

步骤 3：修改完尺寸属性后，单击【确定】按钮，结束尺寸的修改。

5. 尺寸整理

对于杂乱无章的尺寸，Pro/ENGINEER 系统提供了一个强有力的整理工具，这就是整理尺寸，通过该工具，系统可以在尺寸界线之间居中尺寸（包括带有螺纹、直径、符号和公差等的整个文本）；在尺寸界线间或尺寸界线与草绘图元交截处创建断点；向模型边、视图边、轴或捕捉线的一侧放置所有尺寸；反向箭头；将尺寸的间距调到一致。具体操作步骤如下。

步骤 1：选择【注释】→【排列】→【整理尺寸】命令。

步骤 2：系统提打开【整理尺寸】对话框，如图 10.31 所示，选取要清除的视图或独立尺寸，然后单击【确定】按钮。

步骤 3：在【整理尺寸】对话框中有【放置】、【修饰】两个选项卡，设置清理内容。

【放置】：选项卡中各功能如下。

【分隔尺寸】：包括如下两部分。

【偏移】：设置视图轮廓线（或所选基准）与视图中最靠近它们的某个尺寸间的距离。

【增量】：设置两相邻尺寸的间距。

【偏移参照】：一般以"视图轮廓"为偏移参照，也可以选择"基线"，以某个基准线为参照。

【创建捕捉线】：选择该项，工程图中便显示捕捉线。捕捉线是表示水平或垂直尺寸位置的一组虚线。

【破断尺寸界线】：选择该项，则在尺寸界线与其他图元交载位置破断该尺寸界线。

【修饰】选项卡的内容如图 10.32 所示，其中各功能如下。

图 10.31　【整理尺寸】对话框

图 10.32　【整理尺寸】对话框中的【修饰】选项卡

【反向箭头】：选中，则箭头反向。

【居中文本】：选中，每个尺寸的文本自动居中。

【水平】：设置尺寸的文本太长，在尺寸界线间放不下时，尺寸文本放置到尺寸界线外的水平位置。

【垂直】：设置尺寸的文本太长，在尺寸界线间放不下时，尺寸文本放置到尺寸界线外的竖直位置。

步骤 4：设置完后，单击【应用】按钮，即可看到效果，单击【关闭】按钮，关闭【整理尺寸】对话框。

10.5　创建注释文本

文本注释可以和尺寸组合在一起，用引线(或不用引线连接到模型的一条边或几条边上)或"自由"定位。创建第一个注释后，系统使用先前指定的属性要求来创建后面的注释。

10.5.1　注释标注

下面介绍注释标注的基本步骤。

步骤 1：选择功能选项卡中的【注释】→【插入】→【注解】命令，打开如图 10.33 所示的【注解类型】菜单。

步骤 2：使用【注释类型】菜单，指定注释外观(箭头形式、文字放置方式和箭头与图

图 10.33 【注释类型】菜单

元关系）和文字的输入方式。

【注释类型】菜单中的命令分为 6 类，各类命令含义如下。

1. 设置箭头的形式

【无引线】：无方向指引，没有箭头，绕过任何引线设置选项并且只提示给出页面上的注释文本和位置。

【带引线】：引线连接到指定点，提示给出连接样式、箭头样式。

【ISO 引线】ISO 导引，ISO 样式引线，带标准箭头。

【在项目上】直接注释到选定的图元上。

【偏距】：创建一个连接到尺寸、别的注释和几何公差的注释。绕过任何引线设置选项并且只提示给出偏移文本的注释文本和尺寸。

2. 设置文本输入方式

【输入】：从键盘输入文本。

【文件】：打开文件输入。

3. 设置文本放置方式

【水平】：文字水平放置。

【竖直】：文字竖直放置。

【角度】：文字按任意角度放置。

4. 设置箭头与图元的关系

【标准】：使用默认引线类型。

【法向引线】：使引线垂直于图元，在这种情况下，注释只能有一条引线。

【切向引线】：使引线与图元相切，在这种情况下，注释只能有一条引线。

5. 设置文本对齐方式

【左】：文本左对齐。

【居中】：文本居中对齐。

【右】：文本右对齐。

【缺省】：文本以默认方式对齐。

6. 设置文本样式

【样式库】：定义新样式或从样式库中选取一个样式。

【当前样式】：使用当前样式或上次使用的样式创建注释。

步骤 3：完成【注释类型】菜单中的选项后，选择【制作注释】命令，打开如图 10.34 所示的【获得点】菜单。

步骤 4：在【获得点】菜单中选择注释的放置位置选择方法，选择【选出点】命令，系统将提示选择一点。

图 10.34 【获得点】菜单

步骤 5：在绘图界面中单击放置注释位置处，为了方便输入各种符号，系统将打开如图 10.35 所示的【文本符号】对话框，同时提示用户输入注释，如图 10.36 所示。

图 10.35　【文本符号】对话框

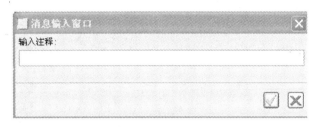

图 10.36　提示输入栏

步骤 6：在提示输入栏输入注释文本，输入完毕后单击☑按钮，结束注释的输入。

📖注意：英文版的 Pro/ENGINEER 系统不支持中文，所以不能在此输入栏中键入中文。中文的输入可以先在别的二维 CAD 系统（当然要支持中文）中做好，然后转化为 Pro/ENGINEER 系统可以读入的格式，如 ".dwg"、".igs" 等，输入工程图。

步骤 7：系统继续提示用户输入注释，在提示输入栏单击☑按钮，完成注释的标注。

10.5.2　注释的编辑

与尺寸的编辑操作一样，也可对注释文本的内容、字形、字高等造型属性进行修改。注释的编辑步骤如下。

步骤 1：单击需要编辑的注释。

步骤 2：在选择的注释上右击，在打开的快捷菜单中选择【属性】命令，打开如图 10.37 所示的【注释属性】对话框。

该对话框有【文本】、【文本样式】两个选项卡，区域各选项卡功能如下。

【文本】选项卡用于修改注释文本的内容。

【文本样式】选项卡用于修改文本的字形、字高、字的粗细等造型属性，其各区域功能同【尺寸属性】对话框中的【文本样式】选项卡功能一样。

步骤 3：修改完后，单击【注释属性】对话框中的【确定】按钮，结束注释文本的编辑。

图 10.37　【注释属性】对话框

10.6　基　　准

对于平行度、垂直度和倾斜度等几何公差，首先需要建立基准，用来建立基准的特征可以是基准轴或基准平面。

10.6.1 在工程图模块中创建基准轴

建立基准轴的步骤如下。

步骤1：选择【功能】选项卡中的【注释】→【插入】→Model Datum Axis 命令，打开如图10.38所示的【轴】对话框。

图 10.38 【轴】对话框

步骤2：在【轴】对话框中可输入基准轴的名称、定义基准轴、选择基准轴符号类型以及设置基准轴符号的放置方式。

【名称】：该文本拦用于输入基准轴名称。

【定义】：该区域可定义基准轴。单击【定义...】按钮，系统弹出【类型】菜单，通过【类型】菜单中的命令建立基准轴，结束时选择【完成/退出】命令。

【类型】：该区域可选择基准轴的类型。

【放置】：该区域选择放置方式。有3种放置基准符号的方式：

【在基准上】：自由放置。

【在尺寸中】：放置于尺寸中。

【在几何上】：放置在几何上。

步骤3：在【轴】对话框中单击【确定】按钮，系统即在视图中创建基准符号。

步骤4：将基准符号移至合适的位置。

注意：基准的移动操作与尺寸的移动操作一样。

10.6.2 在工程图模块中创建基准平面

建立基准平面的步骤如下。

步骤1：选取功能选项卡中的【注释】→【插入】→Model Datum – Plane 命令，打开如图10.39所示的【基准】对话框。

步骤2：在【基准】对话框中可输入基准平面的名称、定义基准平面、选择基准平面符号类型以及设置基准平面符号的放置方式。

【名称】：该文本拦用于输入基准平面名称。

【定义】：该区域可定义基准平面。该区域有两个选项：

【在曲面上...】：单击该按钮可在视图中选择一基准平面或其他平面定义基准。

【定义...】：单击该按钮，系统弹出【基准平面】菜单，通过【基准平面】菜单中的命令建立基准平面，结束时选择【完成/退出】命令。

【类型】：该区域可选择基准平面符号的类型。

图 10.39 【基准】对话框

【放置】：该区域选择基准平面符号的放置方式，同基准轴符号放置方式一样。

步骤 3：在【基准】对话框中单击【确定】按钮，系统即在视图中创建基准符号。

步骤 4：将基准符号移至合适的位置。

10.7　几何公差

几何公差用来标注产品工程图中的直线度、平面度、圆度、圆柱度、线轮廓度、面轮廓度、倾斜度、垂直度、平行度、位置度、同轴度、对称度、圆跳动度和全跳动等。在Pro/ENGINEER 系统中标注几何公差的方法如下。

步骤 1：选取功能选项卡中【注释】→【插入】→【几何公差】命令，打开如图 10.40 所示的【几何公差】对话框。

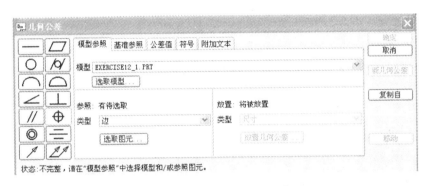

图 10.40　【几何公差】对话框

步骤 2：在【几何公差】对话框的左边选择几何公差的类型。

步骤 3：在【几何公差】对话框的【模型参照】选项卡中定义参考模型、参考图素的选取方式及几何公差的放置方式。

步骤 4：在【几何公差】对话框的【基准参照】选项卡中定义参考基准，用户可在【首要】、【第二】、【第三】选项卡中分别定义第一、第二、第三基准。在【公差值】编辑框中输入复合公差的数值，如图 10.41 所示。

图 10.41　【几何公差】对话框中的【基准参照】选项卡

步骤 5：在【几何公差】对话框的【公差值】选项卡中输入几何公差的公差值，同时指定材料状态，如图 10.42 所示。

图 10.42　【几何公差】对话框中的【公差值】选项卡

步骤 6：在【几何公差】对话框的【符号】选项卡中指定其他的符号，如图 10.43 所示。

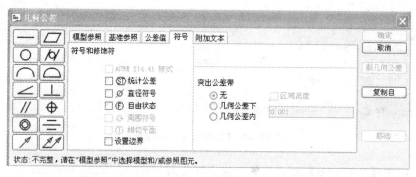

图 10.43　【几何公差】对话框中的【符号】选项卡

步骤 7：在【几何公差】对话框的【附加文本】选项卡中添加文本说明，如图 10.44 所示。

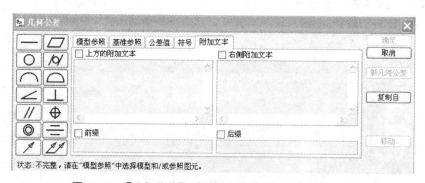

图 10.44　【几何公差】对话框中的【附加文本】选项卡

步骤 8：在设置结束后，单击【几何公差】对话框中的【确定】按钮，即可完成几何公差的标注。

10.8   表面粗糙度

Pro/ENGINEER 系统可在工程图中创建零件表面的表面粗糙度。表面粗糙度与零件中的表面相关，而不是与绘图中的图元或视图相关。每个表面粗糙度都适用于整个表面。就像不能在两个不同视图中显示同一尺寸一样，在 Pro/ENGINEER 系统中，不能在两个视图中显示同一表面粗糙度。

如果创建和添加用户自己创建的表面粗糙度符号，用户可以通过设置配置文件选项"pro_surface_finish_dir"指定这些符号的位置。

可以用"\ symbols \ surffins"目录下的标准表面粗糙度符号将表面粗糙度符号添加到模型中，也可以创建并保存用户自己的表面粗糙度符号。

表面粗糙度的标注步骤如下。

步骤 1：选择功能选项卡中的【注释】→【插入】→【表面光洁度】命令，打开如图 10.45 所示的【得到符号】菜单。

【得到符号】菜单中各命令的功能如下。

【名称】：可以从名称列表菜单中选取符号，此菜单中列出了绘图中当前存在的所有符号。

【选出实体】：在绘图中选取任一可见的粗糙度符号实例。

图 10.45 【得到符号】菜单

【检索】：可通过系统指定目录的符号列表来选取一个符号，也可以导航到用户自定义符号保存目录，可从目录树中读取到许可的任何地方，检索一个符号。

📖 **注意**：*如果首次标注表面粗糙度，需要进行检索，这样在以后需要再标注表面粗糙度时，便可直接选择【得到符号】菜单中的【名称】命令，然后从【符号名称】列表中选取一个表面粗糙度符号。*

步骤 2：在【得到符号】菜单中选择【检索】命令。

步骤 3：从【打开】对话框中选择 machined→【打开】→standard1. sym→【打开】命令，如图 10.46 所示，系统弹出如图 10.47 所示的【实例依附】菜单。

【实例依附】菜单中各命令的功能如下。

【引线】：用方向指引依附表面粗糙度符号。

【图元】：将表面粗糙度符号依附至一个边或图元。

【法向】：将表面粗糙度符号垂直于某个边或实体。

【无引线】：表面粗糙度符号没有方向指引且没有依附于几何形状。

【偏距】：相对于祥图图元放置无导引的表面粗糙度符号。

步骤 4：从【实例依附】菜单中选择【法向】命令。

步骤 5：在系统提示"选取一个边、一个图元或一个尺寸"下，选取附着边。

步骤 6：在系统的"输入 roughness_height 的值"提示下，输入表面粗糙度值，如 3.2，按 Enter 键。

步骤 7：如果继续标注其他相同种类的表面粗糙度，应重复步骤 5、步骤 6。

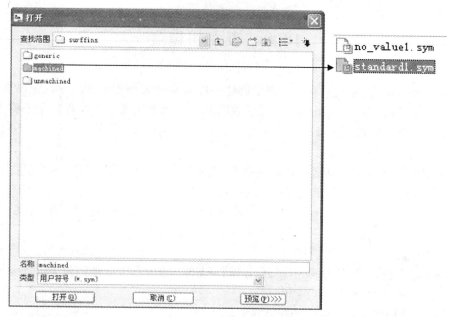

图 10.46 【打开】对话框

步骤 8：选择【确定】→【完成/返回】命令，结束表面粗糙度标注。最后得到的表面粗糙度标注如图 10.48 所示。

图 10.47 【实例依附】菜单

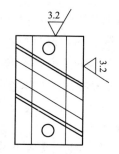

图 10.48 表面粗糙度标注实例

10.9 综 合 实 例

下面介绍如图 10.49 所示的托架零件的工程图的建立过程。

1. 设置工作目录

设置工作目录到 "D：\ PTC \ Drawing"。

2. 进入绘图界面

步骤 1：在下拉菜单中选择【文件】→【新建】命令，打开【新建】对话框。在【新建】对话框中的【类型】区域内选择【绘图】单选按钮，在【名称】编辑框中输入文件名称

"ex10_1"，单击【确定】按钮，打开【新制图】
对话框。

步骤 2：在【缺省模型】栏中选择"ex10_
2.prt"模型文件。

步骤 3：在【新制图】对话框的【指定模
板】区域中选择【空】单选按钮。在【方向】
区域内选择【横向】按钮，设置图纸为水平放
置。单击【大小】区域内的【标准大小】下拉
列表框，在弹出的下拉列表中选择图纸的大小
为"A4"。单击【确定】按钮，系统进入工程图用户界面。

图 10.49　托架零件的三维模型

3．增加主视图

步骤 4：在功能选项卡中选择【布局】→【模型视图】→【一般…】选项，在绘图区单
击一点确定主视图的中心点，一般视图以默认方向出现，并打开【绘图视图】对话框。

步骤 5：在【类别】选项组中选择【视图类型】选项，打开【视图类型】面板，在
【模型视图名】列表中选择"FRONT"视图方向直接定义主视图方向。

步骤 6：在【类别】选项组中选择【剖面】选项，打开【剖面选项】面板。在面板中
选择【2D 截面】选项，单击 ⊞ 按钮，在弹出的【截面创建】菜单中选择【平面】→【单一】→
【完成】命令。

步骤 7：系统提示"输入截面名［退出］:"，输入截面名"D"，然后选择基准平面
DTM2。在【剖切区域】列表框中选择【局部】选项，在主视图上选择一点作为外部边界
的中心点，然后绘制部分视图的边界线，当绘制到封闭时，单击鼠标中键结束绘制。

步骤 8：在【类别】选项组中选择【视图显示】选项，打开【视图显示选项】面板。
在【显示线型】列表框中选择【无隐藏线】选项，在面板的【相切边显示样式】列表框中
选择【无】选项。

步骤 9：在【绘图视图】对话框中单击【确定】按钮，生成的主视图如图 10.50
所示。

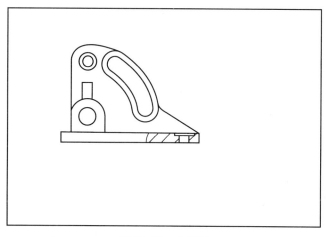

图 10.50　主视图

4. 增加左视图

步骤 10：在功能选项卡中选择【布局】→【模型视图】→【投影...】选项，移动光标到主视图右方，单击鼠标左键，确定左视图的中心。

步骤 11：在左视图上单击鼠标右键，在弹出的快捷菜单中选择【属性】命令，打开【绘图视图】对话框。

步骤 12：在【类别】选项组中选择【剖面】选项，打开【剖面选项】面板。在面板中选择【2D 截面】选项，单击 ⊞ 按钮，在【截面创建】菜单中选择【平面】→【单一】→【完成】命令。

步骤 13：系统提示"输入截面名［退出］:"，输入截面名"A"。

步骤 14：在主视图上选择基准平面"RIGHT"，在【绘图视图】对话框中单击【确定】按钮。

步骤 15：在左视图上单击鼠标右键，在弹出的快捷菜单中选择【添加箭头】命令，系统提示"给箭头选出一个截面在其处垂直的视图。中键取消"，单击主视图，则在主视图上出现剖切箭头。最后完成的左视图如图 10.51 所示。

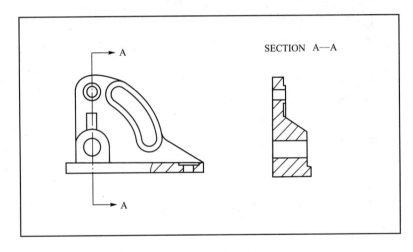

图 10.51　左视图

5. 增加 B 向视图

步骤 16：在功能选项卡中选择【布局】→【模型视图】→【投影...】选项，移动光标到主视图上方，单击鼠标左键，确定 B 向视图的中心。

步骤 17：选择 B 向视图，用鼠标右键单击，稍作停顿，在弹出的快捷菜单中取消选择【锁定视图移动】命令。

步骤 18：将光标移动到视图中间，单击鼠标左键移动视图到主视图下方。

步骤 19：选择功能选项卡中的【注释】→【插入】→【注解】命令，打开【注解类型】菜单。选择【无引线】→【输入】→【水平】→【标准】→【缺省】→【制作注释】命令，在视图上方选择放置点，在输入文本框中输入"B"，系统继续提示用户输入注释，在提示输入栏中单击 ☑ 按钮，完成注释的标注。

步骤 20：选择【带引线】→【输入】→【水平】→【标准】→【缺省】→【制作注释】命令，单击主视图底面边线，在输入文本框中输入"B"，系统继续提示用户输入注释，在提示输入栏中单击☑按钮，完成注释的标注。最后得到如图 10.52 所示的 B 向视图。

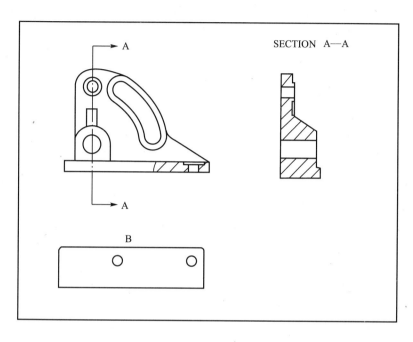

图 10.52　B 向视图

6. 增加 C—C 辅助视图

步骤 21：在功能选项卡中选择【布局】→【模型视图】→【辅助...】命令。

步骤 22：在主视图中拾取基准平面 DTM1，拖动黄色方框移动到要放置视图的位置，单击鼠标左键结束。

步骤 23：在辅助视图上单击鼠标右键，在弹出的快捷菜单中选择【属性】命令，打开【绘图视图】对话框。

步骤 24：在【类别】选项组中选择【剖面】选项，打开【剖面选项】面板。在面板中选择【2D 截面】选项，单击⊞按钮，在【截面创建】菜单中选择【平面】→【单一】→【完成】命令。

步骤 25：系统提示"输入截面名［退出］："，输入截面名"C"。

步骤 26：在主视图上选择基准平面 DTM1，

步骤 27：在【类别】选项组中选择【可见区域】选项，打开【可见区域选项】面板。在面板的【视图可见性】列表框中选择【局部视图】选项，在辅助视图上选择一点作为外部边界的中心点，然后绘制部分视图的边界线，当绘制到封闭时，单击鼠标中键结束绘制。

📖 **注意**：在绘制边界线时，不要选择样条线的绘制命令，而是直接单击进行绘制。

步骤 28：在【类别】选项组中选择【视图显示】选项，打开【视图显示选项】面板。在面板的【相切边显示样式】列表框中选择【无】选项。在【绘图视图】对话框中单击

【确定】按钮，退出【绘图视图】对话框。

步骤 29：在部分视图上单击鼠标右键，在弹出的快捷菜单中选择【添加视图】命令，系统提示"给箭头选出一个截面在其处垂直的视图。中键取消"，单击主视图，则在主视图上出现剖切箭头。最后完成的部分视图如图 10.53 所示。

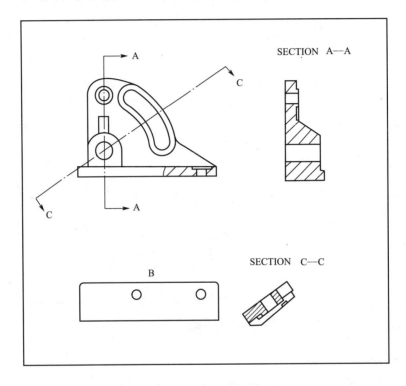

图 10.53　C—C辅助视图

7. 增加局部放大视图

步骤 30：在功能选项卡中选择【布局】→【模型视图】→【详细】选项。

步骤 31：系统提示"在一现有视图上选取要查看细节的中心点"，在 Z 主视图的右下方边线上选择一点，这时在拾取的点附近出现一个红色的交叉线。

步骤 32：在系统提示"草绘样条，不相交其他样条，来定义一轮廓线"后，使用光标草绘一围绕该区域的样条。完成后单击鼠标中键。样条显示为一个圆和一个局部视图名称的注释。

步骤 33：单击鼠标左键，确定局部放大视图的中心放置视图。最后，得到如图 10.54 所示的局部放大视图。

8. 增加尺寸标注和表面粗糙度标注

步骤 34：选择功能选项卡中的【注释】→【插入】→【尺寸—新参照】命令，完成尺寸标注。

步骤 35：选择功能选项卡中【注释】→【插入】→【表面光洁度】命令，完成表面粗糙度的标注，如图 10.55 所示。

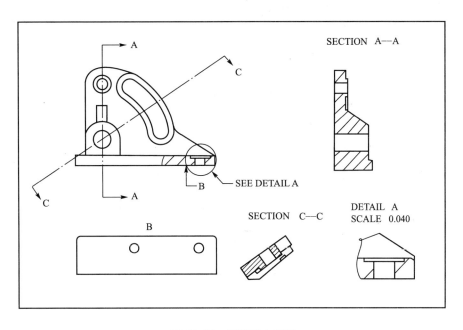

图 10.54 局部放大视图

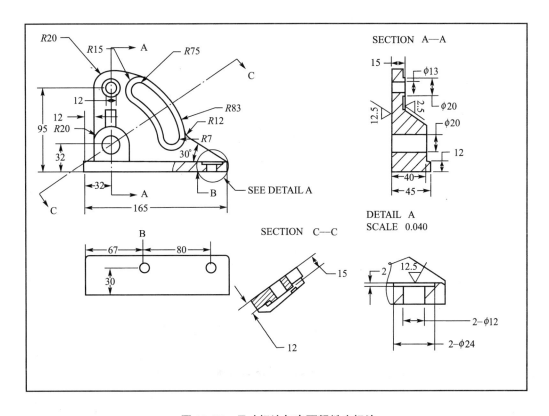

图 10.55 尺寸标注与表面粗糙度标注

10.10　小　　结

本章介绍了有关工程图建立的知识，通过这一章的学习，用户应该能够建立标准的工程图，能够建立各个模型零件视图，对于建立的视图能够按要求进行编辑以及尺寸、注释、几何公差、表面粗糙度等的标注。

10.11　思考与练习

1. 思考题

（1）简述实体三视图建立的基本过程。

（2）视图的编辑有哪几种基本方式？比较各自功能的差异。

（3）在工程图模式中尺寸标注需要注意哪些问题？

2. 练习题

（1）根据如图 7.61 所示的零件的三维模型，生成工程图。

（2）根据如图 6.83 所示的支座零件的三维模型，生成工程图。

（3）创建如图 10.56 所示零件的三维模型，并生成工程图。

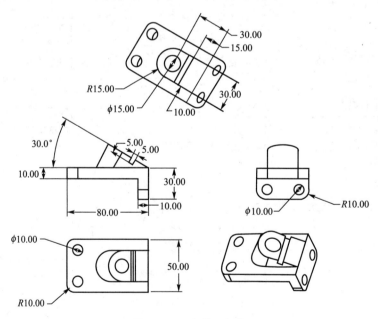

图 10.56　生成工程图

附录 A
系统环境的设置

Pro/ENGINEER 将系统环境参数的设置值保存在 config.pro 文件中，设置这些系统环境参数的方法如下。

步骤 1：选择【工具】→【选项】命令。

步骤 2：系统显示如图 A.1 所示的【选项】对话框，在【选项】栏中输入环境参数名称，在【值】栏中输入参数值，并单击 添加/更改 按钮，将参数及设置值加到【选项】对话框的列表当中去。如果参数名记不住，可按步骤 3 和 4 进行操作。

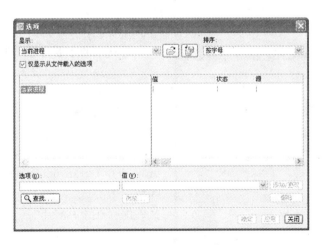

图 A.1　【选项】对话框

步骤 3：单击 🔍查找… 按钮，系统显示【查找选项】对话框，如图 A.2 所示，在【输入关键字】栏中输入参数名中的部分单词，如 template，单击 立即查找 按钮，系统在【查找选项】对话框的中间区域中显示了所有包含"template"的参数，并在右侧有该参数作用的说明，选择 template_solidpart 项，单击 浏览… 按钮，选择 Pro/ENGINEER 安装目录 \ templates \ mmns_part_solid.prt 作为 template_solidpart 参数的设置值，如图 A.3 所示。

　　图 A.2　【查找选项】对话框 1　　　　　　　　　图 A.3　【查找选项】对话框 2

　　步骤 4：单击 添加/更改 按钮，将参数及设置值加到【选项】对话框的列表当中去。单击 关闭 按钮关闭【查找选项】对话框。若有其他参数，重复进行以上操作。

　　步骤 5：单击【选项】对话框中的 应用 按钮以加载设置的参数值。

　　步骤 6：单击 🖫 按钮，以"config. pro"的文件名将参数及其值保存到工作目录下。

　　步骤 7：单击【选项】对话框中的 关闭 按钮关闭该对话框完成系统环境参数的设置。

📖 注意：某些设置值必须重新启动 Pro/ENGINEER 系统才能生效。

📖 说明：config. pro 文件也可用一般的文本编辑软件如记事本打开并编辑，如本书附带的"config. pro"文件（可到 pup6. com 网上下载）用记事本打开如图 A.4 所示。

　　图 A.4　config. pro 文件内容

对其中的主要参数简介如下。

　　pro_unit_sys：设置为 mmns，使模型的单位系统为 mmns。

　　bell：设置为 NO，关闭每次提示时的键盘音。

　　trail_dir：设置为固定的路径（如 d：\ proe_data \ trail docs，读者应根据自己的实际情况做更改），使 Pro/ENGINEER 的历史文件保存在该路径下。

　　tol_mode：设置为 nominal，使公差形式为"象征性的"，即在工程图上显示公差时仅显示手工定义了公差数值的尺寸公差。

　　template_solidpart：设置为 mmns_part_solid. prt，使按照默认的零件模板创建的模型单位为 mmns。

　　template_mfgmold：设置为 mmns_mfg_mold. mfg，使按照默认的制造模板创建的模型单位为 mmns。

　　template_sheetmetalpart：设置为 mmns_part_sheetmetal. prt，使按照默认的钣金件模板创建的模型单位为 mmns。

template_designasm：设置为 mmns_asm_design. asm，使按照默认的装配件模板创建的模型单位为 mmns。

menu_translation：设置为 both，使菜单显示为中英文对照。

drawing_setup_file：设置为 d：\ proe_data \ GB. dtl，使二维工程图的图面规范按照某路径下的某 dtl 文件(路径及文件名，读者可根据自己的实际情况作修改)。

附录 B

工程图配置文件

表 B-1　工程图配置文件表

序号	配置选项	配置值(推荐)
	文本控制选项	
1	drawing_text_height	3.500000
	设置工程图中所有文本的默认文本高度	
2	Text_thickness	0
	为再生后的新文本和现有的、粗细未改变的文本设置默认文本粗细	
3	Text_width_factor	0.800000
	设置文本宽度和高度的默认比例，系统一直保留该比例值，直到用"Text Width(文本宽度)"命令改变宽度为止	
	视图控制选项	
4	broken_view_offset	5.000000
	设置"Broken view(破断视图)"中断裂线的间隔距离，只对设置后生成的视图有效	
5	create_area_unfold_segmented	YES
	对于以"Full→Unfold Xsec"方式创建视图时，是否显示剖切面或线的边，若设为"YES"将显示边；若设为"NO"则不显示边，此选项只影响新视图	
6	def_view_text_height	0.000000
	设置剖视图及局部放大视图中，视图注释和箭头中视图名称文本的高度	
7	def_view_text_thickness	0.000000
	设置新创建的剖视图及局部放大视图中，视图注释和箭头中视图名称文本的缺省厚度	
8	detail_circle_line_style	SOLIDFONT
	对绘图中指示局部放大视图的圆设置线型	

（续）

序号	配置选项	配置值(推荐)
9	detail_circle_note_text	DEFAULT
	确定局部放大视图中参照注释显示的文本	
10	detail_view_circle	ON
	设置局部放大视图中详细表示的模型部分的圆的显示与否	
11	half_view_line	SOLID
	确定半视图对称线的显示，若设置为"SOLID"，则在材料所在处画实线；若设置为"SYMMETRY"则绘制一条作为断线的中心线，该中心线超出零件；若设置为"SYMMETRY_ISO"，则按 ISO 标准 128：1982 5.5 显示半视图对称线；若设置为"SYMMETRY_ASME"，则按 ASME 标准 ASME Y14.2M‑1992 显示半视图对称线；若设置为"NONE"，则将对象绘制超出对称一小段距离，创建半视图必须选择一个偏基准，确认存在一条真正指示视图一半的中心线	

视图控制选项

序号	配置选项	配置值(推荐)
12	model_display_for_new_views	DEFAULT
	确定创建视图时，模型线的显示样式，若设置为缺省值，则使用来自环境的"显示形式"设置	
13	projection_type	THIRD_ANGLE
	确定创建投影视图的方法	
14	show_total_unfold_seam	YES
	确定全面展开剖视图中切缝(切割平面的边)是否显示	
15	tan_edge_display_for_new_views	DEFAULT
	确定创建视图时，模型相切边的显示，若设置为缺省值，则使用来自环境的"相切边"设置	
16	view_note	STD_ANSI
	若设置为"STD_DIN"，则创建一个与视图相关的注释，而省略了"SECTION"、"DETAIL"和"SEE DETAIL"等词	
17	view_scale_denominator	0
	增加模型的第一个视图时，如果"view_scale_format"是小数，则选定的视图比例将采用给定的分母四舍五入为一个值，如果这样做会使比例为 0.0，在"view_scale_denominator"将会乘以 10 的幂数	
18	view_scale_format	DECIMAL
	确定比例以小数、分数和比值(1：2)显示。若设置为"RATIO_COLON"，则视图比例值以比值形式显示。由于比值是分数的另一种显示形式，所以应确保已正确设置了"view_scale_denominator"选项	
19	detail_view_boundary_type	CIRCLE
	确定局部放大视图的父视图上的缺省边界类型	

（续）

序号	配置选项	配置值（推荐）
20	detail_view_scale_factor	2.000000
	确定局部放大视图及其父视图间的缺省比例因子。如果设置为 2，则局部放大视图比例为其父视图的两倍	
	剖视图控制选项	
21	crossec_arrow_length	0.187500
	设置剖面切割平面箭头的长度	
22	crossec_arrow_style	TAIL_ONLINE
	设置剖面箭头的显示样式	
23	crossec_arrow_width	0.062500
	设置剖面切割平面箭头的宽度	
24	crossec_text_place	AFTER_HEAD
	设置剖面文本的位置，若设置为"NO TEXT"，则不显示剖面文本	
	剖视图控制选项	
25	crossec_type	OLD_STYLE
	控制平面剖面的外观遵循 2000i-2 以前所用的样式（"OLD_STYLE"），还是遵循使用 Z 修剪平面的新样式	
26	cutting_line	STD_ANSI
	用来控制切割线的显示，若设置为"STD_ANSI"，则切割线使用 ANSI 标准；如果设置为"STD_ANSI_DASHED"，则使用虚线。否则，使用 DIN 标准切割线；如果设置为"STD_JIS_ALTERNATE"，显示方式取决于"cutting_line_segment"的设置	
27	cutting_line_adapt	NO
	控制用于表示剖面箭头线型的显示方式，如果设置为"YES"，则会自适应地显示所有的线型，从完整线段的中间开始，在完整线段的中间结束	
28	cutting_line_segment	0.000000
	以绘图单位指定非 ANSI 切割加粗部分的长度，若设置为"0"，则切割线段的长度为 0	
29	def_xhatch_break_around_text	NO
	决定剖面/剖面线是否围绕文字分开，同时它还影响对话框中的缺省设置	
30	def_xhatch_break_margin_size	0.150000
	设置剖面线与文本之间的缺省距离	
31	draw_cosms_in_area_xsec	NO
	确定在平面局部剖视图的切割平面中，修饰草绘和基准曲线特征的显示	
32	remove_cosms_from_xsecs	TOTAL
	控制在完整剖面视图中删除基准曲线、螺纹、修饰特征图元和修饰剖面线，若设置为"TOTAL"将完全删除切割平面的特征，它们只有与切割平面相交时，才完全显示	

（续）

序号	配置选项	配置值（推荐）
33	show_quilts_in_total_xsecs	NO
	确定剖面视图中，是否包括曲面和面组这样的曲面几何，若设置为"YES"，则包括曲面几何，表面它将被剖切面切割	

视图实体特征控制选项

序号	配置选项	配置值（推荐）
34	datum_point_shape	CROSS
	控制基准点的显示	
35	datum_point_size	0.312500
	控制模型基准点和草绘的二维点的大小，通常以英寸为单位	
36	hidden_tangent_edges	DEFAULT
	从 Pro/ENGINEER 的【环境】对话框的【显示列表】中选择"隐藏线"或"无隐藏线"时，控制对绘图视图中隐藏相切边的显示	

视图实体特征控制选项

序号	配置选项	配置值（推荐）
37	hlr_for_pipe_solid_cl	NO
	控制管道中心线的显示，如果设置为"YES"，则删除隐藏线会影响管道中心线；若设置为"NO"，则不影响	
38	hlr_for_threads	YES
	控制螺纹的显示，如果设置为"YES"，那么对于隐藏线显示，螺纹边符合 ANSI 或 ISO 标准（由"thread_standard"选项设置）	
39	location_radius	DEFAULT(2.)
	修改指示位置的节点半径，使节点清晰可见，尤其是在打印绘图的时候，使用缺省将半径设置为 2	
40	mesh_surface_lines	ON
	指示蓝色曲面网格线的显示	
41	ref_des_display	NO
	控制参照指示器在电缆组件绘图中的显示，如果设置为"缺省"，则选择"环境"对话框中的"参照指示器"复选框	
42	show_sym_of_suppressed_weld	NO
	显示隐含焊缝的符号	
43	thread_standard	STD_ANSI
	控制带有轴的螺纹孔［垂直于屏幕时显示为弧(ISO)或圆(ANSI)］	
44	weld_light_xsec	NO
	确定是否显示轻重量焊接×截面	
45	weld_solid_xsec	NO
	确定剖面中的焊缝是否显示成实体区域	

（续）

序号	配置选项	配置值（推荐）
	尺寸标注设置选项	
46	allow_3d_dimensions	NO
	确定是否在等轴视图中显示尺寸	
47	angdim_text_orientation	HORIZONTAL
	控制绘图中角度尺寸文本的放置，设定值与导引线、标注尺寸的弧和尺寸相关	
48	associative_dimensioning	YES
	使草绘尺寸与草绘图元相关，只对新尺寸起作用	
49	blank_zero_tolerance	NO
	如果公差值设置为 0，确定是否遮蔽（不显示）公差值。	
50	chamfer_45deg_leader_style	STD_ASME_ANSI
	控制倒角尺寸的引线类型，而不影响文本	
	尺寸标注设置选项	
51	clip_diam_dimensions	YES
	控制局部放大视图中直径尺寸的显示，如果设置为"是"，那么视图边界外的尺寸会被修剪掉	
52	clip_dimensions	YES
	确定是否修剪（不显示）完全处于局部放大视图边界外的尺寸	
53	clip_dim_arrow_style	DOUBLE_ARROW
	控制被修剪尺寸的箭头样式	
54	default_dim_elbows	YES
	控制是否带弯肘的尺寸	
55	dim_fraction_format	DEFAULT
	控制分数尺寸在绘图中的显示	
56	dim_leader_length	0.500000
	当导引箭头在尺寸界线外时，设置尺寸导引线的长度	
57	dim_text_gap	0.500000
	控制尺寸文本与尺寸导引线间的距离，并表示间距大小与文本高度间的比值，如果"text_orientation"设置为" parallel_diam_horiz"，它将控制弯肘在文本上的延伸量	
58	display_tol_by_1000	NO
	对于非角度尺寸，公差将显示为乘以 1000 后的值	
59	draft_scale	1.000000
	确定绘图上的绘制尺寸相对于绘制图元实际长度的值	
60	draw_ang_units	ANG_DEG
	确定绘图中角度尺寸的显示	

(续)

序号	配置选项	配置值(推荐)
61	draw_ang_unit_trail_zeros	YES
	当角度以度/分/秒显示时，确定是否删除尾随零(ANSI 标准)	
62	dual_digits_diff	−1
	控制辅助尺寸与主尺寸相比，小数点右边的数字位数，例如，−1 表示比主尺寸少一位	
63	dual_dimensioning	NO
	确定尺寸值是否应以主单位和/或辅助单位显示，如果设置为"否"，则只显示一个尺寸值	
64	dual_dimension_brackets	YES
	确定辅助尺寸单位是否带括号显示，此选项仅在使用"dual_dimensioning"时适用	
65	dual_metric_dim_show_fractions	NO
	当主单位/模型单位为分数时，确定双重尺寸中的公称尺寸是否显示为分数	
66	dual_secondary_units	MM
	设置显示辅助尺寸的单位	
67	iso_ordinate_delta	NO
	改进 ISO 纵坐标尺寸线和尺寸界线间的偏距显示	
68	lead_trail_zeros	STD_DEFAULT
	控制尺寸中前导零与尾随零的显示	
69	lead_trail_zeros_scope	DIMS
	控制绘图设置选项"lead_trail_zeros"的设定值，是否只对尺寸起作用	
70	orddim_text_orientation	PARALLEL
	控制纵坐标文本尺寸的方向，"parallel"表示平行于导引线	
71	ord_dim_standard	STD_ANSI
	控制纵坐标尺寸文本的显示，若设置为"STD_ANSI"，则显示的尺寸不带连接线	
72	parallel_dim_placement	ABOVE
	当"text_orientation"设置为"parallel"时，确定尺寸值显示在导引线上面还是下面，对双重尺寸不适用	
73	radial_dimension_display	STD_ASME
	允许以 ISO、ASME 或 JIS 标准显示半径尺寸，若将"text_orientation"设置为"horizontal"时，该选项强制以 ASME 格式显示	
74	shrinkage_value_display	PERCENT_SHRINK
	显示按百分比缩小的尺寸，或作为最终值显示	
75	symmetric_tol_display_standard	STD_ASME
	控制 ASME、ISO、DIN 标准的对称公差的显示形式	

（续）

序号	配置选项	配置值（推荐）
76	text_orientation	HORIZONTAL
	控制尺寸文本的方向	
77	tol_display	NO
	控制尺寸公差的显示，如果设置了此项，则不能访问"环境"对话框	
78	tol_text_height_factor	STANDARD
	当以"plus_minus"格式显示公差时，设置公差文本高度和尺寸文本高度的缺省比值，对 ANSI，"standard"是 1，对 ISO 标准用 0.6	
79	tol_text_width_factor	STANDARD
	当以"plus_minus"格式显示公差时，设置公差文本宽度和尺寸文本宽度的缺省比值，对 ANSI，"standard"是 0.8，对 ISO 标准用 0.6	
80	use_major_units	NO
	如果使用分数尺寸，且此选项设置为"YES"，那么尺寸以英寸和英尺显示，不使用公制单位	
81	witness_line_delta	0.125000
	设置尺寸界线在尺寸导引箭头上的延伸量	
82	witness_line_offset	0.062500
	设置尺寸线与尺寸标注对象间的偏距，它只有在出图时才明显，此选项也控制尺寸界线交点处断开的尺寸	
	文本设置选项	
83	default_font	font
	指定用于确定缺省文本字体的字体索引，不包括".ndx"扩展名	
	箭头设置选项	
84	dim_dot_box_style	DEFAULT
	只控制线性尺寸导引的点和框的箭头样式的显示。设置为缺省时，使用"draw_arrow_style"设置	
85	draw_arrow_length	0.187500
	设置导引线箭头的长度	
86	draw_arrow_style	CLOSED
	控制所有带有箭头的祥图项目的箭头样式	
87	draw_arrow_width	0.06250
	设置导引线箭头的宽度，驱动下列项："draw_attach_sym_height"、"draw_attach_sym_width"、"draw_dot_diameter"	
88	draw_attach_sym_height	DEFAULT
	设置导引线斜杠、积分号和框的高度，若设置为"DEFAULT"，则使用"draw_arrow_width"设置值	

（续）

序号	配置选项	配置值（推荐）
89	draw_attach_sym_width	DEFAULT
	设置导引线斜杠、积分号和框的宽度，若设置为"DEFAULT"，则使用"draw_arrow_width"设置值	
90	draw_dot_diameter	DEFAULT
	设置导引线点的直径，若设置为"DEFAULT"，则使用"draw_arrow_width"设置值	
91	leader_elbow_length	0.250000
	确定导引弯肘的长度（连接文本的水平分支线）	
92	leader_extension_font	DASHFONT
	设置引线延长线的线型	
	轴设置选项	
93	axis_interior_clipping	NO
	若设置为"YES"则可以从中间修剪轴，若设置为"NO"则只允许修剪端点	
94	axis_line_offset	0.100000
	设置直轴线延伸超出其相关特征的缺省距离	
95	circle_axis_offset	0.100000
	设置圆的十字线超出圆边的缺省距离	
96	radial_pattern_axis_circle	NO
	设置在径向特征中，垂直于屏幕的旋转轴的显示模式	
	几何公差设置选取项	
97	asme_dtm_on_dia_dim_gtol	ON_GTOL
	控制连接到直径的设置基准的放置。"ON_DIM"为ASME标准	
	几何公差设置选取项	
98	gtol_datums	STD_ANSI
	设置绘图中用于显示参照基准所遵循的草绘标准	
99	gtol_dim_placement	ON_BOTTOM
	当几何公差连接到含有附加文本的尺寸时，确定它的特征控制框的位置	
100	new_iso_set_datums	YES
	控制设置基准的显示，若设置为"YES"，则按照ISO标准，显示设置草绘基准	
	表、重复区域及BOM表设置选项	
101	2d_region_columns_fit_text	NO
	确定二维重复区中的每一栏，是否自动调整大小以适应最长的文本段	
102	dash_supp_dims_in_region	YES
	确定Pro/REPORT表重复区域尺寸值是否隐含显示（显示短画线来代替）	

（续）

序号	配置选项	配置值(推荐)
103	def_bom_balloons_attachment	EDGE
	控制 BOM 球标的缺省连接方法，如果设置为 "EDGE"，则所有图标都指向元件边，如果设置为 "SURFACE"，则所有图标都指向元件曲面	
104	def_bom_balloons_snap_lines	NO
	用来决定当显示 BOM 球标时，是否围绕视图创建捕捉线	
105	def_bom_balloons_stagger	NO
	用来决定缺省下 BOM 球标是否交错显示	
106	def_bom_balloons_stagger_value	0.600000
	当 BOM 球标交错显示时，用来控制连续偏移线之间的距离	
107	def_bom_balloons_view_offset	0.800000
	控制距视图边界的缺省偏移距离，在该边界上将显示 BOM 球标	
108	def_bom_balloons_edge_att_sym	ARROWHEAD
	控制当 BOM 球标连接到边时缺省使用的引线头	
109	def_bom_balloons_surf_att_sym	INTEGRAL
	控制当 BOM 球标连接到曲面时缺省使用的引线头	
110	min_dist_between_bom_balloons	0.800000
	控制 BOM 球标之间缺省的最小距离	
111	model_digits_in_region	YES
	控制数字位数在二维重复区域中的显示。如果设置为 "YES"，则二维重复区域将反映零件和组件模型尺寸的数字位数	
112	reference_bom_balloon_text	DEFAULT
	控制参照球标文本标志符表、重复区域及 BOM 表设置选项	
113	show_cbl_term_in_region	YES
	对于电缆组件，如果它包含有带终结器参数的连接器，则允许在 Pro/REPORT 表中使用报告符号 "&asm. mbr. name" 和 "&asm. mbr. type" 来显示终结器，如果设置为 "YES"（且设置了重复区域的 "电缆信息"），则显示终结器	
114	sort_method_in_region	PRE_2001
	决定重复区域的排序机制	
115	zero_quantity_cell_format	EMPTY
	指定在重复区域单元格内使用的字符，该单元格用来报告零的个数，如果设置为 "EMP-TY"，则在单元格中不显示字符	

（续）

序号	配置选项	配置值(推荐)
	层设置选项	
116	draw_layer_overrides_model	NO
	控制绘图层的显示设定值，以确定具有相同名称的绘图模型层的设定值	
117	ignore_model_layer_status	YES
	如果设置为"YES"，则忽略其他模式下在绘图模型中对所有层状态所作的改动	
	模型网格设置选项	
118	model_grid_balloon_display	YES
	确定是否围绕模型网格文本来绘制圆	
119	model_grid_balloon_size	0.200000
	对绘图中带模型网格显示的球标，指定它的缺省半径	
120	model_grid_neg_prefix	—
	控制显示在模型网格球标中负值的前缀	
121	model_grid_num_dig_display	0
	控制显示在网格坐标(网格球标中出现)中的数字位数	
122	model_grid_offset	DEFAULT
	控制新模型网格球标与绘图视图的偏距，若设置为"DEFAULT"，则使用当前模型网格间距的两倍	
123	model_grid_text_orientation	HORIZONTAL
	确定模型网格文本方向平行于网络线，还是总保持水平	
124	model_grid_text_position	CENTERED
	确定模型网格文本放置在网格线的上方或下方，还是位于中间，如果模型网格文本方向为水平，则忽略此选项	
125	pipe_pt_line_style	DEFAULT
	在管道绘图中，控制理论折弯交点的形状	
	管路设置选项	
126	pipe_pt_shape	CROSS
	控制管道绘图中，理论折弯交点的形状	
127	pipe_pt_size	DEFAULT
	控制管道绘图中，理论折弯交点的大小	
128	show_pipe_theor_cl_pts	BEND_CL
	控制管道绘图中的中心线与理论交点的显示	
	其他设置选项	
129	decimal_marker	COMMA_FOR_METRIC_DUAL
	指定在辅助尺寸中用于小数点的字符	

（续）

序号	配置选项	配置值(推荐)
130	default_pipe_bend_note	NO
	控制管道折弯注释在绘图中的显示	
131	drawing_units	INCH
	设置所有绘图参数的单位	
132	harn_tang_line_display	NO
	当显示"粗缆"时，指定是否打开所有电缆的所有内部段的显示	
133	line_style_standard	STD_ANSI
	控制绘图中文本的颜色，除非设置为"STD_ANSI"，否则所有的绘图文本都显示为蓝色，局部放大视图的边界显示为黄色	
134	max_balloon_radius	0.000000
	设置球标最大的允许半径，如果设置为"0"，则球标半径依赖文本尺寸	
135	Min_balloon_radius	0.000000
	设置球标最小的允许半径，如果设置为"0"，则球标半径依赖文本尺寸	
136	node_radius	DEFAULT
	设置显示在符号中的节点大小	
137	pos_loc_format	%s%x%y,%r
	此字符串控制 & pos_loc 文本在注释和报表中的显示形式。	
138	sym_flip_rotated_text	NO
	如果设置为"YES"，则对于允许文本旋转的新的符号定义而言，任何颠倒旋转的文本都将被反向以使其右侧向上	
139	weld_symbol_standard	STD_ANSI
	按 ANS 标准或 ISO 标准，在绘图中显示焊接符号	
140	yes_no_parameter_display	TRUE_FALSE
	控制"YES/NO"参数在绘图注释和表中的显示，当设置为"YES_NO"时，参数使用"YES"或"NO"，"TRUE_FALSE"表示使用"TRUE"和"FALSE"	

北京大学出版社教材书目

✧ 欢迎访问教学服务网站 www.pup6.cn，免费查阅下载已出版教材的电子书(PDF版)、电子课件和相关教学资源。

✧ 欢迎征订投稿。联系方式：010-62750667，童编辑，13426433315@163.com，pup_6@163.com，欢迎联系。

序号	书　名	标准书号	主编	定价	出版日期
1	机械设计	978-7-5038-4448-5	郑　江，许　瑛	33	2007.8
2	机械设计	978-7-301-15699-5	吕　宏	32	2009.9
3	机械设计	978-7-301-17599-6	门艳忠	40	2010.8
4	机械原理	978-7-301-11488-9	常治斌，张京辉	29	2008.6
5	机械原理	978-7-301-15425-0	王跃进	26	2010.7
6	机械原理	978-7-301-19088-3	郭宏亮，孙志宏	36	2011.6
7	机械原理	978-7-301-19429-4	杨松华	34	2011.8
8	机械设计基础	978-7-5038-4444-2	曲玉峰，关晓平	27	2008.1
9	机械设计课程设计	978-7-301-12357-7	许　瑛	35	2009.5
10	机械设计课程设计	978-7-301-18894-1	王　慧，吕　宏	30	2011.5
11	机械工程专业毕业设计指导书	978-7-301-18805-7	张黎骅，吕小荣	22	2011.6
12	机械创新设计	978-7-301-12403-1	丛晓霞	32	2010.7
13	TRIZ理论机械创新设计工程训练教程	978-7-301-18945-0	蒯苏苏，马履中	45	2011.6
14	TRIZ理论及应用	978-7-301-19390-7	刘训涛，曹　贺 陈国晶	35	2011.8
15	创新的方法——TRIZ理论概述	978-7-301-19453-9	沈萌红	28	2011.9
16	AutoCAD工程制图	978-7-5038-4446-9	杨巧绒，张克义	20	2011.4
17	工程制图	978-7-5038-4442-6	戴立玲，杨世平	27	2011.1
18	工程制图	978-7-301-19428-7	孙晓娟，徐丽娟	30	2011.8
19	工程制图习题集	978-7-5038-4443-4	杨世平，戴立玲	20	2008.1
20	机械制图(机类)	978-7-301-12171-9	张绍群，孙晓娟	32	2009.1
21	机械制图习题集(机类)	978-7-301-12172-6	张绍群，王慧敏	29	2007.8
22	机械制图(第2版)	978-7-301-19332-7	孙晓娟，王慧敏	38	2011.8
23	机械制图习题集(第2版)	978-7-301-19370-7	孙晓娟，王慧敏	22	2011.8
24	机械制图与AutoCAD基础教程	978-7-301-13122-0	张爱梅	35	2007.11
25	机械制图与AutoCAD基础教程习题集	978-7-301-13120-6	鲁　杰，张爱梅	22	2007.12
26	AutoCAD 2008工程绘图	978-7-301-14478-7	赵润平，宗荣珍	35	2009.1
27	工程制图案例教程	978-7-301-15369-7	宗荣珍	28	2009.6
28	工程制图案例教程习题集	978-7-301-15285-0	宗荣珍	24	2009.6
29	理论力学	978-7-301-12170-2	盛冬发，闫小青	29	2010.8
30	材料力学	978-7-301-14462-6	陈忠安，王　静	30	2011.1
31	工程力学(上册)	978-7-301-11487-2	毕勤胜，李纪刚	29	2008.6
32	工程力学(下册)	978-7-301-11565-7	毕勤胜，李纪刚	28	2008.6
33	液压传动	978-7-5038-4441-8	王守城，容一鸣	27	2009.4
34	液压与气压传动	978-7-301-13129-4	王守城，容一鸣	32	2009.4
35	液压与液力传动	978-7-301-17579-8	周长城等	34	2010.8
36	液压传动与控制实用技术	978-7-301-15647-6	刘　忠	36	2009.8
37	金工实习(第2版)	978-7-301-16558-4	郭永环，姜银方	30	2011.1
38	机械制造基础实习教程	978-7-301-15848-7	邱　兵，杨明金	34	2010.2

39	公差与测量技术	978-7-301-15455-7	孔晓玲	25	2010.7
40	互换性与测量技术基础(第 2 版)	978-7-301-17567-5	王长春	28	2010.8
41	机械制造技术基础	978-7-301-14474-9	张 鹏, 孙有亮	28	2011.6
42	先进制造技术基础	978-7-301-15499-1	冯宪章	30	2009.8
43	机械精度设计与测量技术	978-7-301-13580-8	于 峰	25	2008.8
44	机械制造工艺学	978-7-301-13758-1	郭艳玲, 李彦蓉	30	2008.8
45	机械制造工艺学	978-7-301-17403-6	陈红霞	38	2010.7
46	机械制造基础(上)——工程材料及热加工工艺基础(第 2 版)	978-7-301-18474-5	侯书林, 朱 海	40	2011.1
47	机械制造基础(下)——机械加工工艺基础(第 2 版)	978-7-301-18638-1	侯书林, 朱 海	32	2011.3
48	工程材料及其成形技术基础	978-7-301-13916-5	申荣华, 丁 旭	45	2010.7
49	工程材料及其成形技术基础学习指导与习题详解	978-7-301-14972-0	申荣华	20	2009.3
50	机械工程材料及成形基础	978-7-301-15433-5	侯俊英, 王兴源	30	2009.7
51	机械工程材料	978-7-5038-4452-3	戈晓岚, 洪 琢	29	2011.6
52	机械工程材料	978-7-301-18522-3	张铁军	36	2011.1
53	工程材料与机械制造基础	978-7-301-15899-9	苏子林	32	2009.9
54	控制工程基础	978-7-301-12169-6	杨振中, 韩致信	29	2007.8
55	机械工程控制基础	978-7-301-12354-6	韩致信	25	2008.1
56	机电工程专业英语(第 2 版)	978-7-301-16518-8	朱 林	24	2011.5
57	机床电气控制技术	978-7-5038-4433-7	张万奎	26	2007.9
58	机床数控技术(第 2 版)	978-7-301-16519-5	杜国臣, 王士军	35	2011.6
59	数控机床与编程	978-7-301-15900-2	张洪江, 侯书林	25	2010.11
60	数控加工技术	978-7-5038-4450-7	王 彪, 张 兰	29	2008.2
61	数控加工与编程技术	978-7-301-18475-2	李体仁	34	2011.1
62	数控编程与加工实习教程	978-7-301-17387-9	张春雨, 于 雷	37	2011.9
63	数控加工技术及实训	978-7-301-19508-6	姜永成, 夏广岚	33	2011.9
64	现代数控机床调试及维护	978-7-301-18033-4	邓三鹏等	32	2010.11
65	金属切削原理与刀具	978-7-5038-4447-7	陈锡渠, 彭晓南	29	2008.1
66	金属切削机床	978-7-301-13180-0	夏广岚, 冯 凭	32	2008.5
67	精密与特种加工技术	978-7-301-12167-2	袁根福, 祝锡晶	29	2010.8
68	逆向建模技术与产品创新设计	978-7-301-15670-4	张学昌	28	2009.9
69	CAD/CAM 技术基础	978-7-301-17742-6	刘 军	28	2010.9
70	CAD/CAM 技术案例教程	978-7-301-17732-7	汤修映	42	2010.9
71	Pro/ENGINEER Wildfire 2.0 实用教程	978-7-5038-4437-X	黄卫东, 任国栋	32	2007.7
72	Pro/ENGINEER Wildfire 3.0 实例教程	978-7-301-12359-1	张选民	45	2008.2
73	Pro/ENGINEER Wildfire 5.0 实例教程	978-7-301-16841-7	黄卫东, 郝用兴	43	2011.10
74	Pro/ENGINEER Wildfire 3.0 曲面设计实例教程	978-7-301-13182-4	张选民	45	2008.2
75	SolidWorks 三维建模及实例教程	978-7-301-15149-5	上官林建	30	2009.5
76	UG NX6.0 计算机辅助设计与制造实用教程	978-7-301-14449-7	张黎骅, 吕小荣	26	2009.6
77	Cimatron E9.0 产品设计与数控自动编程技术	978-7-301-17802-7	孙树峰	36	2010.9
78	Mastercam 数控加工案例教程	978-7-301-19315-0	刘 文, 姜永梅	45	2011.8
79	应用创造学	978-7-301-17533-0	王成军, 沈豫浙	26	2010.7
80	机电产品学	978-7-301-15579-0	张亮峰等	24	2009.8
81	品质工程学基础	978-7-301-16745-8	丁 燕	30	2011.5
82	设计心理学	978-7-301-11567-1	张成忠	48	2011.6

83	计算机辅助设计与制造	978-7-5038-4439-6	仲梁维，张国全	29	2007.9
84	产品造型计算机辅助设计	978-7-5038-4474-4	张慧姝，刘永翔	27	2006.8
85	产品设计原理	978-7-301-12355-3	刘美华	30	2008.2
86	产品设计表现技法	978-7-301-15434-2	张慧姝	42	2009.8
87	产品创意设计	978-7-301-17977-2	虞世鸣	38	2010.11
88	工业产品造型设计	978-7-301-18313-7	袁涛	39	2011.1
89	化工工艺学	978-7-301-15283-6	邓建强	42	2009.6
90	过程装备机械基础	978-7-301-15651-3	于新奇	38	2009.8
91	过程装备测试技术	978-7-301-17290-2	王毅	45	2010.6
92	过程控制装置及系统设计	978-7-301-17635-1	张早校	30	2010.8
93	质量管理与工程	978-7-301-15643-8	陈宝江	34	2009.8
94	质量管理统计技术	978-7-301-16465-5	周友苏，杨飒	30	2010.1
95	测试技术基础(第2版)	978-7-301-16530-0	江征风	30	2010.1
96	测试技术实验教程	978-7-301-13489-4	封士彩	22	2008.8
97	测试技术学习指导与习题详解	978-7-301-14457-2	封士彩	34	2009.3
98	可编程控制器原理与应用(第2版)	978-7-301-16922-3	赵燕，周新建	33	2010.3
99	工程光学	978-7-301-15629-2	王红敏	28	2009.9
100	精密机械设计	978-7-301-16947-6	田明，冯进良等	38	2010.3
101	传感器原理及应用	978-7-301-16503-4	赵燕	35	2010.2
102	测控技术与仪器专业导论	978-7-301-17200-1	陈毅静	29	2010.6
103	现代测试技术	978-7-301-19316-7	陈科山，王燕	43	2011.8
汽车类教材					
1	汽车构造	978-7-5038-4445-4	肖生发，赵树朋	44	2007.8
2	汽车发动机原理	978-7-301-12168-9	韩同群	32	2007.8
3	汽车设计	978-7-301-12369-0	刘涛	45	2008.1
4	汽车运用基础	978-7-301-13118-3	凌永成，李雪飞	26	2008.1
5	现代汽车系统控制技术	978-7-301-12363-8	崔胜民	36	2008.1
6	汽车电气设备实验与实习	978-7-301-12356-0	谢在玉	29	2008.2
7	汽车试验测试技术	978-7-301-12362-1	王丰元	26	2008.2
8	汽车运用工程基础	978-7-301-12367-6	姜立标，张黎骅	32	2008.6
9	汽车制造工艺	978-7-301-12368-3	赵桂范，杨娜	30	2008.6
10	汽车工程概论	978-7-301-12364-5	张京明，江浩斌	36	2008.6
11	汽车运行材料	978-7-301-13583-9	凌永成，李美华	30	2008.7
12	汽车试验学	978-7-301-12358-4	赵立军，白欣	28	2008.8
13	内燃机构造	978-7-301-12366-9	林波，李兴虎	26	2008.8
14	汽车故障诊断与检测技术	978-7-301-13634-8	刘占峰，林丽华	34	2008.8
15	汽车维修技术与设备	978-7-301-13914-1	凌永成，赵海波	30	2008.8
16	热工基础	978-7-301-12399-7	于秋红	34	2009.2
17	汽车检测与诊断技术	978-7-301-12361-4	罗念宁，张京明	30	2009.1
18	汽车评估	978-7-301-14452-7	鲁植雄	25	2009.8
19	汽车车身设计基础	978-7-301-15619-3	王宏雁，陈君毅	28	2009.9
20	汽车车身轻量化结构与轻质材料	978-7-301-15620-9	王宏雁，陈君毅	25	2009.9
21	车辆自动变速器构造原理与设计方法	978-7-301-15609-4	田晋跃	30	2009.9
22	新能源汽车技术	978-7-301-15743-5	崔胜民	32	2009.9
23	工程流体力学	978-7-301-12365-2	杨建国，张兆营等	35	2010.1
24	高等工程热力学	978-7-301-16077-0	曹建明，李跟宝	30	2010.1
25	汽车电气设备（第2版）	978-7-301-16916-2	凌永成，李淑英	38	2010.3
26	现代汽车发动机原理	978-7-301-17203-2	赵丹平，吴双群	35	2010.6
27	现代汽车新技术概论	978-7-301-17340-4	田晋跃	35	2010.6
28	现代汽车排放控制技术	978-7-301-17231-5	周庆辉	32	2010.6

29	汽车服务工程	978-7-301-16743-4	鲁植雄	36	2010.7
30	汽车数字开发技术	978-7-301-17598-9	姜立标	40	2010.8
31	汽车人机工程学	978-7-301-17562-0	任金东	35	2010.8
32	专用汽车结构与设计	978-7-301-17744-0	乔维高	45	2010.9
33	汽车空调	978-7-301-18066-2	刘占峰，宋 力等	28	2010.11
34	汽车 CAD 技术及 Pro/E 应用	978-7-301-18113-3	石沛林，李玉善	32	2010.11
35	汽车振动分析与测试	978-7-301-18524-7	周长城，周金宝等	40	2011.3
36	新能源汽车概论	978-7-301-18804-0	崔胜民，韩家军	30	2011.5
37	汽车空气动力学数值模拟技术	978-7-301-16742-7	张英朝	40	2011.5
38	汽车电子控制技术(第 2 版)	978-7-301-19225-2	凌永成，于京诺	40	2011.7
39	车辆液压传动与控制技术	978-7-301-19293-1	田晋跃	28	2011.8
40	车辆悬架设计及理论	978-7-301-19298-6	周长城	48	2011.8
	材料类教材				
1	金属学与热处理	7-5038-4451-5	朱兴元，刘 忆	24	2007.7
2	材料成型设备控制基础	978-7-301-13169-5	刘立君	34	2008.1
3	锻造工艺过程及模具设计	7-5038-4453-1	胡亚民，华 林	30	2008.6
4	材料成形 CAD/CAE/CAM 基础	978-7-301-14106-9	余世浩，朱春东	35	2008.8
5	材料成型控制工程基础	978-7-301-14456-5	刘立君	35	2009.2
6	铸造工程基础	978-7-301-15543-1	范金辉，华 勤	40	2009.8
7	材料科学基础	978-7-301-15565-3	张晓燕	32	2009.8
8	模具设计与制造	978-7-301-15741-1	田光辉，林红旗	42	2009.9
9	造型材料	978-7-301-15650-6	石德全	28	2009.9
10	材料物理与性能学	978-7-301-16321-4	耿桂宏	39	2010.1
11	金属材料成形工艺及控制	978-7-301-16125-8	孙玉福，张春香	40	2010.2
12	冲压工艺与模具设计(第 2 版)	978-7-301-16872-1	牟 林，胡建华	34	2010.6
13	材料腐蚀及控制工程	978-7-301-16600-0	刘敬福	32	2010.7
14	摩擦材料及其制品生产技术	978-7-301-17463-0	申荣华，何 林	45	2010.7
15	纳米材料基础与应用	978-7-301-17580-4	林志东	35	2010.8
16	热加工测控技术	978-7-301-17638-2	石德全，高桂丽	40	2010.8
17	智能材料与结构系统	978-7-301-17661-0	张光磊，杜彦良	28	2010.8
18	材料力学性能	978-7-301-17600-3	时海芳，任 鑫	32	2010.8
19	材料性能学	978-7-301-17695-5	付 华，张光磊	34	2010.9
20	金属学与热处理	978-7-301-17687-0	崔占全，王昆林，吴润	50	2010.10
21	特种塑性成形理论及技术	978-7-301-18345-8	李峰	30	2011.1
22	材料科学基础	978-7-301-18350-2	张代东，吴 润	34	2011.1
23	DEFORM-3D 塑性成形 CAE 应用教程	978-7-301-18392-2	胡建军，李小平	34	2011.1
24	原子物理与量子力学	978-7-301-18498-1	唐敬友	28	2011.1
25	模具 CAD 实用教程	978-7-301-18657-2	许树勤	28	2011.4
26	金属材料学	978-7-301-19296-2	伍玉娇	38	2011.8
27	材料科学与工程专业实验教程	978-7-301-19437-9	向 嵩，张晓燕	25	2011.9
28	金属液态成型原理	978-7-301-15600-1	贾志宏	35	2011.9
29	材料成形原理	978-7-301-19430-0	周志明，张 弛	49	2011.9
30	金属组织控制技术与设备	978-7-301-16331-3	邵红红，纪嘉明	38	2011.9
31	材料工艺及设备	978-7-301-19454-6	马泉山	45	2011.9
32	材料分析测试技术	978-7-301-19533-8	齐海群	28	2011.9